## 化学で慣用される非SI単位
（現在ではSI単位により定義されて用いられる）

| 物理量 | 単位の名称と記号 | SI単位による定義 |
|---|---|---|
| 長　さ | オングストローム（ångström, Å） | $10^{-10}$m |
| 平面角 | 度（degree, °） | $(\pi/180)$ rad |
| 体　積 | リットル（litre, l または L） | $dm^3 = 10^{-3}\,m^3$ |
| 圧　力 | バール（bar, bar） | $10^5$ Pa |
| 圧　力 | 気圧（atmosphere, atm） | 101 325 Pa |
| 圧　力 | ミリメートル水銀柱（millimetre of mercury, mmHg） | 13.595 1 × 9.80665 Pa |
| エネルギー | 熱化学カロリー（thermochemical calorie, $cal_{th}$） | 4.184 J |
| エネルギー | 電子ボルト（electronvolt, eV） | * |

* eV の値は他の実験的に求められる物理量に依存し，近似的な値は $1.602\,18 \times 10^{-19}$ J.

## 物理定数の値（かっこ内の数字は標準偏差）

| | | |
|---|---|---|
| 真空中の光速度 | $c$ | $2.997\,924\,58 \times 10^8\ m\,s^{-1}$　（定義値） |
| 真空中の誘電率 | $\varepsilon_0$ | $(4\pi)^{-1}c^{-2} \times 10^7\ F\,m^{-1}$　（定義値） |
| | | $8.854\,188 \times 10^{-12}\ F\,m^{-1}$ |
| 原子質量単位 | $m_u$ | $1.660\,538\,73(13) \times 10^{-27}$ kg |
| 陽子の質量 | $m_p$ | $1.672\,621\,58(13) \times 10^{-27}$ kg |
| 中性子の質量 | $m_n$ | $1.674\,927\,16(13) \times 10^{-27}$ kg |
| 電子の質量 | $m_e$ | $9.109\,381\,88(72) \times 10^{-31}$ kg |
| 電気素量 | $e$ | $1.602\,176\,462(63) \times 10^{-19}$ C |
| ボルツマン定数 | $k$, $k_B$ | $1.380\,650\,3(24) \times 10^{-23}\ J\,K^{-1}$ |
| プランク定数 | $h$ | $6.626\,068\,76(52) \times 10^{-34}$ J s |
| | $\hbar = h/2\pi$ | $1.054\,571\,596(82) \times 10^{-34}$ J s |
| ボーア半径 | $a_0$ | $5.291\,772\,083(19) \times 10^{-11}$ m |
| ボーア磁子 | $\mu_0$ | $9.274\,008\,99(37) \times 10^{-24}\ J\,T^{-1}$ |
| アボガドロ定数 | $N_A$, $L$ | $6.022\,141\,99(47) \times 10^{23}\ mol^{-1}$ |
| 気体定数 | $R$ | $8.314\,472(15)\ J\,K^{-1}\,mol^{-1}$ |
| ファラデー定数 | $F$ | $9.648\,534\,15(39) \times 10^4\ C\,mol^{-1}$ |

国立天文台 編：理科年表（丸善，2000）収載の 1998 CODATA 推奨値より．

## いろいろな単位で表したエネルギー間の変換係数

| | $J\ molecule^{-1}$ | $kJ\ mol^{-1}$ | $kcal\ mol^{-1}$ | eV | $cm^{-1}$ |
|---|---|---|---|---|---|
| 1 $J\ molecule^{-1}$ | 1 | $6.02216 \times 10^{20}$ | $1.4393 \times 10^{20}$ | $6.2414 \times 10^{18}$ | $5.034 \times 10^{22}$ |
| 1 $kJ\ mol^{-1}$ | $1.6605 \times 10^{-21}$ | 1 | 0.23901 | 0.010364 | 83.592 |
| 1 $kcal\ mol^{-1}$ | $6.9478 \times 10^{-21}$ | 4.184 | 1 | 0.043359 | 349.75 |
| 1 eV | $1.6022 \times 10^{-19}$ | 96.486 | 23.063 | 1 | 8,066 |
| 1 $cm^{-1}$ | $1.9865 \times 10^{-23}$ | 0.011963 | $2.8592 \times 10^{-3}$ | $1.2398 \times 10^{-4}$ | 1 |

注）表中の $cm^{-1}$ には $hc$ を乗じてエネルギーに変換してあるので，この表に関する限り $cm^{-1}$ をエネルギーとして取り扱えばよい．

# 物理化学テキスト

松山大学薬学部教授

葛谷　昌之　編集

東京　廣川書店　発行

## 執筆者一覧（五十音順）


| | |
|---|---|
| 青木宏光 | 広島国際大学薬学部准教授 |
| 柏木良友 | 奥羽大学薬学部准教授 |
| 葛谷昌之 | 松山大学薬学部教授 |
| 後藤　了 | 国際医療福祉大学薬学部准教授 |
| 近藤伸一 | 岐阜薬科大学教授 |
| 笹井泰志 | 岐阜薬科大学講師 |
| 畑　晶之 | 松山大学薬学部准教授 |
| 牧野公子 | 東京理科大学薬学部教授 |
| 三輪嘉尚 | 広島国際大学薬学部教授 |

# ま え が き

平成18年度から我が国の薬学教育に6年制教育が導入され，高度化する医療現場の要請に対応できる質の高い薬剤師の養成および薬学関連分野で幅広い知識を持って活躍できる医療人の養成がなされることになった．その目的を達成するために習得すべき内容が薬学教育モデル・コアカリキュラムとしてまとめられ，それに沿ったカリキュラムが各薬系大学で作成され，進行している．

モデル・コアカリキュラムに沿った新しい薬学の中で各教科の教科書があるが，本書「物理化学テキスト」は，6年制薬学教育下で薬学を学ぶ学生に向けた物理化学の教科書を意図して編纂されている．

「くすり」は物質であり，物質を対象にした学問・研究は物理現象と化学現象しかない．物理化学はこれらの自然現象を理解する上で重要であり，なぜかを知り，なぜかに答えられるようにする学問である．ヒトなどの生命体も物質からできていることを考えると，生命原理の理解にも結びつく学問であり，薬学領域においても，あらゆる教科の基本となっている．

モデル・コアカリキュラムには，薬学における物理化学（物理系薬学）を学ぶための到達目標の一つとして，「化学物質の基本的性質を理解するために，原子・分子の構造，熱力学（物性），反応速度などの基本的知識を修得し，それらを応用する技能を身につける」が記載されている．

本書は，薬を含む化学物質の基本的性質（物質の構造，物質の状態，物質の変化）を理解しやすくするため，「構造」，「物性」，「反応」の三部構成とした．その内容は

第一部「構造」　原子や化学物質の微視的な構造の成り立ち，あり方．

第二部「物性」　巨視的な固体，液体，気体の成り立ちと，それらの状態を維持するための分子間の相互作用．

第三部「反応」　原子と原子の組み替え（化学反応）．

である．薬学生に物理化学アレルギーが発生しないように，平易な表現でかつ，簡潔に，を目標に，各執筆者に務めていただいた．

そのため，日常的な例を挙げたり，数式の使用を極力省いたりして，自然現象の理解を高める工夫を行った．また，各項目にSBOを明記し，薬学共用試験及び薬剤師国家試験への対応も施した．問題の解法や演習問題は基礎薬学演習に任せることにして，取り上げていない．

現代医療は著しく進展・高度化し，かつ，高齢化社会が到来している．医薬品の開発技術も進歩し，薬理活性が強く，副作用に配慮すべき新薬が数多く登場している．また，医薬品情報は多様化し，医薬品の適正使用を目的として医薬分業が推進されている．これらに対応すべく，薬剤師には高度化する医療の薬物療法の専門家になることが社会から求められている．

そのため，基礎薬学から応用薬学はもとより，医学系専門分野に至るまで，高度の学識をもつだけでなく，医療機関や薬学領域で活躍するための心得や社会的使命を理解させる社会科学教育も受けた薬剤師の養成が急務である．すなわち，現代の薬剤師を目指す学生が習得すべき薬学は，もの（くすり）と人（患者）の２つの核を持つ学実両面の総合科学であり，本書がその習得の一助となれば幸いである．

最後に，本書の出版を勧めていただいた，廣川書店社長廣川節男氏をはじめ，編集部の各位に感謝の意を表します．

平成20年7月

葛 谷 昌 之

# 目　　次

# 序　章

薬学を学び，薬剤師を目指す薬学生諸君にとって，物理化学を学ぶ意義は何か，物理化学は，薬学でどのように役立つか等を最初に把握しておくことは，物理化学を学ぶモチベーションを高めるために役立つだろう．本序章は，そのような期待を込めて書きまとめたものである．

薬学生が物理化学を学ぶにあたって，まず薬学の基本を展望してみよう．薬学を一言でいえば，「人の健康と生命を科学する」学実両面の総合科学である．健康とは，世界保健機関（WHO）の憲章によれば，「単に病気あるいは虚弱でないというだけでなく，身体的，精神的，社会的に完全に良好な状態である」と定義されている．また，その生命とは，生物学的にみれば「遺伝子をもって，自己増殖能力がある」ことである．それは物質的な視点からは「高度な秩序と規則性」によって誕生する（「生命とは何か」シュレディンガー著）．それを物理化学的に訳せば「大きな負のエントロピー状態（死は正の最大エントロピー状態）」であり，生命と物質の関係を端的に表現したものである．

このように，生命ですら物質のあり方と結び付けて考えられるべきものであるから，健全な生命・健康を回復・維持・補強するための薬についての理解は，物質自身の基礎的理解から始めなくてはならないことは当然であろう．したがって，薬学生は，薬についてすべての角度から学ぶことが必要である．それらの中身は「薬を創る」，「薬を理解する」，「薬を使用する」，「薬を考える」が基本である．ただし，何事にも正負や功罪が存在するように，薬を理解するためには，薬の逆作用をもつ毒性物質について学ぶことも「健康を守る」という視点から大変重要である．それらを理解することは，薬自身とその適正使用の真の理解につながるからである．そして，物理化学はそれらすべての領域の理解に深く関与している．すなわち，薬は化学物質の一種であるため，化学物質の基本的性質（構造，物性，反応）を理解し，それらを応用する技術を身に付ける学問領域が物理化学である．それゆえ，薬学で学ぶあらゆる教科の基本となる薬学のマスターキー的存在である．

この物理化学を司る根幹の理論体系は，1．物質の基本構成体である原子・分子の構造や性質を解明する量子力学・量子化学（第1部），2．物質系の変化におけるエネルギーの出入りを巨視的立場で解明する熱力学（第2部），そして，3．分子の運動と力の関係を論じ，化学反応の機構を解明する動力学（反応速度論）である（第3部）．また，分子集合体としての物質系の性質を構成分子の性質の統計的平均として解明しようとする，巨視的理論と微視的理論をつなぐの

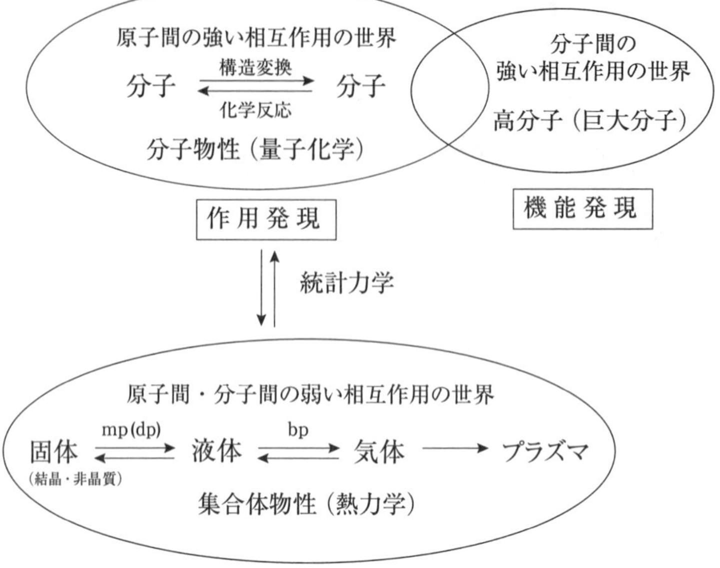


**図1　物理化学の理論体系における相関図**

が統計力学である．図式的にまとめると，図1に示す通りである．

21 世紀に活躍する薬剤師は，このような原理から修得しておくべきである．これらの修得によって，各部の章から派生する物質にまつわる素朴な疑問にも答えられるようになるだろう．例えば，薬には，いろいろな形や色のものがあるが，なぜ地上の草木の葉は緑系なのだろうか？　なぜ，すべての純液体は透明であるが，水銀のような金属の液体は不透明，かつ光沢があるのだろうか？　量子化学の延長線上ではそんな事も教えてくれる．また，薬には，固体，液体，気体の三体すべてのものがあり，それぞれの集合体物性を学ぶことは重要である．それを司る理論体系は熱力学であり，それを学ぶことによって，例えば，$H_2O$ という中性の純水であっても，pH が 6.5 や 7.5 になるのはどういう状態のときだろう？　も知ることになるだろう．また，薬剤師は，錠剤などを嚥下（えんげ）できない患者のために，粉砕しなければならないときがある．それでは，なぜ，粉砕による化学反応（メカノケミカル反応）は光化学反応と同じ結果が生じるときがあるのだろうか？　それも動力学を学ぶことによって納得できるようになるだろう．

さて，上記の理論体系をさらに掘り下げてみよう．それらに共通していることは，すべて何らかの相互作用を取り扱っているということである．原子核と電子，原子と原子，分子と分子，一分子と多分子など，自然界には，相互作用の形（スクラムの組み方）が無数に存在する．換言すれば，森羅万象，すべての物質は正負強弱の相互作用の結果生ずる集団である（図2参照）．われわれは，原子間相互作用の中で，最強のものを化学結合と称して実線で書き表している．しかし，その強さは，原子の種類によって線形的に弱くなり，弱い相互作用は点線で表すことが多い．

- 相互作用
  - 原子間相互作用
    - 強 ――― 化学結合
    - 中 ――― 超原子価分子
    - 弱 ――― 水素結合，静電相互作用，$\pi$ 錯体，ファン・デル・ワールス力　など
  - 分子間相互作用
    - 強 ――― 固体（結晶・非晶質）
    - 中 ――― 液体
    - 弱 ――― 気体

**図２　相互作用の種類**

物質と生体との分子間相互作用を考えるとき，人に都合が良ければ薬といい，都合が悪ければ毒物と称しているだけで，物質間の相互作用は共に同じ原理である．そして，これらの相互作用には，すべて「電子」が関与している．その関与の様式次第で強固な結合ができたり，構造が変化したり，気体分子として自由に空間を移動できたりするのである．また，化学反応のみならず，生体反応も微視的にみれば化学反応の組合せであり，電子の授受が行われている．つまり，電子の理解から始まる物質の理解が，化学から生命科学や健康の仕組みの理解までつながっているのである．

例えば，悪名高き活性酸素（良いこともする）の中で最も強力な OH· に電子を１つ付与した $OH^-$ は水の片割れでもあり，何ら体に害を与えるものでない．そして，水道水中の悪役とされる Cl· → $Cl^-$ や産廃中の $Cr^{+6} \rightarrow Cr^{+3}$ の関係も然りである．このように，物質の人体への影響は化学種自身ではなく，電子の数の関与（酸化状態）を意識して考えることの重要性がうかがわれるだろう．

さらに，物理化学は，なぜ，原子間相互作用の強さには強弱があるかを教えてくれるし，その結果として，単純な疑問にも答えてくれる．例えば，多くのプラスチックにみられるように，炭素同士がつながった高分子（—C—C—C—C—）はいくらでも存在することを誰でも知っているし，酸素の原子価は二価，窒素の原子価は二価であることも知っている．ならば，同じ第二周期の元素の中で，なぜ酸素高分子（—O—O—O—O—）や窒素高分子（—N－N—N＝N—）は存在しないのだろうか？　物理化学を学んでその訳を知ることになれば，楽しさも見出すことになろう．

ここで，高分子とその機能について触れておく．分子間の強い相互作用（化学結合）で結び付いたものが高分子であるが，高分子は低分子と異なり，さまざまな機能を発現することができる．作用とは，力が他に影響を及ぼすことであり，機能とは作用が相互に関連しあって，全体を構成している因子がもつ固有の働きをさす．今日，医療機関はもとより，われわれの生活圏のあらゆる分野でプラスチック（高分子，ポリマー）が用いられている．また，多くの医薬品自身にも，さまざまな医薬品添加物として多くの人工・天然高分子が使われている．したがって，医療人の中で薬剤師は，薬のプロとして存在感が発揮されるが，加えて，物質としての高分子についての基礎的学識・知識を高めておくことはきわめて価値あることである．

最後に，薬剤師の原点は医療人であるという視点から眺めてみよう．医療とは，治療と診断の

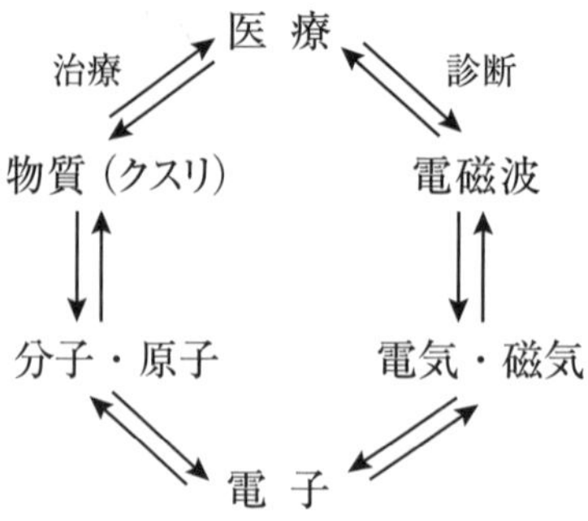


**図3　医療と電子とのつながり**

両面で成り立っている．治療には，物理療法（手術）と化学療法があるが，化学療法は薬物療法のことである．現代では，診断の主役の医療機器は電磁波を利用している．電磁波は電子の振る舞いが変化するとき発生する．図3にあるように，医療自身も基本的には電子の振る舞いから出発しているという結び付きがわかるであろう．すなわち，電子の理解は化学現象の理解はもとより，物理現象の理解や医療の一翼を担う診断技術の理解にもつながるのである．

一般に，薬学生は物理化学が苦手である．すべての事象は物理現象か化学現象として説明可能であり，その正体は，目にみえない分子，原子であり，さらに正確には電子である．そのような微視的な超感覚世界の量子論的解釈の理解や感覚世界の事象であって抽象的な熱力学の理論は，薬学生にとって取っつきにくい分野であろう．また，数式は科学を記述する世界共通の言語であり，他の薬学系の教科に比べ，物理化学では必然的に数式が多くなってしまう．そのことも苦手意識を増大させる一因かもしれない．さらに，これから学ぶ物理化学と薬学との関係をすぐに理解するのは難しいかもしれない．しかしながら，これまで述べてきたように，物理化学は，あらゆる現象を理解する上で不可欠な学問領域であり，また，物理化学の知識を有することで，物事の解釈の仕方が変わってくるということは紛れもない事実である．将来，薬を扱う薬学生諸君にとって，物理化学的現象を正しく解釈できるようになることは大変重要なことである．なぜならば，例えば，医薬品の配合変化など医薬品を扱う際の物理化学的変化を見過ごしてしまうことは，時として，生命を脅かすことさえあり得るからである．一方，そのような医療現場での問題発見，あるいは，その対処ができてこそ，薬のエキスパートであり，医療の一部を担っているという自信につながることになるであろう．

限られた講義時間内に薬学生がそれらのすべてを網羅して修得することは，もちろん不可能である．問題は，どれをどの程度修得しておくべきかが問われることになる．この教科書は，薬学生が修得すべき物理化学範囲をできる限りわかりやすく必要最小限にまとめたものであり，これから物理化学を学ぶ諸君のよき学習ガイドとなることを切に願っている．

# 第1部

# 物質の構造

# 1 物質の成り立ち

## 1 はじめに

医薬品を含めてあらゆる物質，ヒトなどの生命体も，その源をたどれば，原子および分子のさまざまな相互作用によって構成されている集合体である．その中で，原子間の強い相互作用は化学結合と称しており，種々の性質をもつ分子がそれらの組合せによって形成されている．したがって，物質を構成する基本単位である原子および分子の成り立ちと性質は，ニュートンの運動方程式に基づく古典物理学では説明できず，それとは異なる新たな理論およびそれに基づいて導き出されたシュレディンガーの波動方程式から出発する量子力学および量子化学的な考え方により説明することができる．

本章では，原子構造から分子構造，化学結合および分子間相互作用などに関する基本的知識を量子化学的概念に基づいて理解する．すなわち，シュレディンガーの波動方程式を用いて表される電子の運動力学（波動力学）が得られるまでの流れを概説し，次いで，原子の構造や電子状態について考えていく．最後に，分子軌道法と呼ばれるシュレディンガー方程式の一解法によって導き出される化学結合についての考え方を，種々の化合物について解説する．本章を理解しやすくするために，高校化学における化学結合の項目，高校物理におけるニュートンの運動方程式，運動エネルギーおよびクーロンの法則の項目を復習しておくとよいだろう．

# 2 原子構造

## a 原子論

**SBO C1-(1)-1-1)「化学結合の成り立ちについて説明できる」の基礎**

物質は，小さく分割できない粒子が集合したものであるという考え方（原子説）は古くから存在し，特に古代ギリシアで盛んに唱えられた．原子（atom）という言葉は「分割できないもの」を意味するギリシア語から来たものである．しかし，当時の原子説は哲学的なものであり，実証的なものではなかった．近世になり，ドルトン（Dalton）らにより科学的根拠に基づく原子説が発表され，さらに，19世紀から20世紀にかけて電子および原子核が発見されたことにより，原子の中にも構造があることがわかり，いくつかの説（原子模型）が提唱されるようになった．

1910年，ラザフォード（Rutherford）はヘリウム原子の原子核である$\alpha$粒子を，金属箔（はく）を通して散乱させ，その$\alpha$線の経路を観測する実験を行った．その実験により，原子の中心には正の電荷をもった粒子が存在し，その周囲を原子番号に等しい数の電子が回転するという原子模型を考えた．しかし，この模型を当時確立されていた古典物理学の立場から考えると，電子は電磁波の形でエネルギーを放出しながら回転し続けることになるため，次第に自身のエネルギーは減少し，軌道の半径はだんだん小さくなる．したがって，水素原子から放射される光（電磁波）のスペクトルは，連続スペクトルとなるはずである．しかし，実際は連続スペクトルではなく，線スペクトルが観測され，ラザフォードの原子模型ではこの事実を説明することはできなかった．

## b 量子論（前期量子論）

**SBO C1-(1)-1-1)「化学結合の成り立ちについて説明できる」の基礎**

古典物理学では説明できない事実を説明するため，新しい考え方が誕生した．その主なものを紹介しよう．

### 1）プランクのエネルギー量子論

1900年，プランク（Planck）は高温黒体から放出される放射線のスペクトルが，黒体の温度が高くなると強度が大となり，また波長が小になるという実験結果を説明するために，不連続な，ある許された値のエネルギーだけが放射されるという考えを導入して，黒体輻射のスペクトルを完全に説明することができた．このエネルギーを「量子化されたエネルギー」と呼び，エネルギーがかたまりとして分割されるという考えで，プランクはこのかたまりのことを“量子”といい，量子の整数倍としてのみ吸収または放出されるとした（量子とは，物理量の最小単位量で，エネルギー量子，光量子など物質を構成している最小単位としての電子，光子，陽子等の総称）．黒体から輻射される光のエネルギー量子 $E$ は振動数 $\nu$ との間に，

$$E = h\nu$$

の関係がある．この比例定数 $h$ はプランクの定数という．

### 2）アインシュタインの光量子論

1905年，アインシュタイン（Einstein）は，プランクのエネルギー量子の理論を拡張した．彼は，光は $h\nu$ なる値のエネルギー量子の流れであると考え，この光のエネルギー量子を“光量子”または“光子”と呼んで，この考えに基づき“光電効果”という現象を理論的に説明した．すなわち，金属に光を当てると1つの光量子が吸収されて1つの電子が放出されると考えたのである．

### 3）光の二元性

一般に光は電磁波の一部の領域（可視光線）を指している．光の波動性（$c = \lambda\nu$）については，フレネル（Fresnel）らが発見した光の干渉と回折の現象によって証明されていたが，プランクやアインシュタインが導入した放射の量子論によって光には粒子性（$E = h\nu$）もあることが示され，光は波動性と粒子性との2つの特性（二元性）をもつことが確立された．ここで光とは電磁波の一部の領域を指している．電磁波とエネルギーの関係は第3章 表3.1のようになる．

### 4）ボーアの原子模型

ボーア（Bohr）は，ラザフォードが提出した原子模型と古典物理学の理論との間の矛盾，およびスペクトルに関する実験データとの関係を解決するため，当時発展していたスペクトルに関する研究成果と，光に関して進められていた量子論という新しい理論を背景に水素の原子構造論を展開した．

**ボーアの研究対象となった水素原子スペクトル**：1890年，スウェーデンの物理学者リュードベリ（Rydberg）は，水素原子のスペクトル線の振動数を次のような一般式で示されることを見いだした．この式をリュードベリ式といい，$R$ はリュードベリ定数と呼ばれる．

$$\frac{1}{\lambda} = R\left(\frac{1}{n_1^2} - \frac{1}{n_2^2}\right) \qquad E = hcR\left(\frac{1}{n_1^2} - \frac{1}{n_2^2}\right) \tag{1.1}$$

$$R = 109677.76\ \mathrm{cm^{-1}},\ n_1 = 1, 2, 3, \cdots\cdots,\ n_2 = n_1 + 1, n_1 + 2, \cdots\cdots$$

$n_1$ の値が1, 2, 3, 4, 5のとき，それぞれ，ライマン（Lyman），バルマー（Balmer），パッシェン（Paschen），ブラケット（Brackett），プント（Pfund）の各スペクトル系列に対応している．

## c　水素の原子模型とボーアの理論

**SBO　C1-(1)-1-1)「化学結合の成り立ちについて説明できる」の基礎**

1913年，ボーアは，プランクの考えを水素原子の体系に適用した．すなわち，水素原子の構造を図1.1のように考えて，電子は原子核を中心とするいくつかのとびとびのエネルギーをもっ

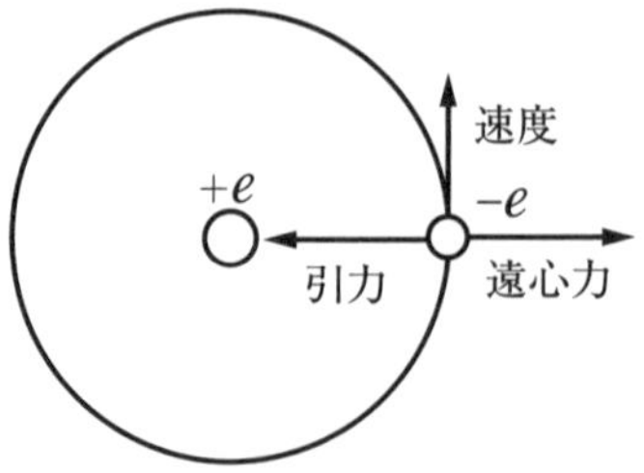


**図 1.1　水素原子のボーア模型**

た円軌道を運動し，電子が1つの軌道から他の軌道にとび移るときに限って，光が放出または吸収されるとした．このことは，一定速度で運動している電子の角運動量の整数倍のところに軌道が存在していることになり，ボーアは $h/2\pi$ の整数倍の値のみをとり得るとした（作用量は $h$ の整数倍）．すなわち，半径 $r$ の円を速度 $v$ で動く質量 $m$ の電子の角運動量は $mvr$ であるから，この条件は次のようになる．

$$\text{電子の角運動量} = mvr = n\frac{h}{2\pi} = n\hbar \quad (\hbar = h/2\pi) \tag{1.2}$$

しかるに，電子が円軌道上を円運動するならば，原子核に対する引力が遠心力と釣り合わねばならないから，(1.3) 式の関係が得られる（左辺が引力，右辺が遠心力）．

$$\frac{e^2}{r^2} = m\frac{v^2}{r} \tag{1.3}$$

(1.2) 式，(1.3) 式から軌道の半径 $r$ が得られる．

$$r = \frac{n^2h^2}{4\pi me^2} \tag{1.4}$$

軌道半径 $r$ が最も小さい $n = 1$ の場合，$r$ ($a_0$) は 0.529 Å となり，これを**ボーア半径**と呼ぶ．

水素原子の電子のもつ全エネルギーは，原子核に対する位置エネルギー ($-e^2/r$) と運動エネルギー[$(1/2)mv^2$]の和として与えられる．位置エネルギー $E_p$ は $-e^2/r$ に (1.4) 式を代入して得られる．また，運動エネルギー $E_k$ は，(1.3) 式と (1.4) 式から電子の速度 $v = 2\pi e^2/nh$ を求め，運動エネルギーの式 $(1/2)mv^2$ に代入すれば得られる．よって，$n$ 番目の軌道上の電子の全エネルギー $E_n$ は次のようになる．

$$E_n = E_p + E_k = -\frac{4\pi^2me^4}{n^2h^2} + \frac{2\pi^2me^4}{n^2h^2} = -\frac{2\pi^2me^4}{n^2h^2} \tag{1.5}$$

この結果は，リュードベリ式[(1.1) 式]に相当し，その値もよく一致する．

ボーアの原子模型は水素原子のスペクトルをよく説明する．それは，電子のエネルギーが連続的に変化するのではなく，電子が幾つかのとびとびの決まったエネルギー値をもった高い軌道から低い軌道に遷移する際，エネルギーの差が光として放出され，それがスペクトルとして観測されるためである．

## d 量子力学（波動力学）の確立

### SBO C1-(1)-1-1)「化学結合の成り立ちについて説明できる」の基礎

ボーアの原子模型の後，ゾンマーフェルト（Sommerfeld）が楕円軌道の仮定を導入して水素原子ならびに水素類似イオンの複雑なスペクトルを説明した．しかし，この理論は水素とその類似原子以外には当てはまらないという問題があった．この問題は，その後，全く新しい方法によって解決された．

#### 1）ド・ブロイの物質波

1924年，ド・ブロイ（de Broglie）は，電子の挙動を理解するために，光と同じように電子にも波動としての性質があると考え，これを物質波と呼んだ．彼はプランクによる式$E = h\nu$と，光について求められたアインシュタインの式$E = mc^2$（粒子性）および光の波の式$c = \lambda\nu$（波動性）を用い，さらに光の速度$c$の代わりに粒子の速度$v$を入れて（1.6）式（ド・ブロイの関係式）を得た．

$$\lambda = h/mv \qquad (1.6)$$

これにより，粒子の波動性と粒子性との2つの性質を関連づけ，質量$m$，速度$v$，運動量$mv$（$p$）で動く粒子の流れを，波長が$h/mv$で表される物質波に関連させたのである．

この物質波をボーアの提出した電子の円軌道運動に適用してみよう．ここでは，物質波を定常波として取り扱う．円の半径を$r$とすると，物質波の波長$\lambda$の整数倍が軌道の円周長に等しいとき，定常波となる．このとき，円軌道上の波がちょうど1周したときに元の波と完全に重なる．波長がそれと異なる場合は，何回かの振動後，干渉により消えてしまう．

$$2\pi r = n\lambda \quad (n = 1, 2, 3, \cdots\cdots) \qquad (1.7)$$

この式に物質波の式（1.6）を代入すると，

$$mvr = n\frac{h}{2\pi} \quad (n = 1, 2, 3, \cdots\cdots) \qquad (1.8)$$

が得られ，これはボーアの示した（1.2）式に一致する．

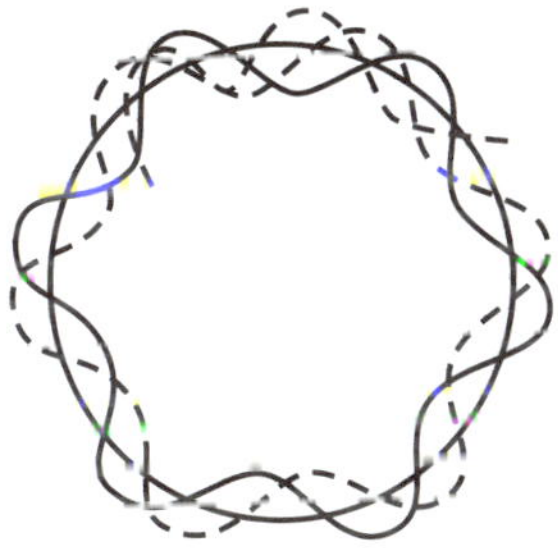

**図1.2　原子核のまわりを動くよう強制された電子波の大略図**

実線は可能な定常波を示し，破線はそれより波長がいくらか異なった波が干渉によってどのようになるかを示している．

このような物質波という円運動を伴う，波動性の考えを導入することにより，ボーアの円軌道運動をしていながら，なおかつ定常であるという仮定を無理なく説明することができたのである．

**2）　シュレディンガーの波動方程式**

1926 年，シュレディンガー（Schrödinger）は電子の運動を表す波動方程式を導いた．これは，波の関係式 $v = \lambda\nu$ と物質波に関するド・ブロイの式（1.8）を，振幅 $\psi$ の位置だけに関する波動方程式（定常波）に導入して得られたものである．
電子のもっている全エネルギーを $E$ とすれば，

$$E = \frac{1}{2}mv^2 + V \qquad \therefore \quad mv = \sqrt{2m(E-V)}$$

この式を物質波に適用するため，ド・ブロイの関係式に代入すると，

$$\lambda = \frac{h}{mv} = \frac{h}{\sqrt{2m(E-V)}}$$

また，波の速度 $v = \lambda\nu$ であるから，これらの関係式を位置に関する波動方程式

$$\frac{d^2\psi}{dx^2} + \frac{4\pi^2\nu}{v^2}\psi(x) = 0$$

に代入すると，

$$\frac{d^2\psi}{dx^2} + \frac{8\pi^2 m}{h^2}(E-V)\psi(x) = 0 \tag{1.9}$$

あるいは $\hbar = h/2\pi$ を用いて

$$\frac{d^2\psi}{dx^2} + \frac{2m}{\hbar^2}(E-V)\psi = 0$$

これが一次元で書いた有名なシュレディンガーの波動方程式である．
さらに三次元の波動に一般化し，三つの座標 $x$，$y$，$z$ の関数で表すと（1.10）式のようになる．

$$\nabla^2\psi + \frac{8\pi^2 m}{h^2}(E-V)\psi = 0 \tag{1.10}$$

ここで $\nabla^2$ は三次元の微分操作をひとまとめにしたラプラスの演算子と呼ばれるものである．

$$\nabla^2 \equiv \left(\frac{\partial^2}{\partial x^2} + \frac{\partial^2}{\partial y^2} + \frac{\partial^2}{\partial z^2}\right)$$

さらにハミルトン演算子 $H$ を次のように定義する．

$$H = -\frac{h^2}{8\pi^2 m}\nabla^2 + V$$

この $H$ を用いると一般的な記述法として使われているように，シュレディンガーの方程式は極めて簡潔に書き表すことができる．

$$H\psi = E\psi \tag{1.11}$$

シュレディンガーはこのようにして導いた波動方程式を解いて，電子のエネルギーの値 $E$ を求め，その値が実験と合うことから，この波動方程式が正しいことを示したのである．

### 3）マトリックス力学

シュレディンガーの波動方程式とほぼ時を同じくして，ハイゼンベルク（Heisenberg）は，量子の位置や運動量といった物理量を行列（マトリックス）の形で表現し，観測可能な量を求めるという理論（**マトリックス力学**）を提唱した．のちに，マトリックス力学は波動力学と同等であることがシュレディンガーにより証明された．

われわれの目に見える物体は，その位置と運動量をニュートンの運動方程式に基づいた古典力学により求めることができる．しかし，電子のような量子においては，その位置と運動量を同時に正確に求めることは原理的に不可能である．なぜなら，電子の位置を正確に測定するためには波長の短い光が必要であるが，そのような波長の光はエネルギーが大きいため電子に与える影響が大きく，結果として電子の運動量を変えてしまうからである．結果として，両者にあいまいさが残ることになる．このことは**ハイゼンベルクの不確定性原理**として知られており，位置のあいまいさを$\Delta_q$，運動量のあいまいさを$\Delta_p$とすると，次式で示される．

$$\Delta_q \cdot \Delta_p \geqq h$$

両者の積は$h$（プランク定数）よりも小さくすることはできないことがわかる．したがって，一方をできるだけ正確に決めようとすると，他方はますます不正確になってしまうわけである．

### 4）シュレディンガー方程式のモデル系への適用

質量$m$の粒子が$x$軸に沿って運動している場合，すなわち一次元の場合について考える．ポテンシャルエネルギー$V$が$x = 0$から$x = l$の間は0で，それ以外では$V = \infty$とし，$x = 0$と$x = l$のところに越えられない高い壁があるとする．このような条件を一次元井戸型ポテンシャルと呼ぶ．このような状態におかれた粒子のシュレディンガー波動方程式は，$V = 0$より（1.12）式で表される．

$$\frac{d^2\psi}{dx^2} + \frac{8\pi^2 mE}{h^2} \cdot \psi = 0 \qquad (1.12)$$

この式は，単振動の微分方程式と同じ形である．

単振動の微分方程式

$$m \cdot \frac{d^2x}{dt^2} = -kx$$

$$\frac{d^2x}{dt^2} + \frac{k}{m}x = 0 \quad \text{の一般解は} \quad x = A\sin\sqrt{\frac{k}{m}} \cdot t + B\cos\sqrt{\frac{k}{m}} \cdot t$$

したがって，上の（1.12）式の一般解は

$$\psi = A\sin\sqrt{\frac{8\pi^2 mE}{h^2}}\,x + B\cos\sqrt{\frac{8\pi^2 mE}{h^2}}\,x \qquad (1.13)$$

となる．ここで，定常波として成り立つための条件は，$x = 0$，および$x = l$のときに$\psi = 0$（これを**境界条件**という）を満たすことである．まず，初期条件として，$x = 0$，$\psi = 0$となるため

には，$B=0$ でなければならないので，(1.13) 式は，

$$\psi = A\sin\sqrt{\frac{8\pi^2 mE}{h^2}}x = A\sin\frac{2\pi\sqrt{2mE}}{h}x \quad (E>0) \tag{1.14}$$

となる．ちなみに，この式は連続エネルギーを取りうる自由電子の運動を表している．

次に $x=l$，$\psi=0$ を満たすためには，

$$\frac{2\pi\sqrt{2mE}}{h}l = n\pi \quad (n=1,2,3,\cdots\cdots) \tag{1.15}$$

でなければならない．

この (1.15) 式を (1.13) 式に代入すれば，波動関数が

$$\psi = A\sin\frac{n\pi x}{l} \quad (n=1,2,3,\cdots\cdots) \tag{1.16}$$

として，また (1.15) 式よりエネルギー $E$ が求まる．

$$E = \frac{n^2h^2}{8ml^2} \quad (n=1,2,3,\cdots\cdots) \tag{1.17}$$

1926年頃，ボルン (Born) は粒子散乱の研究から，初めて波動関数について確率的な解釈をつけた．シュレディンガーの波動方程式における関数 $\psi$ を波動関数と呼ぶが，これについて物理的意味を説明したわけで，波動関数の2乗 $\psi^2$ は，電子が分布する確率を表すというものである．いい換えれば，電子は電子雲の形で分布し，$\psi^2$ によりその電子密度が明らかになるのである．

波動関数 $\psi$ に含まれている係数 $A$ は次のようにして求められる．一次元井戸型ポテンシャル内の電子は，$x$ が0から $l$ の範囲に1個存在し，微小区間 $x$ と $(x+dx)$ との間に存在する確率は $\psi^2dx$ で表されるから，この電子に対する波動関数は (1.18) 式を満足しなければならない．波動関数がこのような条件を満足するとき，その波動関数は**規格化**されているといい，$A$ を**規格化定数**という．

$$\int_0^l \psi^2 dx = 1 \tag{1.18}$$

この条件を (1.16) 式に適用すると $A=\sqrt{2/l}$ が得られ，結局，一次元井戸型ポテンシャル内の電子に対する波動関数は (1.19) 式のようになる．

$$\psi = \sqrt{\frac{2}{l}}\sin\frac{n\pi x}{l} \quad (n=1,2,3,\cdots\cdots) \tag{1.19}$$

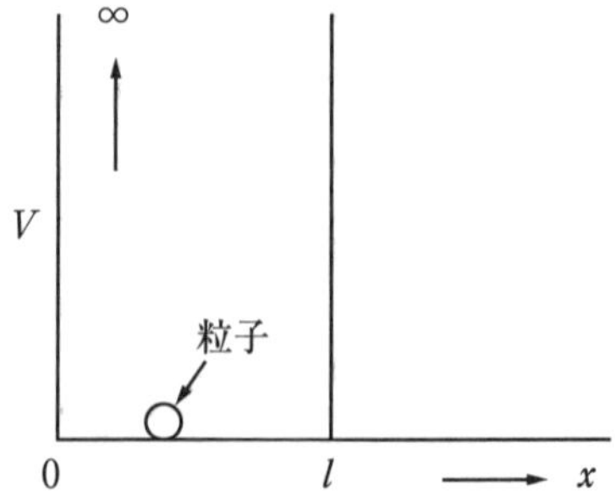


$(0<x<l$ では $V=0$ および $x=l$ では $V\to\infty)$

**図1.3　箱の内の粒子ポテンシャル(一次元井戸型ポテンシャル)**

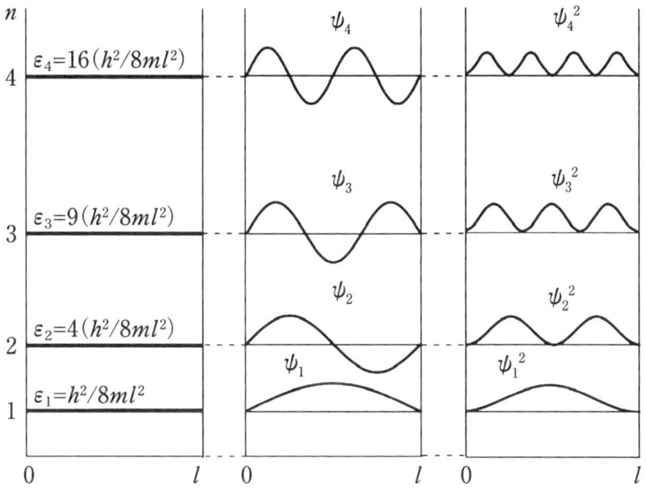


**図 1.4　波動関数と $\psi$ および $\psi^2$**

(1.19) 式に従って，$n = 1, 2, 3, 4$ の場合について $\psi$ および $\psi^2$ を図式化すると図 1.4 のようになる．図にはそれぞれの波動関数に対応する電子のエネルギーも示した．量子数の増加とともに，電子のエネルギーは離散的に増大し，それに対応して電子の存在確率に粗密の交代が繰り返し起こるようになることがわかる．

このように，電子を箱の中に入れた時，定常波であるためには境界条件を満たさなければならないから振動数も規定されることになり，エネルギーは不連続になることがわかるだろう．

## 3　原子構造と電子状態

### a　水素原子の波動関数

**SBO　C1-(1)-1-1)「化学結合の成り立ちについて説明できる」の基礎**

原子の電子状態を考える際によく用いられるのは水素原子である．水素原子については，シュレディンガーの波動方程式 (1.11) 式を厳密に解くことができる．その際，直角座標よりも極座標が用いられる（図 1.5）．波動方程式の解法は決して簡単ではないため省略し，ここでは，解くことにより得られる波動関数の形を示すのみとする．

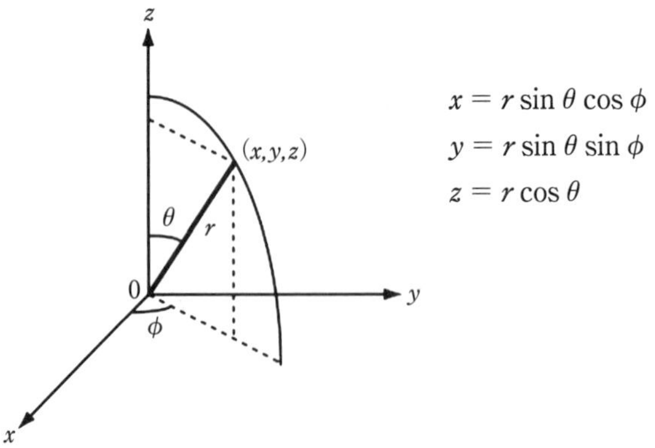

$$x = r\sin\theta\cos\phi$$
$$y = r\sin\theta\sin\phi$$
$$z = r\cos\theta$$

**図 1.5　直角座標と極座標**

$$\psi_{n,l,m} = R(r)\,T(\theta)P(\phi) \tag{1.20}$$

1s および 2s 軌道の波動関数を表 1.1 に示した．量子数 n, l, m は，それぞれ主量子数，方位量子数および磁気量子数といい，次のような値をとる．

$$n = 1, 2, 3, 4, \cdots\cdots\cdots, \infty$$
$$l = 0, 1, 2, 3, \cdots\cdots\cdots, (n-1)$$
$$m = \pm 0, \pm 1, \pm 2, \pm 3, \cdots\cdots\cdots, \pm l$$

主量子数は軌道を大ざっぱに区別するもので，n = 1, 2, 3, … を K 殻, L 殻, M 殻, … と呼ぶこともある．方位量子数は電子の軌道の形を決めるもので，l = 0, 1, 2, 3, … はそれぞれ s 電子状態，p 電子状態, d 電子状態, f 電子状態, … を表す．磁気量子数は電子の軌道面の向きを決めるもので，その数は $(2l+1)$ 個である．これにより，s 電子状態 ($l=0$) は 1 個, p 電子状態 ($l=1$) は 3 個, d 電子状態 ($l=2$) は 5 個あることが示される．また，この式には出てこないが，スピン量子数 s と呼ばれる量子数もあり，+1/2 あるいは -1/2 の値をとる．

2p 軌道の動径部分と角部分を表 1.2 に示した．動径部分 $R(r)$ は動径波動関数ともいわれ，主量子数 n と方位量子数 l が関与する．これに対し，波動関数の角部分 $T(\theta)P(\phi)$ は，方位量子数 l と磁気量子数 m が関与し，主量子数 n には関係ない．角部分の関数 $T(\theta)P(\phi)$ は軌道関数と呼ばれ，結合が形成されるとき原子価の方向性を数学的に考察するような場合に便利である．一方，電子の確率分布を表すには軌道関数の二乗 $T(\theta)^2 P(\phi)^2$ が用いられる．これら 2 種類の式によりそれぞれ描かれる曲面は図 1.6 および図 1.7 に示すように異なっており，前者では $\theta$, $\phi$ の値によって (+), (-) の符号がつくが，後者は二乗なので常に (+) である．また，s 軌道の形は両者いずれも球面であり，p 軌道では前者の場合 2 つの球が触れ合った形になっているが，後者による表現ではやや形が異なる．後者の確率分布を表す図形は，電子状態のモデルを知る上で非常に有用である．

**表 1.1　水素類似原子の波動関数**

| 殻 | 記　号 | n | $l$ | $m_l$ | $\psi$ | 波動関数 |
|---|---|---|---|---|---|---|
| K | 1s | 1 | 0 | 0 | $\psi_{1s}$ | $\frac{1}{\sqrt{\pi}}\left(\frac{Z}{a_0}\right)^{3/2} e^{-Zr/a_0}$ |
| L | 2s | 2 | 0 | 0 | $\psi_{2s}$ | $\frac{1}{4\sqrt{2\pi}}\left(\frac{Z}{a_0}\right)^{3/2}\left(2-\frac{Zr}{a_0}\right)e^{-Zr/2a_0}$ |

**表 1.2　波動関数の動径部分と角部分**

| $\psi$ | 動径部分 $R(r)$ | 角部分 $T(\theta)P(\phi)$ |
|---|---|---|
| $\psi_{2p_z}$ | $\frac{1}{\sqrt{3}}\left(\frac{Z}{2a_0}\right)^{3/2}\frac{Zr}{a_0}e^{-Zr/2a_0}$ | $\left(\frac{3}{4\pi}\right)^{1/2}\cos\theta$ |
| $\psi_{2p_x}$ | $\frac{1}{\sqrt{3}}\left(\frac{Z}{2a_0}\right)^{3/2}\frac{Zr}{a_0}e^{-Zr/2a_0}$ | $\left(\frac{3}{4\pi}\right)^{1/2}\sin\theta\cos\phi$ |
| $\psi_{2p_y}$ | $\frac{1}{\sqrt{3}}\left(\frac{Z}{2a_0}\right)^{3/2}\frac{Zr}{a_0}e^{-Zr/2a_0}$ | $\left(\frac{3}{4\pi}\right)^{1/2}\sin\theta\sin\phi$ |

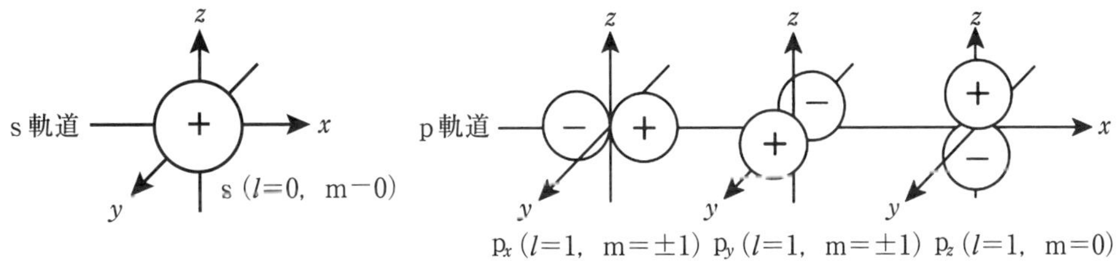


**図 1.6　水素原子の軌道関数 $T(\theta)\ P(\phi)$**

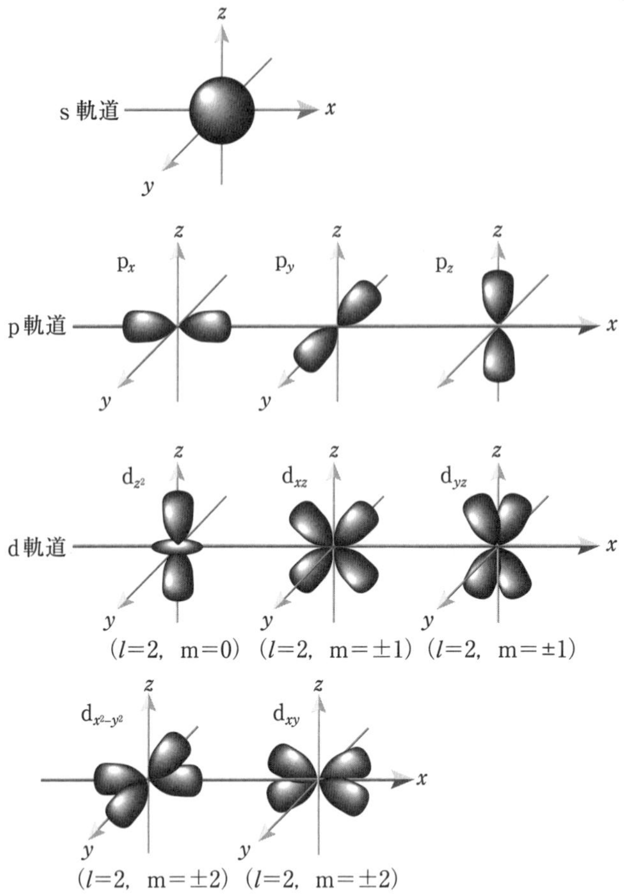


**図 1.7　水素原子における電子の確率分布 $\{T(\theta)\}^2\{P(\phi)\}^2$**

## b　多電子系の原子

### SBO　C1-(1)-1-1)「化学結合の成り立ちについて説明できる」の基礎

#### 1）　多電子系原子の電子構造

この項では2個以上の電子をもつ原子についての電子構造を考える．原子番号が大きくなるに従い，電子が1個ずつ増えていくが，電子の軌道への入り方は次の3項目により規定される．

**エネルギー準位**：まず，電子はエネルギー準位の低い軌道から入る．水素類似原子の場合には，電子軌道のエネルギー準位が主量子数 n だけで決定されるが，多電子系の原子においては，n のみだけでは決まらず，これと方位量子数 $l$ の値にも関係し，これらの値が大きいほどエネルギーも大きい．その順序は次の通りである．

1s → 2s → 2p → 3s → 3p → 4s → **3d** → 4p → 5s → **4d** → 5p → 6s → **4f** →
**5d** → 6p → 7s → **5f** → **6d** ………

ここで注目すべき点は，3d 軌道のエネルギー準位が，主量子数 n が１つ大きい 4s 軌道のそれよりも高いということである．この理由は 3s および 3p などの軌道と 3d 軌道とでの電子の分布状態の違いによるものと考えられる．このような傾向は，4d，5d，6d や 4f，5f の f 軌道でも見られる．

**パウリの排他原理**：原子中の電子状態は４つの量子数 n，$l$，m，s によって決められるが，２個の電子はこれらの量子数について全く同じ値をもつことはできない．これをパウリ（Pauli）の排他原理という．この原理によると，対をつくっている２個の電子系の波動関数は，反対称関数でなくてはならない．すなわち電子の交換に対してその波動関数は符号を変えなくてはならない．もし，これら２つの電子の４つの量子数がすべて同じであれば，$\psi = 0$ となってしまい，このような状態は存在できない．別の言い方をすれば，量子数 n，$l$，m で規定される同一の軌道には，３個の電子はいかなるスピンの組合せでも入ることは禁じられ，２個の電子なら入ることができるが，それらのスピンが互いに反対向き（↑↓）でなければならない，といえる．

**フントの規則（最多重率の原理）**：電子は負の電荷をもっていることから，互いに反発し合い，できるだけ分散して分布しようとする性質がある．また，スピンについて考えてみると電子相互の反発エネルギーは２個の電子のスピンが互いに対にならず，平行になっているほうが小さい．量子数 $l$ の等しい軌道，すなわち p, d, f などエネルギーが等しい２個の軌道があって，それに２個の電子が分布する場合を考えると，電子スピンが平行（↑↑）になっているほうが，反発エネルギーが小さく，より分散しやすいため，その２個の電子は同一の軌道には入らず，別々の軌道に入る．例えば，2p 軌道に３個の電子が入る場合は，$2p_x$，$2p_y$，$2p_z$ の軌道にそれぞれ１個ずつの電子が同じスピンの向きで入るわけである．

### 2）　原子エネルギー準位（周期律表）

パウリの排他原理は元素の周期表の構造の説明を解く鍵となる．複雑な原子でもその電子エネルギー準位は４つの量子数 n，$l$，m，s によって指定された．パウリの排他原理によれば，原子中の２つの電子が４つの量子数すべてについて同じ値をもつことはできない．原子の最も安定な状態，すなわち基底状態は，電子が排他原理に基づき，最も低く可能なエネルギー準位にある状態である．そこで，それぞれ４つの量子数の固有の組で規定される異なった軌道をエネルギーが増す順序に並べ，最も低い空の軌道から次々に電子を入れていき，原子の核電荷数（$Z$）に等しい数のすべての電子が安定に入ってしまうまで続ける．このような過程をパウリは構成原理と呼んだ．元素の周期表（付録参照）からわかるように，アルゴンまでの原子の電子配置には問題はないが，それに続くカリウムでは最後の電子は 4s 軌道に入る．また，Ca の次には，4p 軌道よりも，3d 軌道に電子が入り始める．

### 3）　電子の配置と周期律

原子番号が増えるに従い，上述の３つの規則に従って電子が増えていくのであるが，最外殻の電子配置が原子番号とともに周期的に変化することから，元素の性質も周期的に変化し，これに基づいて周期律が作られる．電子配置と化学的性質との間には密接な関係があり，よく似た電子配置をとった原子は類似した性質をもっている．そのような類似した原子群をまとめると次のようになる．

(A)典型元素：H(1) から Ar(18) に見られるように規則的に s，p 軌道に電子が順次に埋まっていく原子群をいう．

(B)遷移元素：d 軌道に電子が埋まっていく原子群で，3d，4d，5d などで見られる．

(C)希土類元素：f 軌道に電子が埋まっていく原子群で，内部遷移元素ともいう．4f（ランタニド系列）と 5f（アクチニド系列）で見られる．

(D)不活性ガス　He(2)，Ne(10)，Ar(18)，Kr(36)，Xe(54)，Rn(86)：s，p 軌道が完全に満たされた状態で，最も安定である．

(E)アルカリ金属　Li(3)，Na(11)，K(19)，Rb(37)，Cs(55)，Fr(87)：不活性ガスの外側に s 電子 1 個をもち，これを除くと安定な構造になるため，その s 電子を容易に放つ．

(F)ハロゲン　F(9)，Cl(17)，Br(35)，I(53)：不活性ガスより p 電子が 1 個少ない構造で，電子を 1 個もらえば安定な構造となるため，容易に陰イオンになる．

(G)アルカリ土類金属　Be(4)，Mg(12)，Ca(20)，Sr(38)，Ba(56)，Ra(88)：不活性ガスの外側に s 電子 2 個をもち，この電子を容易に放出して 2 価の陽イオンになる．

(H)銅類元素　Cu(29)，Ag(47)，Au(79)：d 軌道の外側に s 電子 1 個をもち，その s 電子が 1 個取れた後の d 軌道満員の状態があまり安定でないため，第 2 の電子が比較的とれやすく，容易に 2 価イオンになりうる．

## 4　原子から分子へ（量子化学）

前項では原子の電子状態および電子構造を考えたが，本項では原子と原子が結合することによって作られる分子の構造について学ぶ．

1926 年，シュレディンガーにより提唱された波動力学は，1925 年のハイゼンベルグによるマトリックス力学と合わせて 1 つの力学体系として量子力学といわれるようになり，これが現在の量子理論である．

量子理論は，早くもその完成の翌年 1927 年にハイトラー（Heitler）とロンドン（London）により化学の問題に応用された．彼等は中性の水素原子間にどのような力が働いて安定な分子が作られるかという問題をあざやかに説明し，量子化学の歴史が始まったのである．さらに，その理論は，1930 年代に入ってスレーター（Slater）とポーリング（Pauling）らによって大きく発展させられた．原子価結合法（Valence Bond Method）と呼ばれるこの方法は，結合の概念に慣れた化学者の直感に訴えやすく，近代原子価理論の確立に大きな役割を果たした．また，もう 1 つの近似法として，分子軌道法（Molecular Orbital Method）がマリケン（Mulliken），ヒュッケル（Hückel）らによって発展した．分子軌道法は複雑な分子の取り扱いが原子価結合法よりも容易なため，大きく発展し今日に至っている．

## a　水素分子の波動方程式

**SBO　C1-(1)-1-1）化学結合の成り立ちについて説明できる**

**SBO　C1-(1)-1-3）分子軌道の基本概念を説明できる**

一般に分子中の個々の原子の間の結合の様子を調べるためには，分子を構成するすべての核と電子について，それらの運動エネルギー，ポテンシャルエネルギー，さらにこれらの粒子間の相互作用エネルギーを考慮したハミルトン演算子を組み立て，これを用いてシュレディンガーの波動方程式を解くことになる．

ここで，最も簡単な水素分子についてこの方法を適用してみよう．それにはまず，水素分子のハミルトン演算子を求めねばならない．まず原子核AおよびB，電子1および2からなるような水素分子を考え，この座標を図1.8に示したように決めると，この系のポテンシャルエネルギー $V$ はクーロン力による次の各項で示される．

$$V = \frac{e^2}{r_{AB}} + \frac{e^2}{r_{12}} - \frac{e^2}{r_{1A}} - \frac{e^2}{r_{1B}} - \frac{e^2}{r_{2A}} - \frac{e^2}{r_{2B}} \tag{1.21}$$

系の運動エネルギーに対応する演算子については，水素原子の波動方程式に出てきたラプラスの演算子（ラプラシアン演算子）$\nabla$ を用いることができる．水素分子の電子1, 2に対するラプラシアンをそれぞれ $\nabla_1$，$\nabla_2$ とすると，結局，水素分子のハミルトン演算子 $H$ は，

$$H = -\frac{h^2}{8\pi^2 m}({\nabla_1}^2 + {\nabla_2}^2) - e^2\left(\frac{1}{r_{1A}} + \frac{1}{r_{1B}} + \frac{1}{r_{2A}} + \frac{1}{r_{2B}} - \frac{1}{r_{12}} - \frac{1}{r_{AB}}\right) \tag{1.22}$$

で表される．水素分子の波動関数を $\psi$，エネルギーを $E$ とし，上のハミルトン演算子 $H$ を用いて書いたシュレディンガーの方程式

$$H\psi = E\psi \tag{1.23}$$

を解いて $\psi$ および $E$ を求めればよい．水素分子の場合は上の波動方程式を厳密に解くことは不可能に近いのであるが，もし水素分子の波動関数がどのような形になるかを予想できるならば，われわれはその波動関数を用いて（1.23）式によりエネルギー $E$ を求めることができる．もしそ

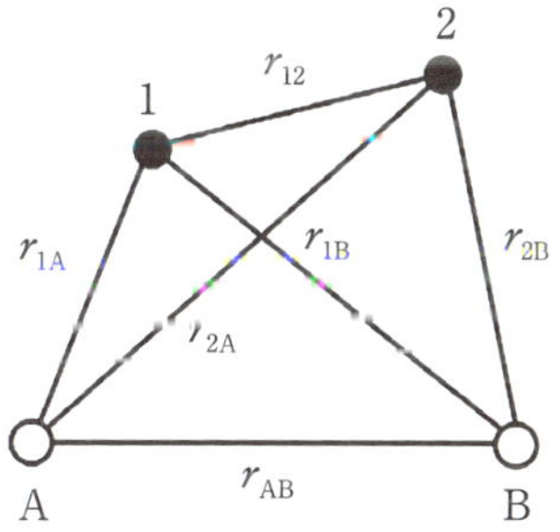


**図1.8　水素分子の座標**

の求めたエネルギーが実測の水素分子のエネルギーとほぼ一致するならば予想した波動関数は真実の波動関数に極めて近いものであると考えることができる．この予想の方法として原子価結合法と分子軌道法の２つの方法があるが，ここでは主流である分子軌道法を取り上げる．

分子軌道法では分子の近似関数を作りあげる方法として，電子の非局在性を強調する．すなわち結合に関与する電子は，ある原子に局在しているのではなく，分子全体にわたってその存在確率をもつと考える．このように考えれば，ちょうど原子に原子軌道があるように分子にも分子軌道があり，電子はその分子軌道に存在することになる．この新しい分子の近似波動関数を与えるべき分子軌道関数は，分子を構成している原子の原子軌道関数がその原型を提供してくれると考え，分子軌道関数 $\psi$ として原子軌道関数 $\phi_i$ の一次結合を考える．

$$\psi = \sum c_i \phi_i \tag{1.24}$$

水素分子の場合，分子軌道は $\psi = c_1\phi_A + c_2\phi_B$ となる．$\phi_A$，$\phi_B$ は規格化された水素の 1s 原子軌道であり，$c_1$，$c_2$ は係数である．これを使って水素分子の分子軌道エネルギーを求めてみよう．そのエネルギー $E$ は次式で求められる．

$$E = \frac{\int \psi H \psi d\tau}{\int \psi^2 d\tau} = \frac{\int (c_1\phi_A + c_2\phi_B) H (c_1\phi_A + c_2\phi_B) d\tau}{\int (c_1\phi_A + c_2\phi_B)^2 d\tau} \tag{1.25}$$

変分原理によると上式のエネルギー $E$ を極小にするように，係数 $c_1$，$c_2$ を定めればよい．つまり，

$$\frac{\partial E}{\partial c_1} = 0,\ \frac{\partial E}{\partial c_2} = 0 \tag{1.26}$$

が同時に成り立たなければならない．(1.25) 式を展開し，

$$\alpha = H_{AA} = \int \phi_A H \phi_A d\tau = \int \phi_B H \phi_B d\tau = H_{BB}$$

$$\beta = H_{AB} = \int \phi_A H \phi_B d\tau = \int \phi_B H \phi_A d\tau = H_{BA}$$

$$S = \int \phi_A \phi_B d\tau$$

とおくと，(1.25) 式は

$$E = \frac{c_1^2 + 2c_1c_2\beta + c_2^2\alpha}{c_1^2 + 2c_1c_2S + c_2^2}$$

すなわち，$E(c_1^2 + 2c_1c_2S + c_2^2) = c_1^2\alpha + 2c_1c_2\beta + c_2^2\alpha$ となる．$\alpha$ をクーロン積分（一電子一中心積分），$\beta$ を共鳴積分（一電子二中心積分）といい，$S$ は原子軌道の重なりの程度を表しており，重なり積分という．求めるエネルギーを最小にするには $\frac{\partial E}{\partial c_1} = 0$ でなければならない．ゆえに $c_1$ について偏微分すると

$$\frac{\partial E}{\partial c_1}(c_1^2 + 2c_1c_2S + c_2^2) + E(2c_1 + 2c_2S) = 2c_1\alpha + 2c_2\beta$$

$\dfrac{\partial E}{\partial c_1} = 0$ であるから

$$E(2c_1 + 2c_2S) = 2c_1\alpha + 2c_2\beta \qquad (\alpha - E)c_1 + (\beta - ES)c_2 = 0 \tag{1.27}$$

同様に $c_2$ で偏微分すれば

$$(\beta - ES)c_1 + (\alpha - E)c_2 = 0 \tag{1.28}$$

(1.27) 式，(1.28) 式の連立方程式が 0 でない解をもつためには，次の行列式が 0 でなければならない．

$$\begin{vmatrix} \alpha - E & \beta - ES \\ \beta - ES & \alpha - E \end{vmatrix} = 0 \tag{1.29}$$

この (1.29) 式を永年行列式という．これを解くと

$$E = \frac{\alpha + \beta}{1 + S},\ \ E = \frac{\alpha - \beta}{1 - S}$$

となる．次に $\psi$ が規格化された $c_1$，$c_2$ の値を求める．まず，$\psi$ の規格化条件は次のようになる．

$$\int \psi^2 d\tau = \int (c_1\phi_A + c_2\phi_B)^2 d\tau$$

$$= c_1^2 \int \phi_A^2 d\tau + c_2^2 \int \phi_B^2 d\tau + 2c_1c_2 \int \phi_A\phi_B d\tau = 1 \tag{1.30}$$

$\phi_A$，$\phi_B$ は原子軌道関数であるから規格化されており，

$$\int \phi_A^2 d\tau = \int \phi_B^2 d\tau = 1$$

である．したがって，

$$c_1^2 + c_2^2 + 2c_1c_2S = 1 \tag{1.31}$$

となる．(1.27) 式を変形し，$E$ の値を代入すると

$$\frac{c_1}{c_2} = -\frac{\beta - ES}{\alpha - E} = 1 \quad \text{または} \quad -1$$

となり ((1.28) 式を使用しても同様の結果となる)，規格化条件の式 (1.31) に代入すると，

$c_1 = c_2$ ならば

$$c_1 = \frac{1}{\sqrt{2 + 2S}} = c_2$$

$c_1 = -c_2$ ならば $c_1 = \dfrac{1}{\sqrt{2 - 2S}} = -c_2$ となる．よって $\psi$ は

$$\psi_s = \frac{\phi_A + \phi_B}{\sqrt{2 + 2S}},\ \ E = \frac{\alpha + \beta}{1 + S} \qquad \psi_a = \frac{\phi_A - \phi_B}{\sqrt{2 - 2S}},\ \ E = \frac{\alpha - \beta}{1 - S}$$

この２つの分子軌道関数 $\psi_s$ および $\psi_a$ は，それぞれ結合性軌道 (bonding orbital)，反結合性軌道 (antibonding orbital) を表している．$\psi_s$ および $\psi_a$ の性質を調べてみると，

$$\int \psi_s \cdot \psi_a d\tau = \int (\phi_A + \phi_B)(\phi_A - \phi_B) d\tau = \int (\phi_A^2 - \phi_B^2) d\tau = 0$$

なぜならば，$\phi_A$ と $\phi_B$ とは同じ形だからである．このような $\psi_s$ および $\psi_a$ との関係を**直交関数**という．また，$\psi$ の規格化をあわせて**規格直交化**という．

## b　二原子分子の分子軌道法的取扱い

**SBO　C1-(1)-1-1) 化学結合の成り立ちについて説明できる**

**SBO　C1-(1)-1-3) 分子軌道の基本概念を説明できる**

前節では分子軌道法を用いて水素原子の結合状態をうまく説明することができた．このことは，他の二原子分子，さらには多原子分子の結合についても成立すると考えてよさそうである．そこで，二原子分子の結合状態を考えてみよう．

分子軌道法では，原子に固有の原子軌道があると同じく分子にも固有の分子軌道が存在すると考えるため，原子軌道に，その軌道を占める電子の角運動量の大きさによって s, p, d, … 状態が存在したように，分子軌道にも何かそのような状態があってもよいように思える．図 1.9 は，二原子分子において，原子軌道の一次結合によって形成される分子軌道の様子を図的に示したものである．

まず，水素原子のような 1s 電子をもった原子から生じる分子軌道は，図 1.9 (a) に示したように $1s_A + 1s_B$ で表される**結合性軌道**と $1s_A - 1s_B$ で表される**反結合性軌道**である．前者では 1s 軌道が重なり合って核間の電荷密度が大きくなるが，後者では 1s 軌道の重なり部分は差し引かれるので，核間に電荷のない空間が生じることが理解できる．

分子軌道の形成は，s 軌道どうしに限定されるわけではない．s−p 軌道間でも，また p 軌道どうしでも可能である．p 軌道間に生じる分子軌道には，図 1.9 (b), (c)に見られるように 2 種の型がある．図 1.9 (b) は，p 軌道の一次結合が 2 つの核を結ぶ軸方向に生じた場合で，$2p_{xA} + 2p_{xB}$ で示される結合性軌道および $2p_{xA} - 2p_{xB}$ の反結合性軌道は，s 軌道どうしの結合に見られるのと同様に，結合軸まわりに対称である．すなわち軸のまわりの角運動量は 0 で，原子の s 軌道に対応して σ 軌道と呼ばれる．σ 軌道のうち反結合性軌道は $\sigma^*$ で表して結合性軌道と区別する．これらの分子軌道に電子を充塡する方法は原子軌道の場合と同様である．すなわち**パウリの排他原理**に従って，1 つの軌道に逆平行のスピンをもつ 2 個の電子を軌道エネルギーの低い順に充塡していけばよい．水素分子では，2 個の電子は 1sσ の軌道に入る．このときの電子配置を $(1s\sigma)^2$ と表す．一方，図 1.9 (c) に示した型の p 軌道の一次結合は，p 軌道の両側面が重なり，その結果，結合性の場合には核を結ぶ軸の上下に 2 本の分子軌道が生じ，反結合性の場合には核間からなるべく遠ざかる方向に電荷を分布させるような分子軌道が生じる．これら 2 つの分子軌道は，図 1.9 (b) の場合と異なり結合軸に対して逆対称（AB 軸のまわりで 180° 回転すると分子軌道の符号が変わる）であり，ちょうど p 軌道が原子核の中心に対して逆対称であることと似ている．このような分子軌道を π 軌道と名付ける．反結合性軌道は $\pi^*$ で表すことは，σ 軌道の場合と同様である．p 軌道には互いに直交する $p_x$, $p_y$, $p_z$ があり，$p_x$ 軌道が σ 結合に使用されたときは残りの $p_y$ および $p_z$ 軌道が π 軌道をつくるのに利用できる．なお，σ 軌道によって生成する結合を σ 結合，π 軌道を利用した結合は π 結合と呼ばれる．σ 結合とともに π 結合をもつ二原子分子の例として $O_2$ の分子軌道図を描くと，図 1.10 のようになる．2 つの O 原子のもつ合計8個の1sおよび2s電子は，1s$\sigma$，1s$\sigma^*$，2s$\sigma$，2s$\sigma^*$の分子軌道を満たしている．p電子も合計8個あるが，これらはまず2p$\sigma$に2個，次いでエネルギーが等しく縮重している2つの2p$\pi$軌道に4個が入る．残りの2個はこれも縮重している反結合性の2p$\pi^*$軌道に入らねばならない．そのときフント（Hund）の規則によって，スピンを平行にして入るためにスピンによる磁気モーメントが現れる．$O_2$は常磁性を示す数少ない二原子分子の1つである．$O_2$分子は結局，結合性の2p$\sigma$軌道の電子2個および2p$\pi$電子4個から反結合性の2p$\pi^*$電子2個を引き去った，計4個の電子によってO=Oの二重結合を生じていることになる．

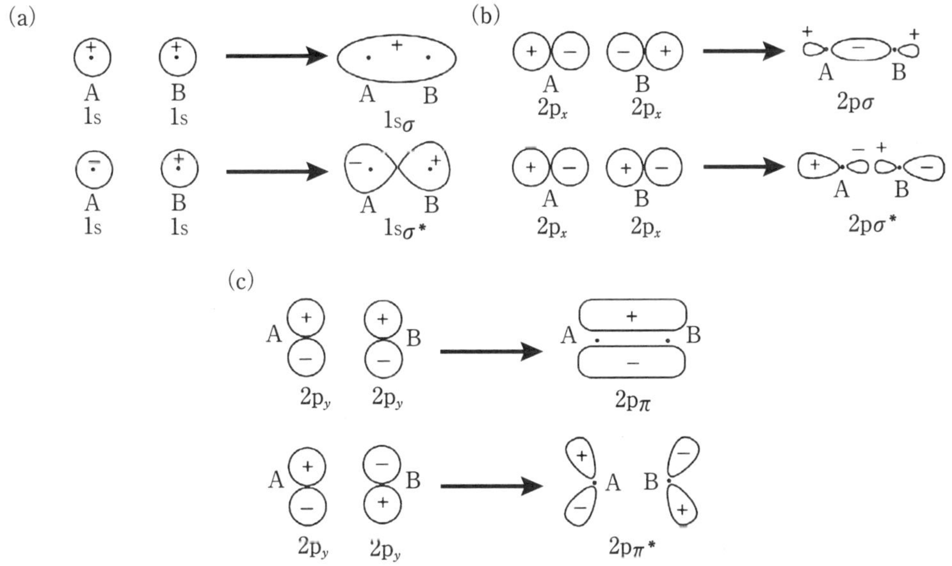


**図1.9　原子軌道の一次結合による分子軌道の形成**

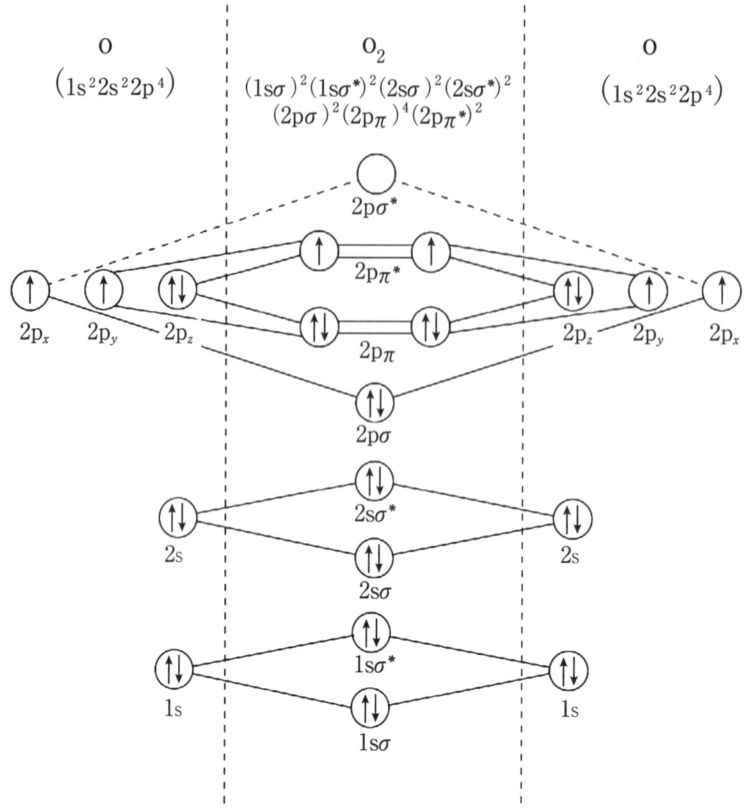


**図 1.10　$O_2$ の分子軌道**

# 5　分子の構造と電子状態

## a　分子構造と混成軌道

**SBO　C1-(1)-1-2) 軌道の混成について説明できる**

### 1)　多原子分子における原子軌道の方向性

水 $H_2O$ が屈曲性分子であり，メタン $CH_4$ が四面体状分子であることは，よく知られている事実である．このように多原子分子が一定の形をくずさずに保持しているということは，分子を構成している原子が一定の結合方向をもっているためと考えられる．ではなぜ分子中の原子は一定の結合方向を示すようになるのであろうか．原子軌道のうち，s 軌道は球対称で方向性はないが p 軌道は互いに直交する 3 つの亜鈴形軌道をもつので，この種の原子軌道の方向性が結合の方向性を支配していると考えるのは，最も素直な推論である．この線に沿って，$H_2O$ の結合を考え

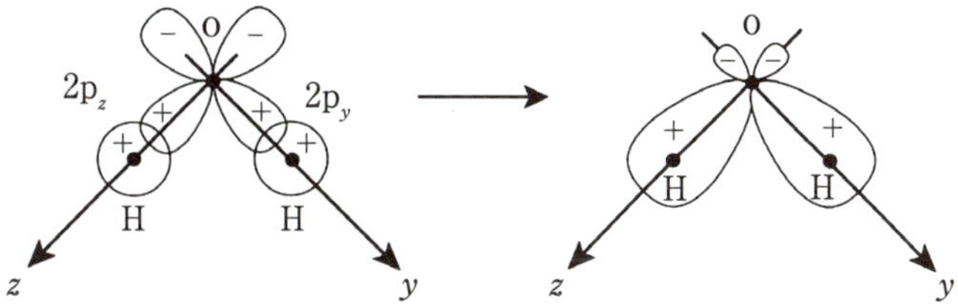


**図 1.11　水素の 2p 軌道と水素の 1s 軌道から作られる $H_2O$ 分子**

てみよう．酸素原子の電子配置は $1s^22s^22p^4$ であるから図 1.11 に示したように直交する 3 つの p 軌道のうち不対電子を含む 2 つの軌道（図では $p_z$ および $p_y$）のそれぞれの方向へ電子配置 $1s^1$ の 2 個の水素原子が近づいて，1s と 2p からなる $\sigma$ 軌道を形成し，$H_2O$ をつくるであろう．したがって，$H_2O$ の原子価角は 90° と予想できる．実測は 105° であっていささかの開きがある．この開きは H—O 結合がいくぶん分極しており，その結果生じる H 原子上の正電荷が H 原子どうしの反発を引き起こすためであると説明することができる．この説明を受け入れるならば，結合の方向性は原子軌道の方向性によるとする先の推論をそのまま受け入れてよさそうに思える．

### 2）　$sp^3$ 混成軌道

それでは四面体構造のメタンはどのように説明しうるだろうか．炭素原子は $1s^22s^22p^2$ の電子配置をもっているので，不対電子を収容している 2 つの 2p 軌道が水素原子との結合に使用されるとすると，$H_2O$ の場合と同様に 90° の原子価角をもつ屈曲形の $CH_2$ 分子ができてよいはずであるが，このような分子は見いだされていない．炭素の原子が 4 個の水素原子と結合している事実は，2s 軌道の電子 1 個をなお収容能力のある 2p 軌道に昇位させ，$1s^22s^12p^3$ の電子配置をとって 4 価の炭素を出現させるためであると考えることができる．しかし，この電子配置によっても s 軌道の球対称性，p 軌道の方向性が保存されているかぎり四面体構造を説明しきることはできない．この難点は，1931 年，ポーリングによって原子軌道の混成という概念が導入されて巧みに解決された．炭素原子から水素原子に向かっている 4 つの軌道関数を $\psi$ とすれば，$\psi$ は 1 つの 2s 軌道 $\phi_{2s}$，3 つの 2p 軌道 $\phi_{2px}$，$\phi_{2py}$，$\phi_{2pz}$ を用い，次のような一次結合で表される．

$$\psi_A = \frac{1}{2}(\phi_{2s} + \phi_{2px} + \phi_{2py} + \phi_{2pz}) \qquad \psi_B = \frac{1}{2}(\phi_{2s} + \phi_{2px} - \phi_{2py} - \phi_{2pz})$$
$$\psi_C = \frac{1}{2}(\phi_{2s} - \phi_{2px} + \phi_{2py} - \phi_{2pz}) \qquad \psi_D = \frac{1}{2}(\phi_{2s} - \phi_{2px} - \phi_{2py} + \phi_{2pz}) \tag{1.32}$$

これら 4 つの軌道関数は，結局 1 個の s 軌道と 3 個の p 軌道の混成で生じたもので，$sp^3$ 混成軌道と呼ばれる．$sp^3$ 混成軌道を（1.32）式の軌道関数に基づいて描くと図 1.12 のようになる．

### 3）　$sp^2$ 混成軌道および sp 混成軌道

炭素の 2s 軌道と 2p 軌道を混成させるやり方は，炭素の 2s 軌道と 2p 軌道のうち 2 個または 1 個だけが混成に参加し，残りは混成を起こさずにとどまる場合もあり得る．例えば $2p_z$ 軌道が混成に加わらず，$2p_x$ および $2p_y$ 軌道が s 軌道と混成する場合には，3 個の混成軌道が生じるが

これらは当然 $xy$ 平面内に存在する．3つの混成軌道は図1.13に示したように，互いに120°の角をなす方向にその最大の軌道の広がりを見せることがわかる．これを $sp^2$ 混成軌道と呼び，未混成の p 軌道は常に混成軌道面に垂直である．この混成軌道を用いて結合している炭素化合物の例として，エチレンがある．エチレンは図1.13に示すようにその二重結合は $sp^2$ 混成の $\sigma$ 結合と，未混成の p 軌道でつくられる $\pi$ 結合から形成され，CH 結合は混成軌道面に存在している．

炭素の3個の2p軌道のうち，1個だけが s 軌道と混成に入る場合は，sp 混成と呼ばれるもので当然2個の混成軌道が生じその方向は図1.14に示すように互いに180°隔たった逆方向である．この混成を利用して結合している分子の例としてアセチレンがある．アセチレンの三重結合は sp 混成の $\sigma$ 結合と未混成の2つの p 軌道でつくられる2本の $\pi$ 結合からできあがっている．

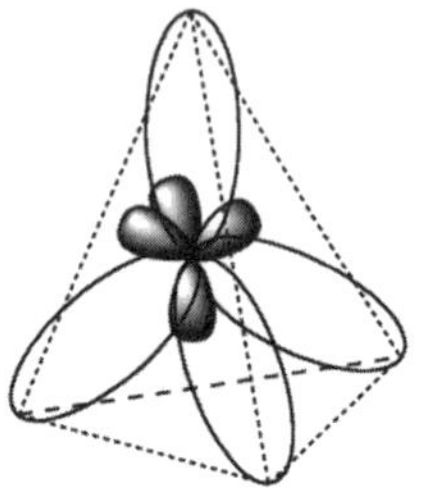

**図1.12　$sp^3$ 混成軌道**

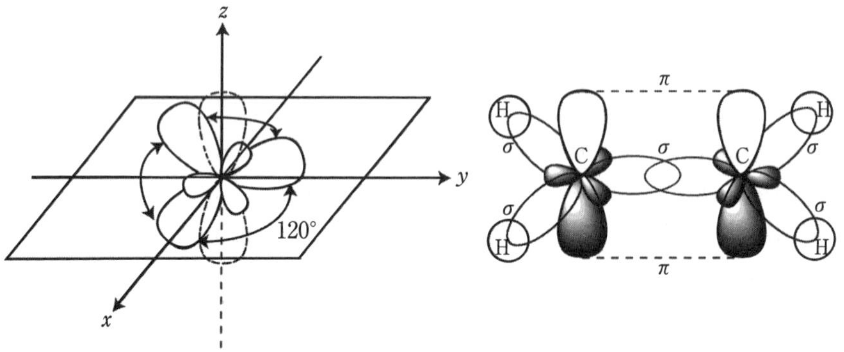


**図1.13　$sp^2$ 混成軌道とエチレンの結合**

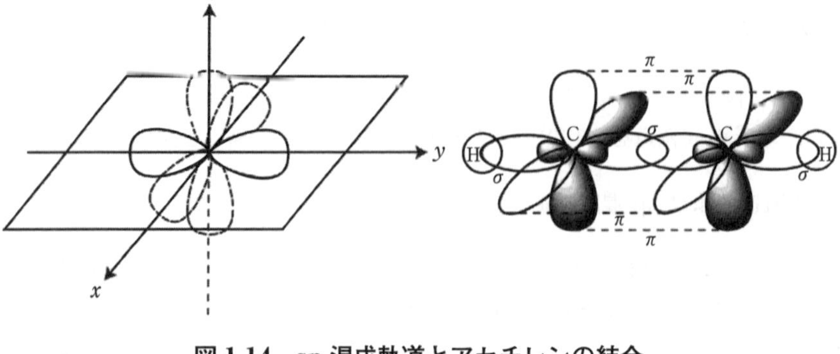


**図1.14　sp 混成軌道とアセチレンの結合**

## b　π電子系化合物の電子状態—ヒュッケルの分子軌道法による取扱い

**SBO　C1-(1)-1-3）分子軌道の基本概念を説明できる**

**SBO　C1-(1)-1-4）共役や共鳴の概念を説明できる**

### 1）エチレンのπ軌道

エチレンのσ軌道を除外して考えると，π軌道に２個の電子を入れたものとなるから，水素分子ときわめて類似した取り扱いができる．このときエチレンの結合を

$$\psi = c_1\phi_1 + c_2\phi_2$$

で表す．$\phi_1$, $\phi_2$ はエチレンの２つの $p_z$ 原子軌道であり，形式的には水素分子の場合と変わりない．したがって，エチレンの分子軌道エネルギーは，次の永年行列式を解けばよい．

$$\begin{vmatrix} H_{11} - S_{11}E & H_{12} - S_{12}E \\ H_{21} - S_{21}E & H_{22} - S_{22}E \end{vmatrix} = 0$$

ここでヒュッケル近似を取り入れる．

$$S_{rs} = \begin{cases} 1 & r = s \text{のとき } S_{11} = S_{22} = 1 \\ 0 & r \neq s \text{のとき } S_{12} = S_{21} = 0 \end{cases} \qquad H_{rs} = \begin{cases} \alpha & H_{11} = H_{22} = \alpha \\ \beta & H_{12} = H_{21} = \beta \end{cases}$$

これを用いると，上の式は次のようになる．

$$\begin{vmatrix} \alpha - E & \beta \\ \beta & \alpha - E \end{vmatrix} = 0 \quad \text{ここで } (\alpha - E)/\beta = X \text{ とすれば } \begin{vmatrix} X & 1 \\ 1 & X \end{vmatrix} = 0$$

となり，これを解いて $E = \alpha \pm \beta$，さらに $c_1 = c_2 = \dfrac{1}{\sqrt{2}}$，$c_1 = -c_2 = \dfrac{1}{\sqrt{2}}$ より

$$\psi_1 = \frac{1}{\sqrt{2}}(\phi_1 + \phi_2) \qquad \psi_2 = \frac{1}{\sqrt{2}}(\phi_1 - \phi_2)$$

という，π軌道の波動関数が求められる．電子は安定な $\psi_1$ に２個入ることになる．

### 2）ブタジエン

直鎖共役の炭化水素，ブタジエン（$CH_2{=}CH-CH{=}CH_2$）の１電子近似π分子軌道関数およびそのエネルギーも同様にして求められる．ブタジエンのπ分子軌道関数を

$$\psi = c_1\phi_1 + c_2\phi_2 + c_3\phi_3 + c_4\phi_4$$

とすると，この式に対するエネルギー $E$ はヒュッケル近似を入れると次の行列式の根となる．

$$\begin{vmatrix} \alpha - E & \beta & 0 & 0 \\ \beta & \alpha - E & \beta & 0 \\ 0 & \beta & \alpha - E & \beta \\ 0 & 0 & \beta & \alpha - E \end{vmatrix} = 0 \qquad (1.33)$$

したがって再び（$\alpha - E$）/ $\beta = X$ とおくと，上の永年行列式は次のようになる．

$$\begin{vmatrix} X & 1 & 0 & 0 \\ 1 & X & 1 & 0 \\ 0 & 1 & X & 1 \\ 0 & 0 & 1 & X \end{vmatrix} = 0$$　この行列式を展開すると

$$X^4 - 3X^2 + 1 = 0$$

この展開式を解くと，$X = \pm 1.618$ または $\pm 0.618$ となる．すなわちブタジエンの $\pi$ 分子軌道のエネルギーは，$E = \alpha + 1.618\,\beta$，$\alpha + 0.618\,\beta$，$\alpha - 0.618\,\beta$ および $\alpha - 1.618\,\beta$ の4つである．このエネルギーに対応する4つの分子軌道関数は，(1.33) 式を与える4つの連立方程式に，上の4つのエネルギー値を代入して求めることができる．図1.15にこの分子軌道関数を示す．

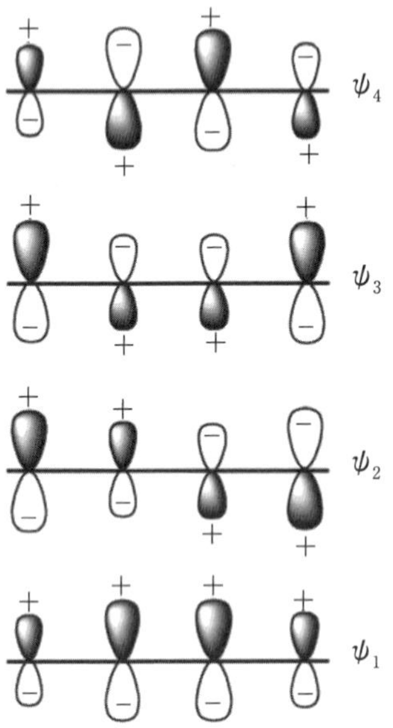


$$\psi_1 = 0.3717\,\phi_1 + 0.6015\,\phi_2 + 0.6015\,\phi_3 + 0.3717\,\phi_4$$
$$\psi_2 = 0.6015\,\phi_1 + 0.3717\,\phi_2 - 0.3717\,\phi_3 - 0.6015\,\phi_4$$
$$\psi_3 = 0.6015\,\phi_1 - 0.3717\,\phi_2 - 0.3717\,\phi_3 + 0.6015\,\phi_4$$
$$\psi_4 = 0.3717\,\phi_1 - 0.6015\,\phi_2 + 0.6015\,\phi_3 - 0.3717\,\phi_4$$

**図1.15　ブタジエンの $\pi$ 分子軌道**

## 6　分子軌道の波動関数から得られるもの

**SBO　C1-(1) 1-1)「化学結合の成り立ちについて説明できる」の応用**

**SBO　C1-(1)-1-3)「分子軌道の基本概念を説明できる」の応用**

**SBO　C1-(1)-1-4)「共役や共鳴の概念を説明できる」の応用**

前項ではヒュッケルの分子軌道法により，$\pi$ 電子系化合物の分子軌道とそのエネルギーを求めた．これらの情報から，対象となる化合物のどのような性質を見出すことができるだろうか．そのいくつかを以下に説明する．

### 1）　π電子密度

r番目の原子におけるπ電子の密度$q_r$は，電子が入っているすべてのπ分子軌道中の係数$c_r$を用いて表される．

$$q_r = \sum_j^{occ} N_j c_{jr}^2$$

$c_{jr}$はj番目のπ分子軌道における原子rの係数で，$c_{jr}^2$は，j番目の軌道が寄与する原子rの電子密度を表す．$N_j$はその軌道を占める電子の数（1または2）である．電子が入っている軌道を被占軌道と呼ぶ．

偶数個の炭素原子からなる共役炭化水素（ブタジエンなど）ではすべてのrに対して$q=1$となる．このような炭化水素は交互炭化水素といわれる．このような電子密度$q_r$によって律せられる化学反応は電荷制御反応と呼ばれる．

### 2）　π結合次数

π電子をもつ共役二重結合化合物の反応性を考える上で，隣り合った原子間における二重結合性を調べることは重要である．これを定量的に表したものが，クールソン（Coulson）によるπ結合次数$P_{rs}$である．

$$P_{rs} = \sum_j^{occ} N_j c_{jr} c_{js}$$

$c_{jr}$，$c_{js}$は分子軌道中の原子軌道の係数，$N_j$は被占軌道中の電子の数である．

### 3）　自由原子価

1947年，クールソンは自由原子価$F_r$という値を定義した．

$$F_r = N_{max} - N_r$$

$F_r$は原子rの自由原子価を示す．$N_r$は原子rに関する結合次数$P_{rs}$の総和，$N_{max}$は結合次数の最大値で，通常，$\sqrt{3}$が用いられる．

$F_r$という値は原子rに残存する原子価を示しており，フリーラジカルの攻撃のしやすさといえる．

### 4）　フロンティア電子理論

1952年，福井らは共役化合物の置換反応の遷移状態において特に重要な役割を果たすのはフロンティア軌道［最高被占軌道（HOMO）および最低空軌道（LUMO）］であることを見いだし，その軌道の電子をフロンティア電子と名付けた．フロンティア電子理論によると，1つの分子内で求電子的，求核的，ラジカル的反応の起こる位置は次の通りとされる．

**求電子的反応**：基底状態におけるHOMOに属する2個の電子の密度が最も大きい位置．

**求核的反応**：基底状態におけるLUMOに2個の電子が配置されたとき，その電子密度が最も大きい位置．

**ラジカル的反応**：HOMO と LUMO のそれぞれに電子が1個ずつ配置されたとき，その2個の電子密度の和が最も大きい位置．

これらの電子密度はフロンティア電子密度と呼ばれ，それらに律せられる化学反応は軌道制御反応と呼ばれる．

また，芳香族置換反応における遷移状態の安定化エネルギーはスーパーデローカライザビリティ $S_r$ と呼ばれる値に比例することが見いだされた．これは，$S_r$ の大きい位置で反応が起こりやすいことを意味し，多くの分子軌道をもつ化合物の反応性の予測に有効である．

### 5） π分子軌道のエネルギー

π電子系の全エネルギー（$E$）は，π分子軌道のエネルギーを $E_r$ とすれば，1つの軌道当たり，2個の電子を占めるので，

$$E = \sum_{r=1}^{occ} 2E_r$$

で与えられる．

また，ある原子または分子 A から電子が飛び出して $A^+$ にイオン化する反応は

$$A \longrightarrow A^+ + e$$

で表されるが，このときに必要なエネルギーをイオン化ポテンシャル（$I_p$）という．逆に，A が電子を捕らえて陰イオンになる反応

$$A + e \longrightarrow A^-$$

において放出されるエネルギーを電子親和力（$E_a$）という．したがって，π電子系分子においては，近似的に $I_p$ は HOMO のエネルギーに対応させることができ，一方 $E_a$ は LUMO のエネルギーに対応させることができる．すなわち $I_p$ は HOMO のエネルギーの符号を変えたものに等しく，$E_a$ は LUMO のエネルギーの符号を変えたものとなる．これを**クープマンス（Koopmans）の定理**という．

### 6） 非局在化エネルギー

共役系分子におけるπ電子は1つの結合に局在せず，共役二重の鎖に沿って分子内に広がっている．その結果として，π電子が一定の結合に局在している構造（極限構造）よりも余分な安定エネルギーをもつ．このようなπ電子の非局在化に伴う安定エネルギーを非局在化エネルギー（$DE_\pi$）という．例えば，ブタジエンの非局在化エネルギーは次のように求まる．ブタジエンの基底状態における波動関数 $\Psi_g$ は

$$\Psi_g = \psi_1(1)\psi_1(2)\psi_2(3)\psi_2(4)$$

であり，π電子エネルギーは

$$E_\pi = E_1 + E_2 + E_3 + E_4 = 2(\alpha + 1.618\beta) + 2(\alpha + 0.618\beta) = 4\alpha + 4.472\beta$$

となる．ブタジエンの極限構造式（2つのエチレンに相当）のエネルギーは4（$\alpha + \beta$）であるから，両者の差 $0.472\beta$ が，ブタジエンの共鳴エネルギーとして求まる．

# 7 分子軌道法の薬学への応用

**SBO** C1-(1)-1-1)「化学結合の成り立ちについて説明できる」の応用

**SBO** C1-(1)-1-3)「分子軌道の基本概念を説明できる」の応用

### 1） 分子軌道計算による量子薬理学への応用例

医薬品の効果が発揮されるためには，まず，生体内に存在する標的分子（タンパク質など）と相互作用することが必要である．そして，標的分子と相互作用した医薬品分子は，標的分子により反応を受けたり，標的分子の構造を変えたり，標的分子の働きを阻害したりして，その作用を示す．これらの現象の詳細を実験的な研究により明らかにすることは非常に困難であるが，分子軌道法は原子レベルでの有用な情報を提供してくれる方法であるため，その詳細を明らかにする（予測する）ことができる．これまで，二原子分子や小さな炭化水素化合物について，分子軌道法を学習してきたが，取り扱う原子の数を大幅に拡張して，医薬分子と標的分子との相互作用や，医薬分子の標的分子に及ぼす作用を調べることも可能である．計算量が大規模となるものの，近年のコンピューター性能の目覚ましい進歩によって，現在では数千原子程度の分子についても分子軌道計算が行えるようになってきている．

また，医薬分子の構造（コンホメーション）と薬理作用との関係を量子化学的な立場から調べること（量子薬理学）も可能である．アセチルコリンは，ムスカリン作用とニコチン作用の2つの作用を示すことが知られているが，その理由は，アセチルコリンは2種類のコンホメーション

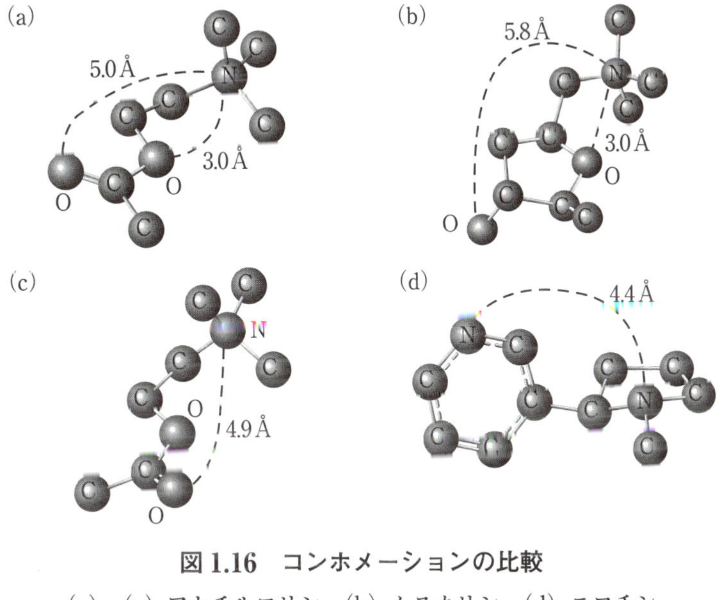


**図 1.16　コンホメーションの比較**

(a)，(c) アセチルコリン，(b) ムスカリン，(d) ニコチン

[図1.16 (a), (c)]を取ることができ, それぞれ, ムスカリン[図1.16 (b)], ニコチン[図1.16 (d)]と, ヘテロ原子の立体配置が似ているためであることが, 量子薬理学的な立場から示されている.

### 2) 現状と今後の展望

原子スペクトルの研究がボーアの原子模型へと導かれたように, 分子スペクトルの解明は分子のもつ重要な性質について精密な知識を与えるが, これらの解析に分子軌道法や原子価結合法は有力な手段となっている. また, 今日では化学のあらゆる分野にいろいろの物理的測定法, 例えばUV, IR, NMR, ESR等が使われているが, これらの測定結果の解析は量子化学的原理によらねばならない. また量子化学的方法は, 発癌機構, 制癌機構, 薬理作用, ホルモン作用, 酵素反応など生物化学の分野にも広く応用され, 今日, 生体反応を分子レベル, 電子レベルで研究する道を開いた.

医薬品およびそれが適用される生体も, それ自身物質であるという認識から, 医薬品の生体内移行の過程や生体反応を物理化学的モデルで説明しようとする試みもすでに一般化し, 境界領域として, 生物物理化学, 量子生物学, 量子薬理学という分野も開かれ, 生命現象解明へのアプローチを分子レベルからさらに電子レベルで研究する道が開かれつつある. 今後, さらなるコンピューターの発達などに伴い, 高度な量子化学計算による医薬品開発の非経験的設計 (CADD) や, 今日盛んに研究されている薬物-高分子複合体の研究に求められている多様な高次機能を有する物質 (材料) の開発も益々活発化する気運にあり, この方面でも薬品物理化学の果たす役割は一層大きくなるものと思われる.

### 参考書

1) 米澤貞次郎, 永田親義, 加藤博史, 今村 詮, 諸熊奎治著 : 量子化学入門 (上)(下), 化学同人 (1983)
2) 大岩正芳著 : 初等量子化学 第2版, 化学同人 (1988)
3) 藤永 茂著 : 入門 分子軌道法, 講談社サイエンティフィク (1990)

# 2 分子間の相互作用

## 1 はじめに

医薬品がヒトなどの生体内に投与されると，吸収→分布→代謝→排泄という過程を経て体外に放出される．この過程において，医薬分子は生体を構成するさまざまな分子と相互作用しつつ，生体内を移動する．また一錠のクスリの中でも，医薬分子は別の医薬分子などと相互作用し，安定な状態を保っている．生体内においても，多くの種類の多くの分子が互いに作用し合い，生命活動を支えている．したがって，分子間の相互作用は生命を理解すること，薬を創ること，薬を正しく使うことにおいて重要であり，十分考慮しなければならない．薬剤師ならば，なおさらのことである．

分子間相互作用は，物質の三態いずれにおいてもはたらく．本章では，まず，分子間相互作用を考慮しない理想気体から始まり，次いで分子間相互作用を導入することで実在気体の状態を記述することへと拡張する．さらに，分子間にはたらく種々の相互作用について例を示しつつ，紹介する．

本章で述べる項目は高校化学，高校物理との関連が深い．特に，化学では理想気体の状態方程式や化学結合が，物理ではニュートンの運動方程式，運動エネルギー，運動量の保存，クーロンの法則や理想気体の状態方程式，気体分子の運動が関係している．これらについて復習しておくと，本章を理解しやすくなるであろう．

## 2 理想気体と気体分子作用

**SBO** C1-(2)-1-2) 気体の分子運動とエネルギーの関係について説明できる

理想気体とは，気体を構成している分子の体積，および分子間の相互作用が無視できる気体をいう．理想気体においては，圧力を $P$，温度を $T$，体積を $V$，物質量を $n$ としたとき，ボイル-シャルルの法則およびアボガドロの法則から

$$PV = nRT \tag{2.1}$$

の関係が成立する．これを**理想気体の状態方程式**という．$R$ は 8.3145 $\mathrm{J\,K^{-1}\,mol^{-1}}$ で，気体定数といわれる．$T$ は絶対温度であり，これは熱力学的温度ともいう．

理想気体分子の運動が及ぼす作用についてみていこう．分子の運動には，分子の並進，分子自身の回転，分子内での振動の3種類があるが，理想気体においては分子が質点であるため，回転，振動は考慮しない．したがって，理想気体分子の作用には並進運動のみを考えればよい．また，並進運動によるエネルギーも，エネルギー準位で表現されるとびとびの値のみが許されるのであるが，そのエネルギー差は非常に小さく，連続したエネルギー変化を生じると考えてよい．すなわち，古典力学を用いて考えていくことにする．

図2.1に示すように，一辺の長さが $l$ の立方体容器に質量 $m$ の理想気体分子が1個存在し，$x$ 軸方向を速度 $v_x$ で並進し，壁Aに衝突を繰り返すというモデルを考える．容器の温度は $T$（K）である．分子が衝突する際，壁Aに及ぼす力 $f_{\mathrm{A}}$ はニュートンの運動方程式

$$f_{\mathrm{A}} = ma_x \quad (a\text{ は分子の加速度}) \tag{2.2}$$

により表現できるが，加速度は単位時間の速度変化を示しているので，(2.2) 式は

$$f_{\mathrm{A}} = m(dv_x/dt) = d(mv_x)/dt \tag{2.3}$$

と書き表すこともできる．$mv_x$ は $x$ 方向の運動量を示していて，すなわち，「力は単位時間の運動量変化を示す」ともいえる．では，壁Aに衝突した後の運動量であるが，ここでは完全にはね返る衝突（完全弾性衝突）を考えるため，符号が逆になるのみである．したがって，衝突前後の運動量の変化は

$$mv_x - (-mv_x) = 2\,mv_x \tag{2.4}$$

となる．また，壁Aに衝突するまで分子は $2\,l$ 進むことになるため，単位時間当たりに壁Aに衝突する回数は $v_x/2\,l$ である．したがって，単位時間で壁Aに与える力は

$$f_{\mathrm{A}} = 2\,mv_x \times (v_x/2\,l) = mv_x^2/l \tag{2.5}$$

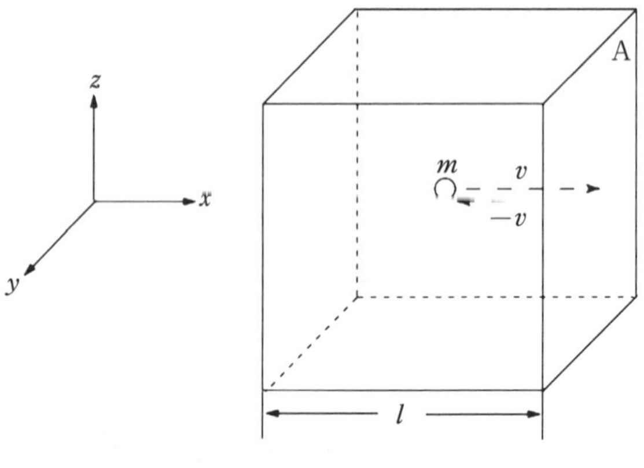


**図2.1　質量 $m$ の理想気体分子による立方体容器の壁Aへの衝突**

である．これを単位面積に与える力（圧力）$P$ に換算すると，$P = f_A/l^2$ なので，

$$P = (mv_x{}^2/l)/l^2 = mv_x{}^2/l^3 = mv_x{}^2/V \quad (2.6)$$

となる．ここで，$V = l^3$ は容器の体積を表す．もし，この容器に1 molの同じ分子，すなわちアボガドロ数 $N_A$ 個含まれている場合は，すべての分子がいろいろな方向に動き，壁Aにもあらゆる角度で衝突する（すなわち，分子の速度も異なる）ため，$N_A$ 個の分子が平均速度 $\overline{v_x}$ で衝突するものとし，

$$P = N_A m\overline{v_x{}^2}/V \quad (2.7)$$

が得られる．これを $x$ 軸方向のみならず，三次元空間に拡張するときは平均速度を $\overline{v}$ とし，ピタゴラスの定理を利用して

$$\overline{v^2} = \overline{v_x{}^2} + \overline{v_y{}^2} + \overline{v_z{}^2} \quad (2.8)$$

とする．分子の運動は全体として各方向に同等と考えられるので（等分配の法則），$\overline{v^2} = 3\overline{v_x{}^2}$ すなわち $\overline{v_x{}^2} = (1/3)\overline{v^2}$ と書け，(2.7) 式は

$$P = \frac{1}{3}N_A m\overline{v^2}/V \quad (2.9)$$

と書ける．これが**1 molの理想気体による圧力であり，分子数，分子の質量および平均速度に依存**することがわかる．さて，(2.9) 式を理想気体の状態方程式と関連づけて考えるために，次のように変形する．

$$PV = \frac{2}{3}N_A\frac{1}{2}m\overline{v^2} \quad (2.10)$$

$N_A$ (1/2) $m\overline{v^2}$ は1分子当たりの平均運動エネルギーが $N_A$ 個分，すなわち，1 molの運動エネルギーを示していて，これを $E_k$ で表すと，(2.10) 式は $PV = (2/3)E_k$ となる．これを1 mol当たりの理想気体の状態方程式 $PV = RT$ と比較すると

$$E_k = \frac{3}{2}RT \qquad \text{1分子当たりでは} \qquad \varepsilon_k = \frac{3}{2}\cdot\frac{R}{N_A}T = \frac{3}{2}k_B T \quad (2.11)$$

が得られる．$k_B$ はボルツマン定数と呼ばれる．これは，**理想気体分子の運動エネルギーが温度のみに依存**することを示していて，注目すべき式である．また，1 mol当たりの質量（分子量）を $M$ とすると $M = N_A m$ なので，(2.10) 式は $PV =$ (1/3) $M\overline{v^2}$ となり，これも $PV = RT$ と比較すると

$$\sqrt{\overline{v^2}} = \sqrt{\frac{3RT}{M}} \quad (2.12)$$

が得られる．これを根二乗平均速度といい，**分子の平均速度は温度と分子の質量にのみ依存**する．

# 3 実在気体と分子間相互作用

## SBO C1-(2)-1-1) ファン・デル・ワールスの状態方程式について説明できる

前項では理想気体の状態方程式を導出し，気体分子運動との関係をみてきたが，現実に存在する気体（実在気体）と比べると，どのような違いがあるのだろうか．もし，違いがないのであれば，図2.2に示すように，1 molの気体において圧力の変化に対し，$PV/RT$ の値（圧縮率因子と呼ぶ）は常に一定値（1.0）となるはずである．しかし，図のいずれの実在気体も理想気体とは異なり，$PV/RT$ の値は圧力の変化に応じ，変化していることがわかる．このことは，実在気体は理想気体の状態方程式には厳密に従わないことを示している．

ファン・デル・ワールスは，理想気体において無視した二つの事柄，すなわち，「気体分子の体積」と「分子間の引力」についての補正を行えば，実在気体が理想気体としてのふるまいからずれていることの大部分を説明できることを示した．前項で，理想気体の分子は，質量をもつが大きさをもたない質点であることを述べた．実在気体の分子は大きさをもち，しかも1 molとなれば非常に多い個数となるので分子自身の体積を無視できなくなり，結果として同じ圧力のもとでは理想気体に比べ体積が増加する．このことは，圧力が高いとき（体積が小さいとき）に顕著に現れ，理想気体からのずれが次第に大きくなることが図2.2からみて取れる．逆に，圧力が低いとき（体積が大きいとき）は分子自身の体積が占める割合が小さいので，理想気体からのずれは小さい．このことから，理想気体の状態方程式を補正すると，次式のようになる．

$$P(V - nb) = nRT \tag{2.13}$$

$b$ は排除体積と呼ばれ，分子に大きさがあるために別の分子が入り込めず，自由に動き回れる空間が減少した分を分子1 mol当たりで表したものである．つまり，$n$ molの実在気体においては，$nb$(L) だけ，自由に動き回れる領域が少なくなるわけである．ちなみに理想気体では，自由に

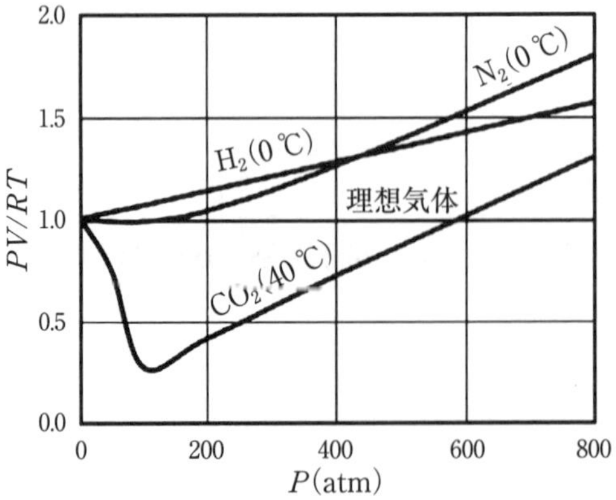


**図2.2 圧力による $PV/RT$ 値の変化**

（Glasstone *et al.*：Elements of Physical Chemistry, D. Van Nostrand Company, Inc. (1960) に掲載のデータを基に作成）

**表 2.1　ファン・デル・ワールス定数**

| | $a$/(atm L$^2$ mol$^{-2}$) | $b$/(10$^{-2}$ L mol$^{-1}$) | | $a$/(atm L$^2$ mol$^{-2}$) | $b$/(10$^{-2}$ L mol$^{-1}$) |
|---|---|---|---|---|---|
| Ar | 1.363 | 3.219 | $H_2S$ | 4.490 | 4.287 |
| $C_2H_4$ | 4.530 | 5.714 | He | 0.003457 | 2.370 |
| $C_2H_6$ | 5.562 | 6.380 | Kr | 2.349 | 3.978 |
| $C_6H_6$ | 18.24 | 11.54 | $N_2$ | 1.408 | 3.913 |
| $CH_4$ | 2.283 | 4.278 | Ne | 0.2135 | 1.709 |
| $Cl_2$ | 6.579 | 5.622 | $NH_3$ | 4.225 | 3.707 |
| CO | 1.505 | 3.985 | $O_2$ | 1.378 | 3.183 |
| $CO_2$ | 3.640 | 4.267 | $SO_2$ | 6.803 | 5.636 |
| $H_2$ | 0.2476 | 2.661 | Xe | 4.250 | 5.105 |
| $H_2O$ | 5.536 | 3.049 | | | |

（千原，中村訳：アトキンス物理化学　第 6 版（上），東京化学同人（2001））

動き回れる領域の大きさは $V$ である．

理想気体の特徴としてもう一つ，気体分子間の相互作用が存在しないことも述べた．気体分子は容器の中を自由に動き回っているので，互いに近づいたり離れたりする．その際，分子間にはたらく力（相互作用）は引力と斥力の 2 種類あるが，温度を下げると気体が凝縮する傾向があることからわかるように，引力が中心である．この効果により，容器の壁に衝突しようとしている分子は周囲の分子から引き寄せられ，壁に与える衝撃力が小さくなる．したがって，同じ体積のもとでは理想気体に比べ，圧力が減少することとなる．1 個の分子が周囲から受ける引力の大きさは，$n/V$（単位体積中のモル数）に比例する．すなわち，容器中の気体のモル数に比例し，体積に反比例するわけである．残りすべての分子にも同様に引力が働いているため，全体としての効果は $(n/V)^2$ に比例することとなる．比例係数を $a$ とし，(2.13) 式を補正すると，次のようになる．

$$\{P + a(n/V)^2\}(V - nb) = nRT \tag{2.14}$$

この式を**ファン・デル・ワールスの状態方程式**と呼ぶ．$a$ と $b$ はファン・デル・ワールス定数と呼ばれ，実測の $P-V$ 曲線を基に，その曲線をよく再現するように決定される．これらの定数はそれぞれの気体に固有であり，表 2.1 にその数値を示す．

## 4　静電相互作用

**SBO　C1-(1)-2-1）静電相互作用について例を挙げて説明できる**

前項において，分子が自由に空間を動き回ることのできる気相状態であっても，分子間にはたらく相互作用を考慮することで，そのふるまいをより実態に近い形で表現できることがわかった．分子の動きがより制限される液相や固相においては，なおさら考慮しなければならないのは自明の理である．ここから数項目にわたり，分子間にはたらく相互作用（分子間力）の種類とその例を挙げていく．これらの結合は共有結合や配位結合に比べ非常に弱いものであるが，タンパク質などの巨大分子の高次構造の保持，生体膜などの分子集合体の形成など，重要な役割を果たしている．また，薬の立場からみても，品質の保持から生体内分子との関わり，薬の飲み合わせに至るまで，必要不可欠なものである．

**静電相互作用**は二つのイオン（荷電した官能基を含む）間（静電場）にはたらく相互作用を指し，**クーロン相互作用**とも呼ばれる．二つのイオンが互いに異符号であれば引力，同符号であれば斥力となる．二つのイオンの電荷をそれぞれ $q_A$，$q_B$，物質の誘電率を $\varepsilon$ とするとき，その間にはたらく力 $F$ はクーロンの法則より

$$F = \frac{q_A q_B}{4\pi\varepsilon r^2} \tag{2.15}$$

と表される．また，ポテンシャルエネルギー $U$ は，$dU = -Fdr$ の関係を積分することにより，次のような式となる．

$$U = \frac{q_A q_B}{4\pi\varepsilon r} \tag{2.16}$$

ポテンシャルエネルギーはイオンの電荷の大きさ，誘電率とイオン間の距離に依存する．

静電相互作用の例：電解質（NaCl やカルボン酸塩など）溶液における陽イオンと陰イオンとの引力，同じイオンどうしの斥力，イオンの水和現象においては静電相互作用がはたらいている．また，タンパク質の内部においては酸性アミノ酸であるアスパラギン酸，グルタミン酸の側鎖と塩基性アミノ酸であるリジン，アルギニンの側鎖がそれぞれ負電荷，正電荷を帯び，互いが相互作用することで，立体構造の構築に寄与している．

## 5　ファン・デル・ワールス力

**SBO　C1-(2)-2-2) ファン・デル・ワールス力について例を挙げて説明できる**

中性原子・分子間で主にはたらく引力は**ファン・デル・ワールス力**と呼ばれる．

中性分子は全体としての電荷は 0 であるが，ある化学結合における原子間で，その結合に関与している電子を引きつける能力（電気陰性度）に差があると，分子内に電荷の偏り（極性）が生じる．分子全体として電荷の偏りがある分子を極性分子，極性がない，あるいは極性があっても分子のもつ対称性のためにそれが打ち消され，全体として電荷の偏りがない分子のことを無極性分子と呼ぶ．別のいい方をすると，分子内の正電荷の重心（原子核による）と負電荷の重心（電子による）が一致しない分子が極性分子，一致する分子が無極性分子である．

次の二項で述べるように，ファン・デル・ワールス力には，極性分子間，極性分子と無極性分子との間，無極性分子間，の 3 通りの作用がある．いずれの場合にも共通するのは，ポテンシャルエネルギーが分子間距離の 6 乗に反比例することであり，距離の 1 乗に反比例する静電相互

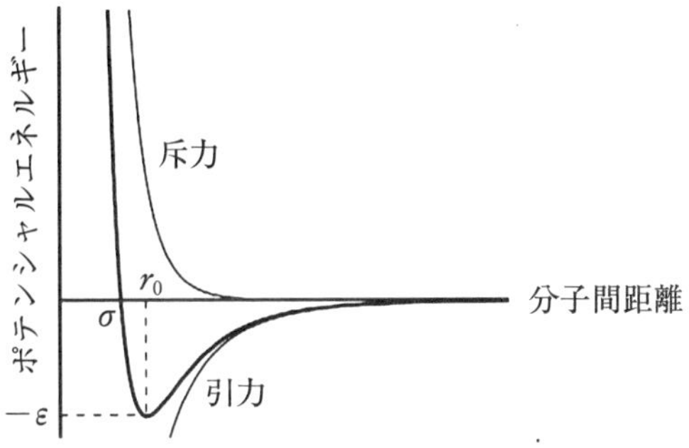


**図 2.3　レナード-ジョーンズポテンシャル**

作用に比べ，近距離ではたらく相互作用であるといえる．

しかし，分子間距離が短くなればなるほど引力が強くなるというわけではない．近づきすぎると反発力が生じ，互いに離れようとする．このエネルギーは分子間距離の 9～12 乗に反比例する．引力と斥力を合わせた形でポテンシャルエネルギー関数を表現すると，例えば次のようになる．

$$U = 4\varepsilon\left[\left(\frac{\sigma}{r}\right)^{12} - \left(\frac{\sigma}{r}\right)^{6}\right] \tag{2.17}$$

これはレナード-ジョーンズポテンシャルと呼ばれる．ここで，$\varepsilon$，$\sigma$ は気体の種類により異なる定数であり，図 2.3 にグラフの一例を示す．図の $r_0 = 2^{1/6}\sigma$ のとき，ポテンシャルエネルギー値は極小（$-\varepsilon$）となり，このときの距離をファン・デル・ワールス距離という．これは両分子のファン・デル・ワールス半径の和に相当する．

ファン・デル・ワールス力の例：前述したファン・デル・ワールスの状態方程式における「分子間の引力」はファン・デル・ワールス力である．また，中性分子であるヨウ素やベンゼンの結晶化の際，規則的に分子が配列する現象においては，原子・分子間でファン・デル・ワールス引力がはたらくため，凝集する．直鎖の飽和炭化水素において，炭素数が増えるごとに沸点や融点が上昇するのは，分子間の接触面積が増えファン・デル・ワールス引力が強くなるためである．

## 6　双極子相互作用

**SBO　C1-(2)-2-3）双極子間相互作用について例を挙げて説明できる**

極性分子においては，電荷の偏りにより，永久的に（電気）双極子が存在することになり，負電荷から正電荷に向かう永久双極子モーメントが生じる．永久双極子モーメントをもつ分子間ではたらく引力を**永久双極子-永久双極子相互作用（キーサム力）**と呼ぶ［図 2.4（a）］．静止している極性分子間ではポテンシャルエネルギーは分子間距離の 3 乗に反比例するが，自由回転している場合は極性分子の配向により引力あるいは斥力が生じる．しかし，平均の相互作用は 0 とならず，分子間距離の 6 乗に反比例した引力がわずかに残る．

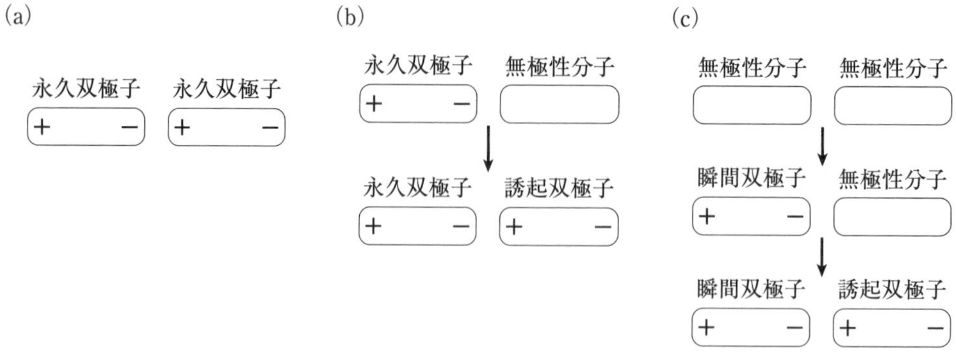


**図 2.4　双極子相互作用の概念図**

(a) キーサム力, (b) デバイ力, (c) ロンドン力

また, 極性あるいは無極性分子が永久双極子に近づくと, その電場の作用により双極子モーメントが誘起され, 元の永久双極子との間で分子間距離の6乗に反比例した引力がはたらく. これを**永久双極子–誘起双極子相互作用（デバイ力）**という［図 2.4（b）］.

キーサム力の例：極性分子である塩化水素やクロロホルムにおいては, 電荷の偏りが生じていて, 分子間でキーサム力による引力がはたらく. また, メタンやエタンの水素原子をフッ素原子に置換すると, 無極性分子から極性分子に変化するためキーサム力がはたらき, その分, 沸点が上昇する.

デバイ力の例：酸素分子（無極性）が水（極性）に溶ける現象は, 極性分子の作用により無極性分子内で双極子モーメントが誘起され, 極性分子との引力が増すためである.

## 7　分散力

**SBO　C1-(2)-2-4) 分散力について例を挙げて説明できる**

無極性分子を含むすべての分子は, 電子がその中を軌道運動するため瞬間的には電荷の偏りが生じ, 双極子が誘起される. この分子は電場をつくり出して隣りの分子に双極子を誘起し, 間に引力がはたらくのである. この引力も分子間距離の6乗に反比例する. この相互作用を**瞬間双極子–誘起双極子相互作用（ロンドン力あるいは分散力）**と呼ぶ［図 2.4（c）］. 無極性分子に限らず, 極性分子どうしでも起こる.

分散力の例：水素やアルゴンなどが低温で凝縮して液体になる現象は, 無極性分子どうしにおいても互いに引力がはたらくことを示している. これは, ある中性原子あるいは無極性分子が瞬間双極子となり, これが別の中性原子あるいは無極性分子に対し双極子モーメントを誘起させることで瞬間双極子–誘起双極子相互作用による引力を発生させるためである.

# 8 水素結合

**SBO　C1-(2)-2-5) 水素結合について例を挙げて説明できる**

化学的性質が似ている物質の沸点を比較すると，分子量が大きくなるにつれて分子間力が強くなり，沸点が高くなる傾向がある．しかし，$H_2O$，$NH_3$，HF の沸点はその傾向に反し，他の水素化合物の同族体に比べ，異常に高い．その理由は，これらの化合物には X−H … X の形で示される相互作用（**水素結合**）が存在し，それを切るためのエネルギーが必要となるためである．

このN，O，F 原子は，電気陰性度が他の原子に比べ，非常に高いことが知られている．つまり，これら 3 原子は結合している水素原子から電子を強く引きつけることができ，その結果，自身が負に荷電し，水素原子は正に荷電する（分極）．この水素原子は，他の分子内の，負に荷電したN，O または F 原子と静電的に引き合い，水素結合を形成するのである（図 2.5）．

他の水素結合の例：ベンゼンに酢酸を溶かすと，一部の酢酸分子が会合して二量体を形成し，見かけの分子量を増大させる（図 2.6 左）．また，水素結合は分子間に限らず分子内でもつくり得る（図 2.6 右）．この場合，水酸基の位置関係がメタ，パラの化合物（それぞれ，レゾルシノール，ヒドロキノン）は分子間で水素結合する．カテコールの融点（105 ℃）は，レゾルシノールやヒドロキノンの融点（それぞれ 110 ℃，172 ℃）に比べ，低い．タンパク質などの高分子にも多くの分子内水素結合が存在し，高次構造の形成に大きく寄与している．

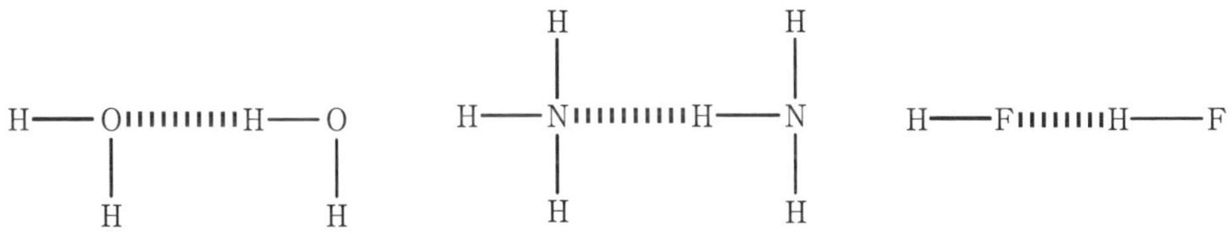

**図 2.5　$H_2O$, $NH_3$, HF における水素結合（破線）**

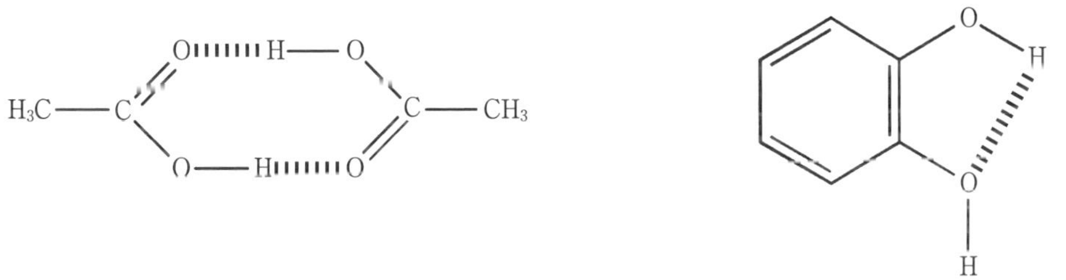

**図 2.6　水素結合の例**

左：酢酸の 2 分子会合体，右：カテコールの分子内水素結合

# 9 電荷移動

## SBO C1-(2)-2-6) 電荷移動について例を挙げて説明できる

**電荷移動による相互作用**とは，電子供与性分子と電子受容性分子とが分子錯体という化合物を形成することにより両分子間で電荷が移動し，その結果，引力が生じる相互作用のことである．この分子錯体を電荷移動錯体と呼ぶ．一般に，電子供与体（D）はイオン化ポテンシャルが低いため電子受容体に電子を渡しやすく，逆に電子受容体（A）は，電子親和力が高いため電子供与体から電子を受け取りやすい性質をもつ．そのため，錯体は電荷が完全に移動した状態（$D^+-A^-$）と，電荷の移動はないが相互作用はしている状態（D … A）とが共鳴した安定構造をとる．電荷移動錯体につき電子スペクトルを測定すると，元の二つの分子にはみられなかった新しい吸収帯が現れることがある．これを電荷移動吸収帯といい，その起源は（D … A）の寄与が大きい状態から（$D^+-A^-$）の寄与が大きい状態への励起に基づく吸収である．

<u>電荷移動の例</u>：ベンゼンとヨウ素 $I_2$ で電荷移動錯体が形成される場合，それぞれ，電子供与体と電子受容体との関係になる．この錯体が形成すると，両化合物単独ではみられない電荷移動スペクトルが 297 nm に現れるようになる．また，デンプンの確認に使われるヨウ素–デンプン反応では，各々，電子受容体，電子供与体である．ヨウ素分子がデンプンのらせん構造に入り込むと電荷移動錯体をつくり，青紫に呈色する．

# 10 疎水性相互作用

## SBO C1-(2)-2-7) 疎水性相互作用について例を挙げて説明できる

疎水基を有する分子が水中にあるとき，疎水性基が水から離れるように動き，見かけ上，互いに引き合う作用を**疎水性相互作用**と呼ぶ．しばしば，**疎水結合**とも呼ばれるが，疎水性基どうしの引力は非常に弱く，むしろ，この相互作用が生じる原因は，水分子間の強い結合力にある．先に述べたように，水分子は水素結合により強く凝集し，三次元的なネットワークが構築されている．そこに疎水性分子が入り込もうとしてもネットワークを断ち切ることができず，逆に排除されて，疎水性分子どうしが押し合わされた結果，疎水性相互作用が生まれるのである（図 2.7）．また，疎水性相互作用は，水分子のエントロピー変化と密接に関係している．エントロピーについては，第6章で詳しく説明する．

<u>疎水性相互作用の例</u>：両親媒性物質による水中でのミセル，生体膜などにおいては，それらを形成する分子に疎水部が存在している．その疎水部は水和せず，逆に水分子によって追い出される．その結果，疎水部で寄り集まって巨大分子を形成するのである．

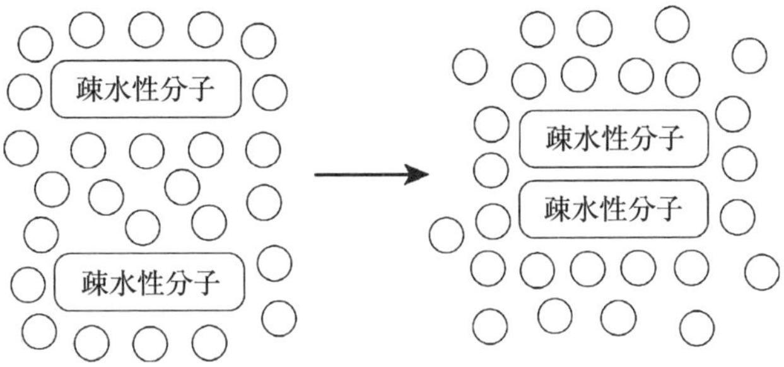


**図 2.7　疎水性相互作用の概念図**

## 参考書

1）G. M. Barrow 著，野田春彦訳：生命科学のための物理化学　第2版，東京化学同人（1983）

2）P. W. Atkins 著，千原秀昭，中村亘男訳：アトキンス物理化学　第6版（上）（下），東京化学同人（2001）

3）西尾元宏著：有機化学のための分子間力入門，講談社サイエンティフィク（2000）

4）坪村宏著：励起状態の化学（講座有機反応機構 12），東京化学同人（1967）

5）上田顯著：分子シミュレーション　―古典系から量子系手法まで―，裳華房（2003）

# 3 電磁波との相互作用

## 1 はじめに

晴れた日の空は青く，日没には夕焼けが見られる．太陽の光を浴びると日焼けをする．これらはすべて電磁波である光と分子との相互作用によるものである．本章では分子の構造と電磁波との関係について学ぶ．分子では，分子全体の回転，原子間の振動，電子状態などいろいろなエネルギー準位間で遷移が起こる．この時，対応する波長の電磁波が吸収，放出される．それらのスペクトルは，分子構造に関するさまざまな情報を含み，「分子からの手紙」ともいわれる．

## 2 電磁波

**SBO** C1-(1)-3-1)「電磁波の性質および物質との相互作用を説明できる」の基礎

光は**電磁波**（electromagnetic wave）であり，その中で人間の目に見えるものを光または可視光と呼ぶ．電磁波には，ラジオ波から $\gamma$ 線までさまざまな種類がある．表 3.1 に名称と性質，および，どのような分光法に利用されるかを示す．

電気力および磁力が及ぶことのできる空間をそれぞれ**電場**（electric field）および**磁場**（magnetic field）という．電場が変動すると周囲に磁場が発生し，逆に磁場が変動すると電場が発生する．これを**電磁誘導**という．J. マックスウェルは，電磁波は，変動する電流をきっかけとして電磁誘導により連続的に発生する電場と磁場の直交する横波であると結論付けた［図 3.1（a）］．また，電磁波と光が同一のものであることを見抜いた．

電磁波の性質は，**波長**（wave length）$\lambda$ や**振動数**（frequency）$\nu$ によって表される．図 3.1（b）は，縦軸に電場（または磁場）の大きさを，横軸に位置をとったものである．波の山と山（または谷と谷）の間の長さを波長 $\lambda$，波の高さを**振幅**（amplitude）という．また，波長の

**表 3.1　電磁波の種類**

| 波長 $\lambda$/m | 振動数 $\nu$/Hz | 波数 $\tilde{\nu}$/cm$^{-1}$ | エネルギー $E$/eV | 名　称 | スペクトル |
|---|---|---|---|---|---|
| $10^3$ | $3\times10^5$ | $10^{-5}$ | $1.24\times10^{-9}$ | | |
| \| | \| | \| | \| | ラジオ波 | 核磁気共鳴（NMR） |
| 1 | $3\times10^8$ | $10^{-2}$ | $1.24\times10^{-6}$ | | |
| \| | \| | \| | \| | マイクロ波 | 回転（ESR） |
| $3\times10^{-3}$ | $10^{11}$ | 3.3 | $4.14\times10^{-4}$ | | |
| \| | \| | \| | \| | 赤外線 | 赤外，ラマン |
| $8\times10^{-7}$ | $3.8\times10^{14}$ | $1.3\times10^4$ | 1.57 | | |
| \| | \| | \| | \| | 可視光線 | |
| $4\times10^{-7}$ | $7.5\times10^{14}$ | $2.5\times10^4$ | 3.10 | | 紫外–可視<br>蛍光・リン光 |
| \| | \| | \| | \| | 紫外線 | |
| $10^{-8}$ | $3.0\times10^{16}$ | $10^6$ | $1.24\times10^2$ | | |
| \| | \| | \| | \| | X 線（$\gamma$ 線） | X 線回折 |

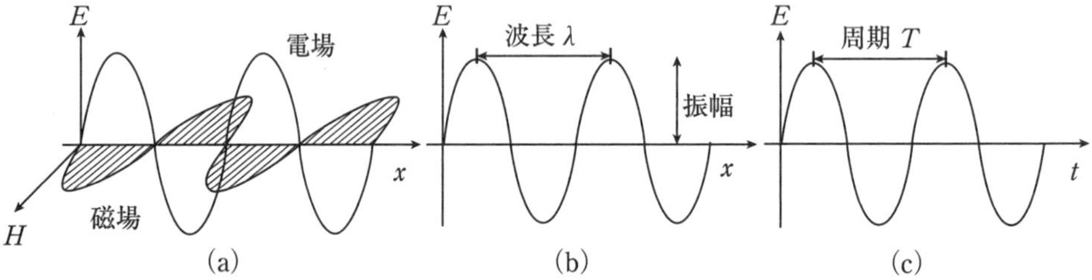


**図 3.1　電磁場**

逆数，すなわち，単位長さ当たりの山の数を**波数**（wave number）$\tilde{\nu}$ という．よく用いられる波数の単位は[cm$^{-1}$]であり，カイザーと読む．図 3.1（c）には縦軸に電場，横軸に時間をとって示している．この場合の山と山（または谷と谷）の間の時間間隔を**周期**（period）という．また，単位時間（1秒間）当たりの山の数を振動数という．振動数の単位は，[s$^{-1}$]であり，これをヘルツ[Hz]で表す．振動数と波長の間には，電磁波と光が同一のものであることを示す重要な関係がある．

$$c = \lambda\nu \tag{3.1}$$

ここで，$c$ は光速である．ラジオ波から $\gamma$ 線まで波長は短くなり，逆に振動数は増加する．また，それに伴いエネルギーも大きくなる．比較的波長が長い赤外線が皮膚にあたると温かく感じ，波長が短い紫外線を受けると日焼けなどの皮膚反応を起こす．波長が短い，すなわち振動数が大きいほど波のエネルギーが大きいことを示している．第1章で学んだように，電磁波のエネルギーは量子化されており，周波数 $\nu$[s$^{-1}$] の電磁波のもつエネルギーは，$h\nu$ である．ここで $h$ はプランクの定数であり，$h = 6.6261 \times 10^{-34}$ J s である．

電磁波が分子にあたると，電磁波と分子との間にエネルギーの授受が起こり，その周波数に応じて分子全体の回転，分子内の原子や電子の運動が**励起**（excitation）される．分子の運動状態のエネルギーも量子化されており，図 3.2 のようにとびとびの値をとる．いま考えている系において，ある分子は一番下のエネルギー準位（例えば $n = 0$）にあり，またある分子はその上のエネルギ

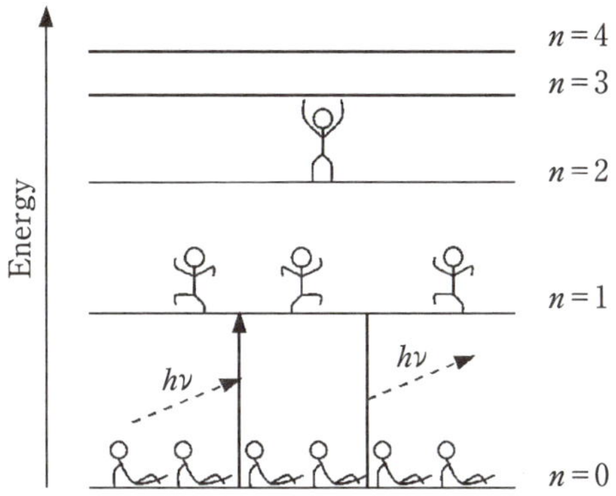


**図 3.2　エネルギー準位と電磁場**

ー準位（例えば $n = 1$）にある．その分布状態は，温度に依存し，平衡状態では，$n$ 番目の準位に存在する分子数は，

$$N_n \propto e^{-\frac{E_n}{kT}} \tag{3.2}$$

で表される．これを**ボルツマン分布**といい，$k$ をボルツマン定数という．電磁波と分子との間のエネルギーの授受，すなわち**遷移**（transition）は，(3.3) 式のように電磁波のエネルギー量子 $h\nu$ と準位間のエネルギー差 $\Delta E$ が一致したときにだけ起こる．

$$\Delta E = E_n - E_{n'} = h\nu \tag{3.3}$$

## 3　測定法

### SBO　C1-(1)-3-1)「電磁波の性質および物質との相互作用を説明できる」の基礎

#### 1）　分光光度計

汎用の分光光度計を模式的に図 3.3 に示す．スペクトル測定に用いる光源としては，遠赤外（35～200 cm$^{-1}$）では石英管に入った水銀放電灯，近赤外（200～4000 cm$^{-1}$）ではネルンストフィラメントが使われる．可視部（380～780 nm）にはタングステンランプ，近紫外（200～380 nm）では石英管に重水素やキセノンの気体を封入した放電管を用いる．

光源から出た光は，モノクロメーターで狭い波長範囲ごとに方向を分け，それぞれの波長での吸収が測定できるようになっている．モノクロメーターとしては，ガラスや石英でできたプリズムや 9-2）節で述べる回折格子を用いる．モノクロメーターで単色光とされた光は，スリットを経て試料セルに導かれ，試料セルと参照セルを透過した光の強度を検出器によって測定する．検出器は光の強度を電気信号に変換する装置であり，紫外，可視領域では光電子増倍管やフォトダ

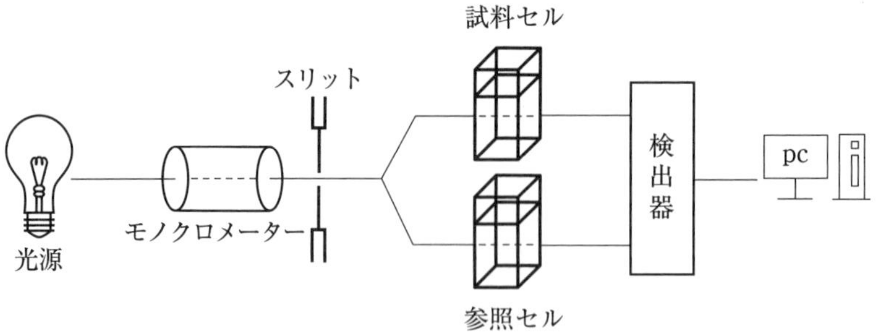


**図 3.3　分光光度計**

イオードが用いられ，赤外領域では半導体素子や熱電対が使われる．

### 2）吸収強度の表し方

強度 $I_0$ の単色光（入射光）が試料溶液を透過後，その強度が $I$ になったとする．$I/I_0$ を**透過度** $t$ といい，百分率で表したものを**透過率**（transmittance）$T$ と定義する．

$$T = \frac{I}{I_0} \times 100 = 100\,t \qquad (3.4)$$

また，$A = -\log\,(I/I_0)$ として**吸光度**（absorbance）$A$ を定義すると，

$$A = -\log \frac{I}{I_0} = -\log t = \varepsilon c l \qquad (3.5)$$

という関係が得られる．吸光度が層の長さ $l$ と濃度 $c$ に比例するこの式を**ランベルト-ベールの法則**という．比例定数 $\varepsilon$ は，**モル吸光係数**（molar absorption coefficient）と呼ばれ，$c = 1\ \mathrm{mol\,L^{-1}}$，$l = 1\ \mathrm{cm}$ としたときの吸光度を表している．温度，波長を指定した場合，モル吸光係数は化合物に固有な値である．この法則は，分光法を定量法として用いるときの基礎となる．

# 4　双極子モーメントと分子の分極

## a　双極子モーメント

**SBO　C1-(1)-3-4)「分子の分極と双極子モーメントについて説明できる」の基礎**

分子は正電荷をもつ原子核と負電荷をもつ電子からなっているが，通常，正負の電荷量は等しく，全体として電気的に中性である．しかし，分子内の正電荷の中心と負電荷の中心が一致しない場合には，（電気）双極子モーメント $\boldsymbol{\mu}$ をもつ．電荷 $+q$ と $-q$ が存在し，負電荷から正電荷への位置ベクトルが $\boldsymbol{l}$ である場合，双極子モーメントは，

$$\boldsymbol{\mu} = q\boldsymbol{l} \qquad (3.6)$$

と表されるベクトル量である．SI単位は[C m]である．従来，デバイ[D]という単位も用いられているが，1 D = $3.336 \times 10^{-30}$ C m である．分子内の各電荷（各原子の部分電荷）$e_1$，$e_2$，$e_3$，…の位置（原点からの位置ベクトル）を $\boldsymbol{r}_1, \boldsymbol{r}_2, \boldsymbol{r}_3$, …とすれば，**分子双極子モーメント**（molecular dipole moment）は，

$$\boldsymbol{\mu} = \sum_i e_i \boldsymbol{r}_i \qquad (3.7)$$

である．外部電場のない状態で分子自身が双極子モーメント（永久双極子モーメント）をもつ場合，**極性分子**（polar molecule）であるという．対称性のない分子はほとんど極性分子である．

分子中の各結合に対して固有の双極子モーメント（**結合モーメント** bond moment）があると仮定すると，分子双極子モーメントは近似的に結合モーメントのベクトル和で与えられる．例えば，O—H 結合の結合モーメントは $5.04 \times 10^{-30}$ C m，H—O—H 結合角が 104.5° であるとすると，水の双極子モーメントは，

$$\mu_{H_2O} = 2 \times 5.04 \times 10^{-30} \times \cos 52.25° = 6.17 \times 10^{-30}\ \mathrm{C\,m}$$

と計算される．実測値も，$6.17 \times 10^{-30}$ C m である．

## b　分子の分極

**SBO　C1-(1)-3-4)「分子の分極と双極子モーメントについて説明できる」の基礎**

分子が極性をもっているかどうかには関係なく，電場の中に分子をおくと電子構造にひずみを生じ，電荷の偏りができる．すなわち，**分極**し，電気双極子モーメントをつくる．これを**誘起双極子モーメント**（induced dipole moment）$\mu_{ind}$ という．電場の強さを $E$ とするとその大きさは，

$$\mu_{ind} = \alpha E \qquad (3.8)$$

と表される．比例定数 $\alpha$ を**分極率**（polarizability）といい，外部電場による分子内の電荷の偏りやすさを表している．分極率の単位は，[$\mathrm{C^2\,m^2\,J^{-1}}$]であるが，扱いにくいので，次の関係式を使って**分極率体積**（polarizability volume）$\alpha'$ で表される．

$$\alpha' = \frac{\alpha}{4\pi\varepsilon_0} \qquad (3.9)$$

ここで $\varepsilon_0$ は真空の誘電率であり，単位は[$\mathrm{C^2\,J^{-1}\,m^{-1}}$]であるので，$\alpha'$ は体積の次元をもつ．$\alpha'$ は，現実の分子の体積と同程度の大きさである（$10^{-30}$ $\mathrm{m^3}$ 程度）．

双極子モーメントが $\mu$，分極率が $\alpha$ である分子を電場の中におくと，双極子モーメントが電場の方向に配向する**配向分極**（orientation polarization），原子核の位置が歪むことによる**変形分極**（distortion polarization），また電子が移動することによる**電子分極**（electronic polarization）が起こる．外部電場がその方向を変える場合，その速度，すなわち振動数が小さければ永久双極子モーメントの再配向は追随するが，振動数が大きくなる[約 $10^{11}$ Hz（マイクロ波）より大]と再配向は追随できず，配向分極は消失する．さらに赤外領域まで達すると変形分極も消滅し，電子分極だけが残る．

# 5 分子の回転と振動

1個の原子は，$x$，$y$，$z$ の 3方向への運動の自由度をもっている．したがって，$N$原子分子では 3$N$の運動の自由度がある．この中には，原子同士の相対的な位置が変わらない，剛体とみなしうる並進運動の自由度3と回転の自由度がある．回転の自由度は，非直線分子では3，直線分子の場合は分子軸まわりの回転がないので2である．残りの $3N-6$（直線分子では $3N-5$）の自由度は，原子の相対的な位置の変化，すなわち分子振動に対応する．

## a 分子の回転

**SBO C1-(1)-3-2)「分子の振動，回転，電子遷移について説明できる」の基礎**

量子力学に従えば，分子がもつ回転エネルギーは量子化されている．すなわち，とびとびのエネルギー準位を示す．このエネルギー準位間の遷移に対応するのが**回転スペクトル**（rotational spectrum）である．エネルギー差は小さく，吸収あるいは放出される電磁波の波長は0.1〜1 cm（振動数 $\nu \approx 10$ GHz）であり，マイクロ波領域の電磁波に相当する．これを利用する分光法を**回転分光法**（rotational spectroscopy）または**マイクロ波分光法**（microwave spectroscopy）と呼ぶ．

ここでは，回転により分子は変形せず，**剛体回転子**（rigid rotator）として近似できる場合を考える．最も簡単な HCl，$CO_2$，HC≡CH のような直線分子の回転運動に関するシュレディンガー方程式を解くと，回転エネルギーは，

$$E_J = hBJ(J+1) \qquad J = 0,\ 1,\ 2, \cdots \tag{3.10}$$

であることがわかる．ここで，$J$は回転量子数であり，また$B$は**回転定数**（rotational constant）と呼ばれ，振動数と同じ単位[Hz]をもつ．$B$は，分子の**慣性モーメント**（moment of inertia）$I$と次のように関係付けられる．

$$B = \frac{\hbar}{4\pi I} \tag{3.11}$$

慣性モーメントは，各原子の質量 $m_i$，および回転軸からの距離 $r_i$ により，

$$I - \sum_{i}^{N} m_i r_i^2 \tag{3.12}$$

と表される．ただし，$N$は構成原子の数である．回転量子数とエネルギー準位の関係を図3.4に示す．

回転エネルギー準位間の遷移が起こるためには，二つの条件を満足しなければならない．これを**選択律**（selection rule）という．一つは**有極性分子**（双極子モーメントをもつ分子）であること，もう一つは，回転量子数に関して，$\Delta J = \pm 1$ という関係がなければならないことである．

回転量子数が$J$と$J+1$の準位間のエネルギー差は，

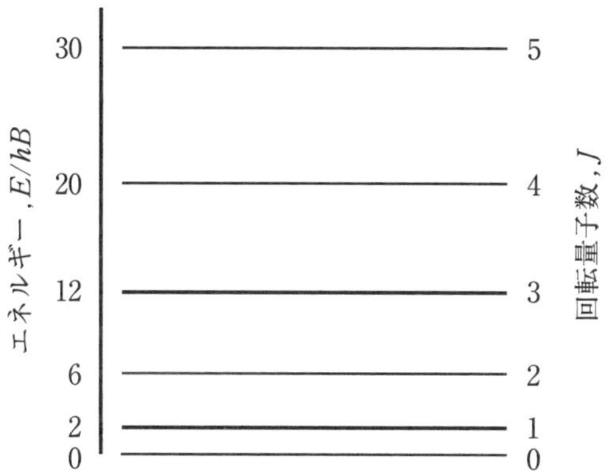


**図 3.4　回転エネルギー準位**

$$\Delta E_J = hB\{(J+1)(J+2) - J(J+1)\} = 2hB(J+1) \tag{3.13}$$

であるから，$J$ から $J+1$ への遷移で吸収される電磁波の振動数は，$\nu_J = 2B(J+1)$ である．実測スペクトルの振動数から回転定数 $B$ を求めることができる．(3.11) 式および (3.12) 式によって，$B$ の値から $r_i$ を計算できるので，結合距離を知ることができる．非直線分子については取り扱いが複雑になるので，ここでは述べないが，回転スペクトルは比較的小さな分子の正確な構造決定や，分子双極子モーメントの実測によく使われる．

## b　分子振動

**SBO　C1-(1)-3-2)「分子の振動，回転，電子遷移について説明できる」の基礎**

分子内で各原子は，それぞれの位置に固定されているのではなく，平衡位置を中心にその近くで振動している．原子と原子をつなぐ結合は，ばねのようなものであるとみなせる．複雑な分子では，3*N*−6 通りの**振動モード**（様式）がある．ベンゼン（*N*＝12）では，30 通りの振動モードがあり，その中には環が広がったり，収縮したりする振動がある．振動運動のエネルギーも量子化されており，電磁波の吸収によって励起される．励起が起こる振動数から，結合の強さや構造など分子の特性についての重要な知見が得られる．このような分光法を**振動分光法**（vibrational spectroscopy）という．

### 1）　二原子分子の振動

最も簡単な二原子分子について考えてみよう．**ボルン−オッペンハイマーの近似**に従い，電子と核の運動を別個に取り扱うことにより，原子間距離 $R$ と分子のエネルギーの関係を計算できる．その結果，図 3.5 (a) のようなポテンシャルエネルギー曲線が得られる．ポテンシャルエネルギーは，平衡結合距離 $R_e$ で最小となり，無限遠で 0 となる．平衡結合距離 $R_e$ の近傍では，図 3.5 (a) のように放物線に近似することができ，ポテンシャルエネルギー $V$ を，

$$V = \frac{1}{2}k(R - R_e)^2 \tag{3.14}$$

と表すことができる．(3.14) 式は，フックの法則に従うばね，つまり**調和振動子** (harmonic oscillator) の復元力によるポテンシャルエネルギーを表す式と同じである．結合を一種のばねと見なし，$k$ を結合の強さを表すばね定数と見なすことができる．$k$ は**力の定数** (force constant) と呼ばれ，その単位は[$\mathrm{N\,m^{-1}}$]である．

(3.14) 式のポテンシャルエネルギーに基づいてシュレディンガー方程式を解くと，力の定数が $k$ の結合で結ばれた質量 $m_A$，$m_B$ の2個の原子間の振動について，エネルギー準位は，

$$E_v = \left(v + \frac{1}{2}\right)h\nu \qquad v = 0,\ 1,\ 2,\ 3, \cdots \tag{3.15}$$

で与えられる．$v$ は振動の量子数であり，振動数 $\nu$ は，

$$\nu = \frac{1}{2\pi}\left(\frac{k}{\mu}\right)^{1/2} \tag{3.16}$$

で表される．ここで，$\mu$ は換算質量と呼ばれ，次のように定義される．

$$\mu = \frac{m_A m_B}{m_A + m_B} \tag{3.17}$$

エネルギー準位は，図3.5 (b) のように等間隔である．注意すべき点は，回転運動のエネルギー準位と異なり，$v = 0$ の状態でも有限のエネルギー $(1/2)h\nu$ をもつことである．これは，不確定性原理から来るものであり，**零点振動** (zero-point vibration) と呼ばれる．また，エネルギーを**零点エネルギー** (zero-point energy) という．なお，振動遷移は普通，波数 $\tilde{\nu}$ で表され，[$\mathrm{cm^{-1}}$]という単位が用いられる．

振動のエネルギー準位差は，$10^{-20}$～$10^{-19}$ J 程度であり，光の振動数としては，$10^{13} \sim 10^{14}$ Hz ($\tilde{\nu} = 300$～$4000\ \mathrm{cm^{-1}}$) の範囲である．これは，赤外光に相当し，振動遷移は**赤外分光法** (IRスペクトル infrared spectroscopy) によって観測される．

電磁波を吸収し，振動遷移が起こるための選択律の一つは，振動によって分子双極子モーメントが変化することである．分子双極子モーメントが振動によって変動し，電場を揺さぶることに

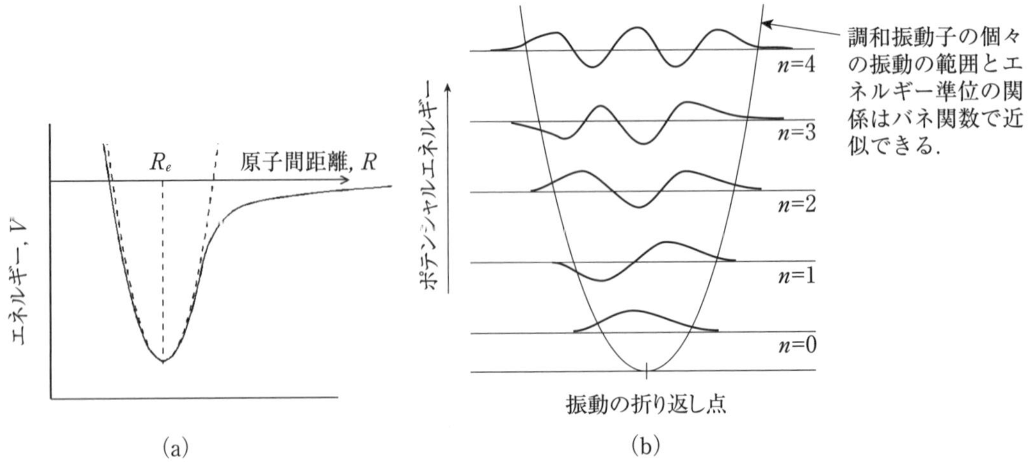


**図3.5　ポテンシャルエネルギー (a) と調和振動子のエネルギー準位 (b)**

より，電磁波と相互作用すると考えればよい．ただし，分子が永久双極子モーメントをもつ必要はなく，振動により分子双極子モーメントが変化すればよい．窒素や酸素のような等核二原子分子では，振動によって分子双極子モーメントは変化せず，光の吸収は見られない．つまり，**赤外不活性**である．

もう一つの選択律は量子数に関するもので，$\Delta\upsilon = \pm 1$ という条件を満たさなければならない．量子数 $\upsilon$ の状態と，$\upsilon + 1$ の状態とのエネルギー差は，

$$\Delta E = E_{\upsilon+1} - E_{\upsilon} = \left(\upsilon + \frac{3}{2}\right)h\nu - \left(\upsilon + \frac{1}{2}\right)h\nu = h\nu = hc\tilde{\nu} \tag{3.18}$$

であり，$\Delta E$ に対応する振動数 $\nu$ の光が吸収される．室温では，ほとんどの分子が基底状態（$\upsilon = 0$）にあるため，遷移は主に $\upsilon = 0$ から $\upsilon = 1$ へのものである．

$^{1}H^{35}Cl$ の例を考えてみよう．実測の吸収波数は，2992 $cm^{-1}$ である．(3.18) 式に代入すると，$\Delta E = 59.4 \times 10^{-21}$ J であり，(3.16) 式から，力の定数は $k = 516$ N $m^{-1}$ となる．

### 2）多原子分子の振動

多原子分子では，二原子分子のように一つの結合の**伸縮振動**（stretching vibration）のみではなく，いくつかの結合が対称的に振動する場合（**対称伸縮振動** symmetric stretching）や，一方の結合が伸び，もう一方が縮むような振動（**逆対称伸縮振動** antisymmetric vibration），あるいは結合角の大きさが変化する（**変角振動** bending vibration）など，さまざまな振動が可能である．分子振動は，**基準振動**（normal vibration）と呼ばれる $3N-6$ 個（直線分子では $3N-5$ 個）の振動モードの組合せとして解釈される．基準振動では，すべての原子が同期の取れた運動をし，分子の重心の位置は変わらない．また，各基準振動は互いに独立に励起される．図3.6 (a) に，$CO_2$ 分子の基準振動を示す．このうち二つの C=O 結合の伸縮が対称的な (i) のモードは，振動により分子双極子モーメントが変化せず，赤外不活性である．他の三つのモード（二つの変角モードはエネルギーが同じであり，**縮重**している）は赤外活性である．また，図3.6 (b) には $H_2O$ の基準振動を示す．

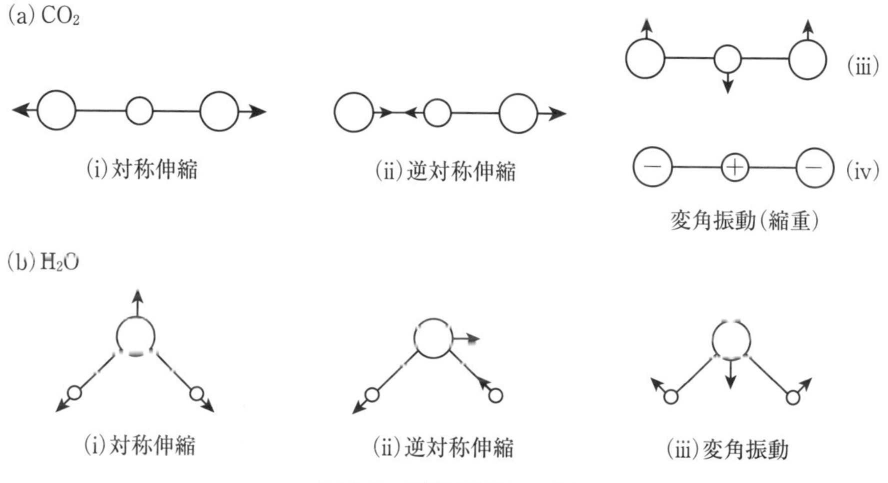


**図3.6　基準振動モード**

### 3） 赤外吸収分光法（赤外吸収スペクトル，IR スペクトル）

赤外吸収スペクトルは，有機化合物や医薬品分子の化学分析に広く使われる手段である．異なる二つの化合物に見られる赤外吸収スペクトルの微細な吸収帯が，同じになることはほとんどない．それぞれの吸収帯は，化合物の化学結合や構造に関する多くの情報を含んでいる．図 3.7 にケトプロフェンの赤外吸収スペクトルの例を示す．約 1500 $cm^{-1}$ 以上の領域は**特性吸収帯**（characteristic band）と呼ばれ，官能基に対応する吸収がほぼ決まった領域に現れる．したがって，化合物がどのような官能基をもっているかを調べるのに役立つ．約 1500 $cm^{-1}$ 以下の領域は**指紋領域**（fingerprint region）と呼ばれ，複雑なスペクトルを示す．名前からもわかるように，化合物に固有であり，同定に使われる．

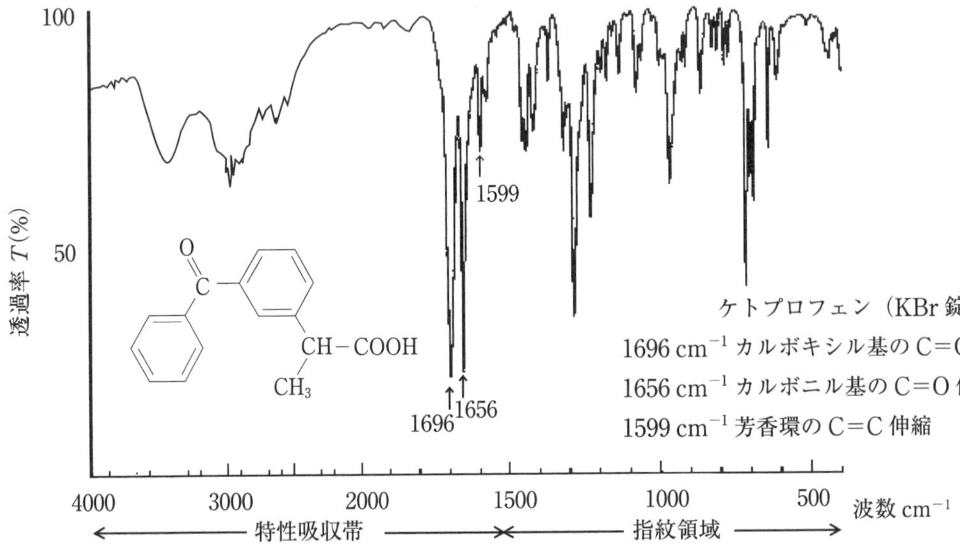


**図 3.7　赤外吸収スペクトル**

### 4） ラマン分光法

分子振動に関する情報を提供するもう一つの分光法として，**ラマン散乱**（Raman scattering）を利用する**ラマン分光法**（Raman spectroscopy）がある．すべての分子は光を散乱する．図 3.8 は，エネルギー準位図によって散乱の様子を示したものである．入射した光が，分子との相互作用により吸収されたあと，エネルギーが変化せずに散乱された場合（**弾性散乱**），散乱光の波長は変化しない．これを**レイリー散乱**（Rayleigh scattering）という［図 3.8（a）］．一方，分子が光と相互作用し，異なったエネルギー準位に戻るときには，波長が変化する．基底状態から励起し，分子との相互作用によって基底電子状態の振動励起状態に戻ってくる場合，波長は長くなる（振動数は小さくなる）．これを**ストークス散乱**（Stokes scattering）という［図 3.8（b）］．逆に振動励起状態から励起し，基底状態に戻る場合を**アンチストークス散乱**（anti-Stokes scattering）という［図 3.8（c）］．基底状態にある分子数の方が多いので，強度はストークス散

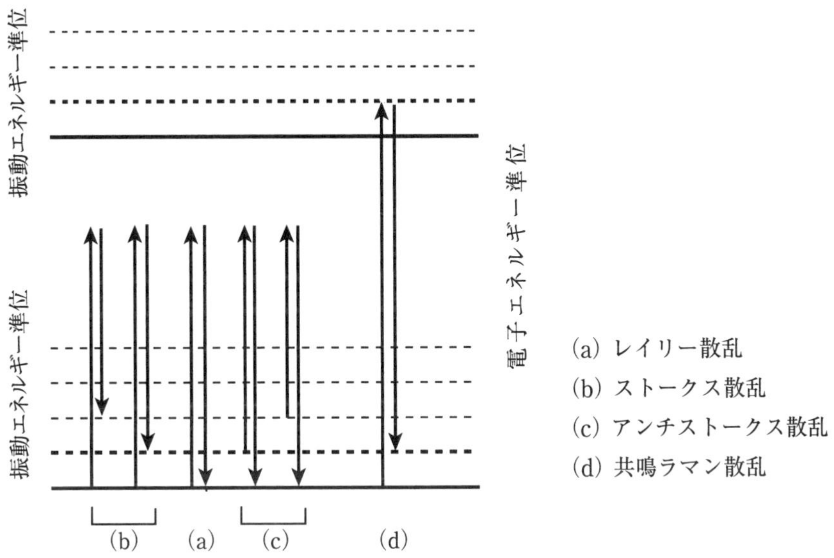


**図 3.8　電磁場の吸収と散乱**

乱の方が強く，これを利用するのがラマン分光法である．

ラマン散乱の選択律は，振動によって分子分極率が変化することである．赤外吸収との選択律の違いにより，小さい分子ではラマン散乱と赤外吸収が相補的な関係にある．例えば，$CO_2$の対称伸縮振動は赤外不活性であるが，ラマン散乱では活性である．この相補的な関係を**交互禁制則**と呼ぶ．対称性の低い大きな分子では，赤外吸収，ラマン散乱いずれでも同じようなスペクトルを与えるが，ラマン散乱の利点は，水分子による散乱が弱く，水溶液中での測定が容易であり，生体分子の研究に向いていることである．

ラマン分光法の一つの変形として，測定する試料の電子遷移の振動数とほぼ一致した入射光を使う方法がある［図 3.8（d)］．これを**共鳴ラマン散乱**（resonance Raman scattering）という．この方法による散乱光は非常に強く，少数の振動モードのみが散乱に寄与し，単純なスペクトルを与える．紫外および可視部に強い吸収がある生体高分子の研究に使われている．

## 6　電子遷移

分子の電子エネルギー準位の間隔は大きく，電子遷移は紫外線や可視光領域の電磁波（200～800 nm）の吸収，放出を伴う．紫外線または可視光の吸収による基底状態から励起状態への遷移をスペクトルとして観測するのが，**紫外・可視吸収スペクトル**または**電子スペクトル**（electronic spectrum）である．一方，遷移状態から基底状態に戻るときに放出されるのが**蛍光**（fluorescence）あるいは**リン光**（phosphorescence）である．

## a 紫外・可視吸収スペクトル

### SBO C1-(1)-3-2)「分子の振動，回転，電子遷移について説明できる」の基礎

電子遷移は非常に短時間で起こるため，原子核の相対的な位置の変化は遷移に追随できない．これを**フランク・コンドンの原理**という．電子基底状態と電子励起状態では電子配置が異なるため，核配置に関するポテンシャルエネルギーの形が異なる．したがって，電子基底状態において振動の基底状態（$v = 0$）にあっても，電子遷移では電子励起状態の種々の振動，回転レベルへの遷移が起こり，少しずつ異なったエネルギーの光を吸収する．このため紫外・可視吸収スペクトルは幅広い吸収帯を示す．

重要な選択律は，基底状態と励起状態が同じ**多重度**（multiplicity）であるという条件である．有機化合物は，通常基底状態では**一重項状態**（singlet state，電子スピンが全て対を作っている）であるから励起一重項状態へ遷移し，**三重項状態**（triplet state，2個の電子が平行なスピンを持つ状態）へは遷移しない．

図3.9に示すように，分子軌道のエネルギー準位は，$\sigma$，$\pi$，n，$\pi^*$，$\sigma^*$ の順に高くなる．可能な遷移を図中に矢印で示した．$\sigma$ 結合のみでできている飽和化合物は，$\sigma$ — $\sigma^*$ 遷移が可能である．酸素や窒素などヘテロ原子を含む有機化合物では $\sigma$ — $\sigma^*$ 以外に n — $\sigma^*$ 遷移も可能であるが，両化合物とも紫外，可視領域に吸収を示さない．このことより，飽和炭化水素，アルコール，エーテルなどはスペクトル測定用の溶媒として使用することができる．不飽和化合物では n — $\sigma^*$，n — $\pi^*$ および $\pi$ — $\pi^*$ 遷移が可能であるが，主に観測されるのは $\pi$ — $\pi^*$ 遷移であり，これは紫外・可視スペクトルに現れる．$\pi$ 結合をもつ原子団（C=C，C=O，N=N，$NO_2$ など）を**発色団**（chromophore）といい，発色団と結合することによって吸収強度を変化させる置換基（$-$OH，$-NH_2$，$-$SH など）を**助色団**（auxochrome）という．

$\pi$ — $\pi^*$ 遷移では，共役系が長くなるにつれて $\pi$ — $\pi^*$ 準位間のエネルギー差が小さくなり，吸収帯が紫外部から可視部へと長波長側に移動する．$\beta$-カロチンは，11個の二重結合で長い共役系を作っている．$\pi$ — $\pi^*$ 遷移に対応する吸収帯は青紫色の可視領域にある．$\beta$-カロチンに吸収されないオレンジ色の光が反射されるため，人の目にはニンジンがオレンジ色に見える．

長波長への吸収帯の移動を**深色移動**（レッドシフト red shift），同時に強度が強くなる効果を

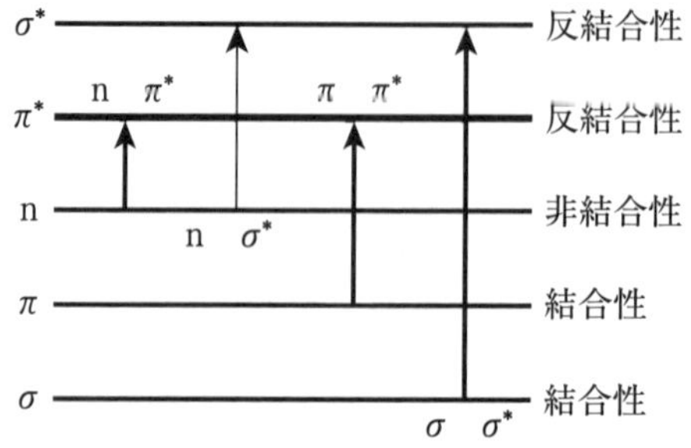


**図3.9 電子遷移と軌道**

**濃色効果**（hyperchromism）という．逆に短波長への移動を**浅色移動**（ブルーシフト blue shift），強度が弱くなる効果を**淡色効果**（hypochromism）という．

## b　蛍光とリン光

**SBO　C1-(1)-3-2)「分子の振動，回転，電子遷移について説明できる」の基礎**

### 1）蛍　光

分子の振動と電子状態のエネルギー準位を図3.10に模式的に示す．まず，光が吸収され，電子基底状態から電子励起状態に上がるが，前節で述べたように，いろいろな振動エネルギー準位をとりうる［図3.10（1）］．吸収スペクトルを細かく観測できれば，図3.11（a）のようなスペクトルが得られる．

高い振動エネルギー準位にある分子は，通常，熱運動によってエネルギーを失い，電子励起状態の最低振動エネルギー準位に降りてくる．基底状態に戻るときに出る大きなエネルギーを周囲の分子に渡すことができない場合，しばらく励起状態が続いてからフォトンを作り，光として放出する［図3.10（2）］．これが**蛍光**である．その際，電子基底状態の異なった振動エネルギー準位へ降りるので，**蛍光スペクトル**（fluorescence spectrum）は，図3.11（b）のようになる．蛍光スペクトルは吸収スペクトルよりエネルギーが小さく，長波長側に現れる．図3.11の（a）と（b）はそれぞれ励起状態と基底状態での振動構造を表しているが，ほぼ鏡像的な関係にある．日頃目にする蛍光塗料などが鮮やかな橙色や青色をしているのは，青色や紫外線を吸収して蛍光を可視光として出しているためである．蛍光は，日本薬局方では溶出試験や含量均一試験に利用されている．最近では，生体分子に蛍光試薬を反応させて蛍光物質とし，細胞内での分布や機能の研究に用いられている．

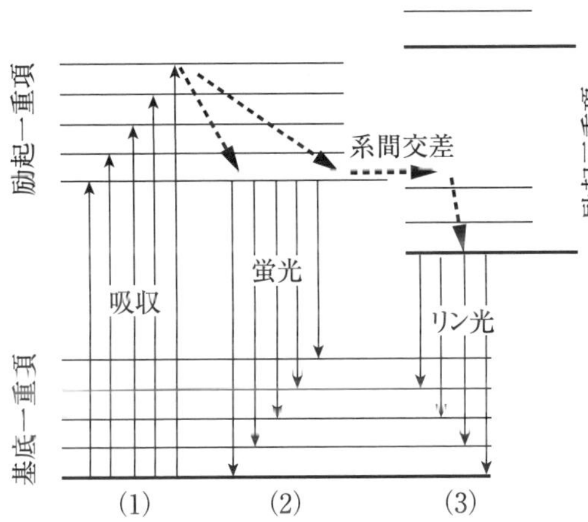


**図3.10　蛍光とリン光**

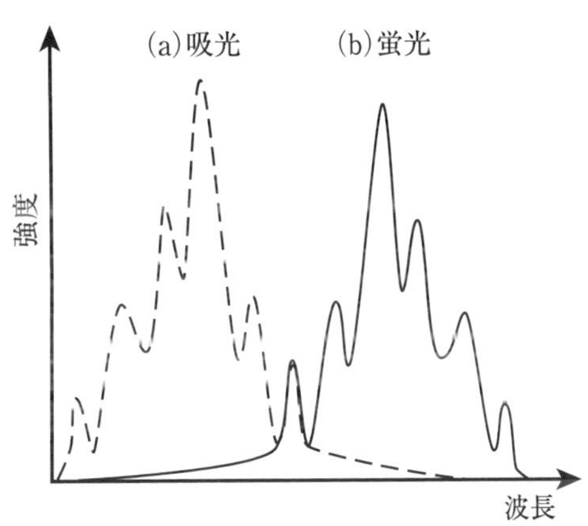


**図3.11　吸収スペクトルと蛍光スペクトル**

### 2）リン光

物質によっては，励起一重項と励起三重項のエネルギーがほぼ同じ場合がある．このような分子では，励起光を吸収後，熱運動によってエネルギーを失っていく過程で，**系間交差**（intersystem crossing）と呼ばれる一重項状態から三重項状態への移行が起こる（図 3.10）．この移行後も振動状態のはしごを降りるが，その最低エネルギー状態で止まる．この段階から電子基底状態に戻る遷移は，スピン多重度が変化するため禁制である．しかし，このような分子では，系間交差を起こすのと同様，この選択律を破るメカニズムをもっており，ゆっくりではあるが基底状態に戻る［図 3.10（3）］．このとき放出されるのが**リン光**である．この過程は遅いため，リン光の寿命は長い．

## 7　磁気共鳴

原子核および電子は，共にスピン角運動量を持っている．そのため，外部磁場の中ではスピン角運動量の配向によって異なったエネルギーをもつ．このエネルギー差に対応するラジオ波との共鳴吸収を測定する**核磁気共鳴スペクトル**（NMR，nuclear magnetic resonance）は，有機化合物，ペプチド，タンパク質などの構造解析に用いられ，X線結晶構造解析と共に今日の構造生物学の発展に大きく寄与している．また，MRI として画像診断にも使われている．電子スピンを利用する**電子スピン共鳴スペクトル**（ESR，electron spin resonance）または**電子常磁性共鳴スペクトル**（EPR，electron paramagnetic resonance）は，ラジカルや錯体の性質に関する研究に利用される．本節では，磁気共鳴の原理と代表的な**プロトン NMR** を中心に述べる．

### a　磁気共鳴の原理

**SBO**　C1-(1)-3-3)「スピンとその磁気共鳴について説明できる」の基礎

**SBO**　C3-(1)-2-1)「核磁気共鳴スペクトル測定法の原理を説明できる」の基礎

**SBO**　C4-(4)-2,3 の基礎

電子と同じように原子核もスピン角運動量を持っているが，電子と異なり，いろいろな値をとりうる．スピン量子数 $I$ をもつ原子核では，任意の軸（例えば $z$ 軸）に対してその核スピンは $2I+1$ 通りの配向が可能である．その配向は，量子数 $m_I$ で区別される．

$$m_I = -I,\ -I+1,\ \cdots,\ I-1,\ I \tag{3.19}$$

プロトンでは $I=1/2$ であり，$m_I=-1/2$，$1/2$ の 2 通りの配向が可能である．核スピンの例を表 3.2 に示す．

**表 3.2　核スピンの性質**

| 同位体 | 自然存在比% | スピン $I$ | $\gamma_N/10^7\ \mathrm{T^{-1}\,s^{-1}}$ |
|---|---|---|---|
| $^{1}H$ | 99.98 | 1/2 | 26.752 |
| $^{13}C$ | 1.11 | 1/2 | 6.7272 |
| $^{14}N$ | 99.64 | 1 | 1.9328 |
| $^{31}P$ | 100 | 1/2 | 10.840 |

原子核を磁場 $B$ の中に置くと，核スピンはエネルギーの異なる $2I+1$ 通りの配向をとる．これを**ゼーマン分裂**（Zeeman splitting）という．そのエネルギーは，量子数 $m_I$ によって，

$$E_{m_I} = -\gamma_N \hbar B m_I \tag{3.20}$$

と表される．ここで，$\gamma_N$ は**磁気回転比**（magnetogyric ratio）と呼ばれ，核に固有の値である（表 3.2）．プロトンのように $\gamma_N$ が正の場合，核の作る磁石と核スピンが同じ方向を向く．

$I=1/2$ の場合には，2 通り（$m_I=1/2$ **$\alpha$ 状態**，$m_I=-1/2$ **$\beta$ 状態**）のエネルギー状態をとり（図 3.12），そのエネルギー差は次式で表される．

$$\Delta E = E_\beta - E_\alpha = \frac{\gamma_N \hbar B}{2} - \left(-\frac{\gamma_N \hbar B}{2}\right) = \gamma_N \hbar B \tag{3.21}$$

$\gamma_N > 0$ の場合には，$\Delta E > 0$ であり，エネルギー準位は $\beta$ 状態が $\alpha$ 状態より高く，熱的平衡状態ではボルツマン分布則により $\alpha$ 状態のものが少し多く存在する．このエネルギー差 $\Delta E$ に相当する振動数の電磁波を照射すると共鳴し，$\alpha$ 状態にある核が $\beta$ 状態へ飛び移る．

$$h\nu = \Delta E = \gamma_N \hbar B \quad つまり \quad \nu = \frac{\gamma_N B}{2\pi} \tag{3.22}$$

これを**共鳴条件**といい，対応する電磁波は**ラジオ波**である．

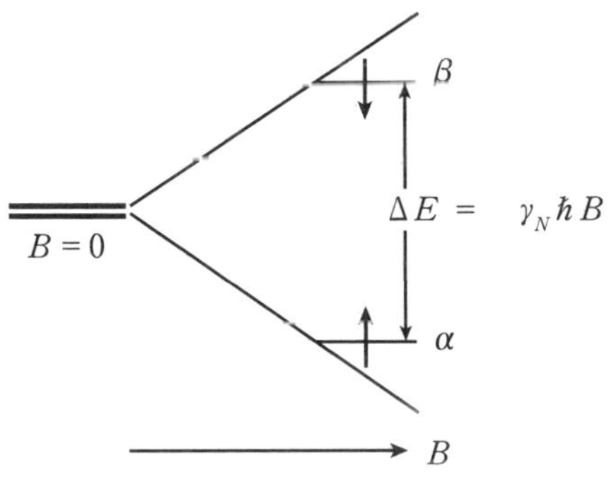


**図 3.12　スピン-1/2 核のエネルギー準位**

## b NMR 測定法

**SBO C1-(1)-3-3)「スピンとその磁気共鳴について説明できる」の基礎**

**SBO C3-(1)-2-1)「核磁気共鳴スペクトル測定法の原理を説明できる」の基礎**

**SBO C4-(4)-2,3 の基礎**

NMR スペクトルは簡単に言えば，磁性を持った核を含む分子に強い磁場をかけ，これらの磁性核と共鳴を起こす電磁波の振動数を測定することである．プロトンは $\gamma_N$ が大きく，開発当初から利用されている（**プロトン NMR**，**$^{1}$H-NMR**）．現在では，**$^{13}$C-NMR**，**$^{31}$P-NMR** なども広く使われている．NMR 分光計の概略を図 3.13 に示す．現在では，磁気共鳴の研究には**パルスフーリエ変換 NMR 法**が用いられ，感度が格段に増すと同時に，より詳しいデータの解析が可能となっている．

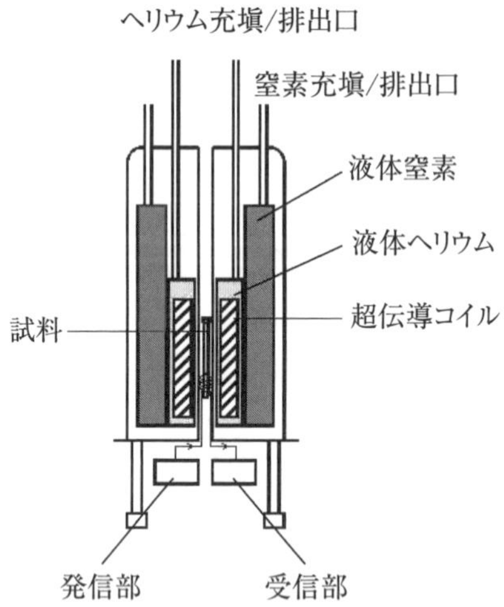


**図 3.13 NMR 装置の概略**

NMR 分光計は，強くかつ均一な磁場を発生する磁石とラジオ波の発生器からなっている．通常は，10 T 程度以上の強い磁場を発生できる超伝導磁石が使われる．高磁場を使うことによって，エネルギー間隔が増加し，二つのスピン状態間の占有数の差が増大することにより吸収強度が増す．また，解像度を上げることもできる．

## c NMR スペクトルから得られる情報

**SBO** C1-(1)-3-3)「スピンとその磁気共鳴について説明できる」の基礎

**SBO** C3-(1)-2-1)「核磁気共鳴スペクトル測定法の原理を説明できる」の基礎

**SBO** C4-(4)-2,3 の基礎

これまでの説明では，プロトンの核スピンは外部磁場によって２通りのエネルギー状態に分裂し，このエネルギー差に対応する電磁波が吸収されることにより，一つのピークのみが観測されるような印象を受ける．分子構造に関する情報はどのように得られるだろうか．ここでは**化学シフト**（chemical shift），**スピン−スピン結合**（spin-spin coupling）について考えてみよう．

### 1） 化学シフト

核スピンは，外部磁場とともに自分の周りの局所的な環境の影響を受ける．外部磁場 $B$ は，分子内部の核の近傍で電子の周回運動を誘起するため，小さな付加的磁場 $\delta B$ を作り出す．$\delta B$ は外部磁場 $B$ に比例し，

$$\delta B = -\sigma B \tag{3.23}$$

と表され，比例定数 $\sigma$ は遮蔽定数（shielding constant）と呼ばれる．注目している原子核が受ける正味の磁場は，

$$B_{loc} = B + \delta B = (1-\sigma)B \tag{3.24}$$

となる．したがって，共鳴条件は，

$$\nu = \frac{\gamma_N B_{loc}}{2\pi} = \frac{\gamma_N}{2\pi}(1-\sigma)B \tag{3.25}$$

である．遮蔽定数は，注目している核が置かれている環境によって変化するため，化学種の違いや分子内での場所によって同じ核であっても異なった値をとる．

実際の測定では，注目している核の共鳴周波数と基準とする標準物質の共鳴周波数との差を用い，これを**化学シフト**という．プロトン NMR では，**テトラメチルシラン** $Si(CH_3)_4$（普通 TMS と略称）のプロトン共鳴，$^{13}$C-NMR でも TMS の $^{13}$C 共鳴が使われる．(3.25) 式によれば，共鳴周波数は外部磁場 $B$ に依存する．そこで，化学シフトは通常 $B$ に依存しない次の **$\delta$ 目盛**によって記載する．

$$\delta = \frac{\nu - \nu_0}{\nu_0} \times 10^6 \tag{3.26}$$

ここで，$\nu_0$ は標準物質の共鳴周波数である．

$\delta > 0$ の場合は，注目している核の局所磁場が標準物質の局所磁場より強く，脱遮蔽されていることを意味している．逆に $\delta < 0$ の場合には，より遮蔽されていることを意味する．図 3.14 に，プロトン NMR の例を示す．化学シフトはスペクトル図の左側を正とし，したがって共鳴周波

数も左側が高周波数となる．共鳴磁場は，右側を高磁場と呼ぶ．

化学シフトの大小を決めるのは，分子内の電子によってひき起される小磁場によってであり，外部磁場によって原子核のまわりの電子が循環し，核近傍に反対向きの小磁場ができる．核のまわりの電子密度が高いほど，この小磁場は強くなり，**遮蔽効果**（shielding effect）も大きく，化学シフトは高磁場側にシフトする．代表的な $^1$H の化学シフト値は専門書や日本薬局方解説書などに与えられている（第十五改正日本薬局方解説書　一般試験法　B-156）．化学シフトは，置換基の性質など多くの要因によって変化する．例えば，電子吸引基を持つ炭素に結合したプロトンは低磁場側にシフトする．電子の流れは分子軌道によっても影響され，$\pi$ 結合をもつ分子では複雑な現象が起こる．アセチレンのプロトンの化学シフト値は，電子密度解析から予測される値よりも低い．また，芳香環をもつ分子では，外部磁場によって $\pi$ 電子に誘起される**環電流効果**が現れ，局所磁場に大きく影響する．

### 2）スピン－スピン結合

核磁気共鳴スペクトルのもう一つの重要な性質は，各ピークの**微細構造**（fine structure）である．$^1$H-NMR スペクトルのピークの強度（ピーク面積）は，対応する等価なプロトンの個数に比例する．図 3.14 の $CH_3CH_2CH_2COCH_3$ の $^1$H-NMR スペクトルにおいて，ピーク強度は $CH_3$(a)：$CH_2$(b)：$CH_2$(c)：$CH_3$(d) ＝3：2：2：3 になっている．しかし，カルボニル基に隣接する $CH_3$(d) は 1 本のピークであるが，$CH_3$(a) は **3 重線**，中央の $CH_2$(b) は **6 重線**，もう一つの $CH_2$(c) は **3 重線**に分裂している．このような分裂は，化学結合を通して隣接する核スピン間に働く磁気相互作用によるものである．これを**スピン－スピン結合**（**カップリング**）という．また，分裂したピーク間の幅は，**スピン－スピン結合定数**（spin-spin coupling constant）と呼び，$^nJ_{AB}$ のように表す．添え字の $n$ は，核 A-B 間の化学結合の数を表している．スピン-スピン結合定数の大きさは [Hz] 単位で測られるが，この値は外部磁場に依存しない分子固有の性質である．H−C−H のように化学結合二つだけ隔てた場合，$^2J_{HH}$ ＝ ～ 20 Hz，化学結合三つ離れ

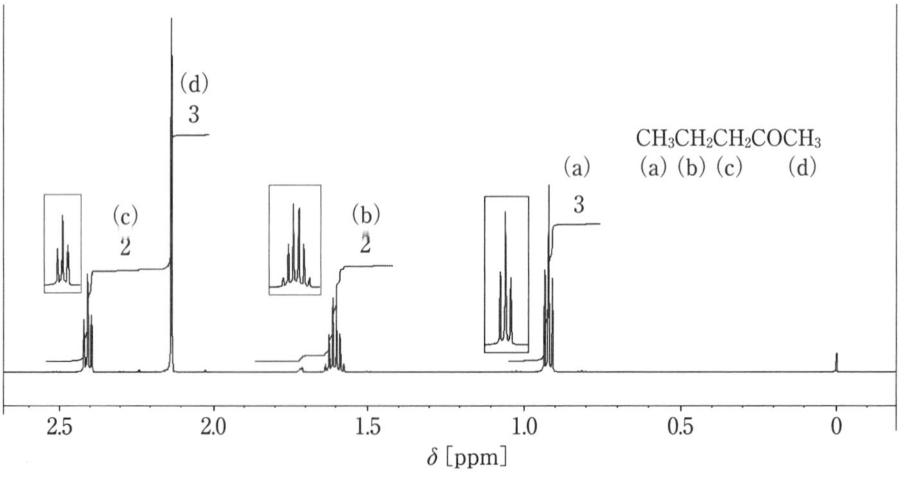


**図 3.14　2-ペンタノンの NMR スペクトル**

| | | | | | | | | | | | |
|---|---|---|---|---|---|---|---|---|---|---|---|
| $n=0$ | | | | | | 1 | | | | | |
| $n=1$ | | | | | 1 | | 1 | | | | |
| $n=2$ | | | | 1 | | 2 | | 1 | | | |
| $n=4$ | | | 1 | | 3 | | 3 | | 1 | | |
| $n=5$ | | 1 | | 4 | | 6 | | 4 | | 1 | |
| $n=5$ | 1 | | 5 | | 10 | | 10 | | 5 | | 1 |

**図 3.15　パスカルの三角形**

ている場合（例えばH−C−C−H）には，$^3J_{HH}=0\sim18$ Hz となる．$n>3$ のスピン間のスピン結合定数は小さく，観測されないことが多い．

もう一つ注意すべき点は，スピン-スピン結合が生ずるためには，核と核が磁気的に非等価でなければならないことである．例えば，図 3.14（a）においてメチル基の 3 個のプロトンは等価であるため互いに相互作用しない．メチル基のプロトンを**3重線**に分裂させているのは，等価ではない隣りのメチレン基のプロトンによるものである．

$n$ 個のプロトンが隣接して相互作用を及ぼす場合，$n+1$ 本に分裂する．その強度比は，二項定理の係数，すなわち図 3.15 に示すパスカルの三角形のようになる．例えば，図 3.14 の $CH_3$ 基（a）では，$^3J_{HH}$ に対応するプロトンは隣接する $CH_2$(b) の 2 個であり，強度比 1：2：1 の 3 本に分裂している．また，中央の $CH_2$(b) のプロトンには，$CH_3$(a) の 3 個と $CH_2$(c) の 2 個，計 5 個のプロトンが相互作用するので，強度比 1：5：10：10：5：1 の 6 本に分裂する．$^3J_{HH}$ の値は，化学結合の二面体角 $\phi$ に依存し，ペプチドの二面体角の推定などに使われる．

ここでは省略するが，これら以外にも**スピン緩和**や**核オーバーハウザー効果**（**NOE**）などNMR スペクトルからは，分子構造に関するさまざまな情報が得られる．

# 8　偏光と旋光性

## a　屈折率

**SBO　C1-(1)-3-6)「偏光および旋光性について説明できる」の基礎**

**SBO　C3-(1)-1-5)「旋光度測定法（旋光分散），円偏光二色性測定法の原理と，生体分子の解析への応用例について説明できる」の基礎**

光と物質の馴染み深い相互作用の一つに屈折現象がある．図 3.16 のように，異なる二つの媒質 I，II があり，光が媒質 I から媒質 II に進むとき，界面で屈曲する性質を**屈折**（refraction）という．

図 3.16（a）のように入射角 $i$ と屈折角 $r$ を定義すると，

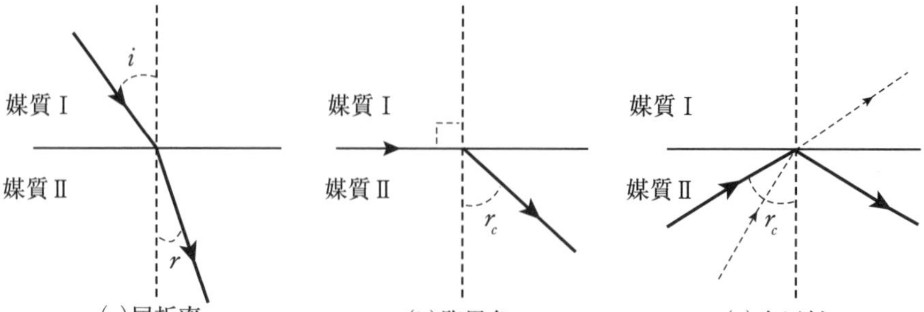


**図 3.16　屈折率**

$$n = \frac{\sin i}{\sin r} \tag{3.27}$$

で表される $n$ は一定となる（スネルの法則）．この $n$ を媒質 II の媒質 I に対する**屈折率**（refractive index）という．真空に対する屈折率を**絶対屈折率**，空気に対する屈折率を**相対屈折率**という．

ある媒質の絶対屈折率 $n_0$ は，空気の絶対屈折率 $n_{air}$ と媒質の相対屈折率 $n_r$ の積である．

$$n_0 = n_{air}\, n_r \tag{3.28}$$

入射角が 90°のときの屈折角を**臨界角**という［図 3.16（b）］．光が図 3.16（c）のように屈折率の大きい媒質 II より進み，入射角が臨界角より大きいとき，全て反射する．これを**全反射**（total reflection）という．プールにもぐったとき，真上の外の景色は見えるが，ある角度以上の斜め上の外側の景色が見えないのはこのためである．

屈折は，媒質中を進む光の速度の違いによって起こる現象であり，

$$n = \frac{\text{媒質 I 中での光の速度}}{\text{媒質 II 中での光の速度}} \tag{3.29}$$

という関係がある．すなわち，光の進む速度が遅い媒質ほど屈折率が大きい．屈折率は，光の波長および温度に依存する．日本薬局方において，屈折率は，温度 20 ℃で，ナトリウムの D 線（589.0 nm，589.6 nm）を光源に用いて**アッベの屈折計**で測定され，$n_D^{20}$ と表される．

## b　偏　光

**SBO　C1-(1)-3-6)「偏光および旋光性について説明できる」の基礎**

**SBO　C3-(1)-1-5)「旋光度測定法（旋光分散），円偏光二色性測定法の原理と，生体分子の解析への応用例について説明できる」の基礎**

先に述べたように電磁波は，電場の横波とそれに直交して進む磁場の横波である．ここでは電場の波だけを考える．自然光は，進行方向のまわりのあらゆる方向に振動する多数の電磁波と見なすことができる［図 3.17（a）］．この自然光をニコルプリズムなどに通すと，一つの平面内だけで振動する光のみが通過してくる．これを**平面偏光**（plane polarized light）または**直線偏光**（linear polarized light）という［図 3.17（b）］．

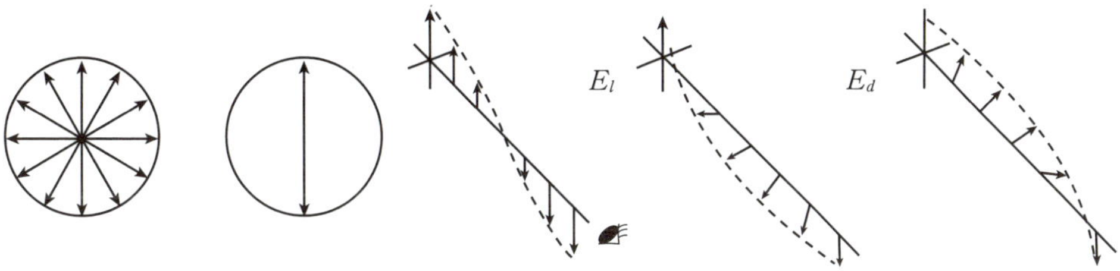

(a)自然光　(b)直線偏光　(c)左回り円偏光　(d)右回り円偏光

**図 3.17　直線偏光と円偏光**

直線偏光の電場ベクトル$\boldsymbol{E}$は，二つの回転するベクトル成分，$\boldsymbol{E}_l$と$\boldsymbol{E}_d$に分解できる［図 3.17（c），（d）］．これらは**円偏光**（circular polarized light）といわれ，図 3.17（c），（d）のように，それぞれ光の進行方向に向かって**左回り**，**右回り**の円偏光がある（光の進行方向に沿ってねじが進むと考えて，それぞれを**右ねじ**および**左ねじ**円偏光と呼ぶ場合もある）．

## c　旋光性

**SBO　C1-(1)-3-6)「偏光および旋光性について説明できる」の基礎**

**SBO　C3-(1)-1-5)「旋光度測定法（旋光分散），円偏光二色性測定法の原理と，生体分子の解析への応用例について説明できる」の基礎**

ショ糖溶液など，ある種の物質中を直線偏光が通過すると，その振動面が左右いずれかに回転する．この現象を**旋光**（optical rotation）といい，回転する角度を**旋光度**（angle of rotation）という．旋光を示す物質の性質を，旋光性または光学活性と呼ぶ．この現象は，左回りおよび右回り二つの円偏光が物質中を進むとき，それらの速度に差があるため，すなわち二つの円偏光に対する屈折率が異なることによって起こる**複屈折**（double refraction）現象である．図 3.18（a）の直線偏光が入射し，右円偏光の速度が左円偏光の速度より速い場合，図 3.18（b）のように振動面は右に回転する．これを**右旋性**（dextrorotatory）といい，（＋）で表す．逆に左に傾く場合を**左旋性**（levorotatory）といい［図 3.18（c）］，（－）で表記する．旋光計の概略を図 3.19 に示す．

今，物質の左回り円偏光，右回り円偏光に対する屈折率をそれぞれ$n_l$および$n_d$とし，波長を$\lambda$とすると，層長$l$の試料を通過したときの旋光度は，

$$\alpha = \frac{180\,l}{\lambda}(n_l - n_d) \tag{3.30}$$

と表される．一般に，分子の立体構造が，その鏡像と一致しない物質，すなわち対称面や対称中心をもたない化合物は旋光性をもつことが多い．不斉炭素をもつ化合物や，不斉炭素をもたなくてもスピロ化合物やラセン構造をもつ化合物など非対称構造をもつものが光学活性である．

旋光度は，光の波長および温度に依存する．日本薬局方では，温度$t$℃，波長$\lambda$（または名称）

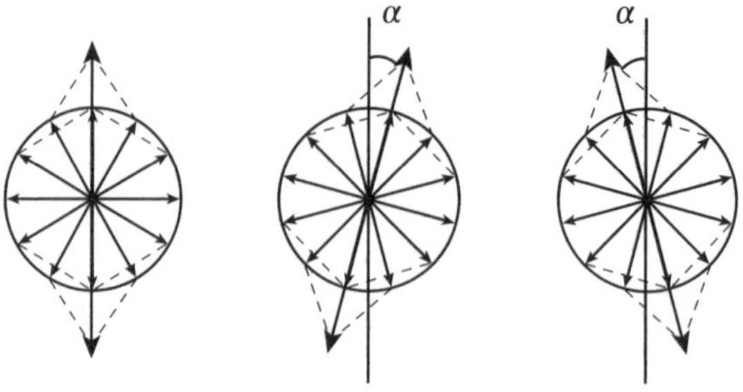


**図 3.18　旋光性**

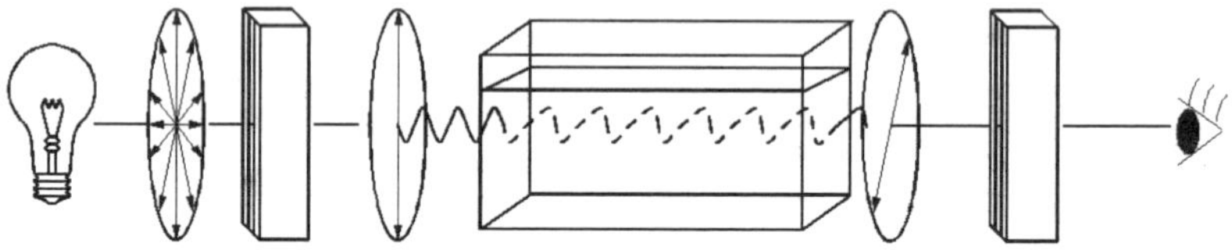


**図 3.19　旋光計**

を指定し，**比旋光度**（specific rotation）$[\alpha]^t_\lambda$ として次のように表す．

$$[\alpha]^t_\lambda = \frac{100\,\alpha}{lc} \tag{3.31}$$

ここで，$\alpha$ は旋光度[°]，$l$ は試料溶液の層長[mm]である．$c$ は濃度であり，1 mL 中に存在する薬品の g 数である．純液体の場合には濃度として密度を用いる．また，**モル旋光度**（molar rotation）$[\Phi]^t_\lambda$ として次のように定義する量も使われる．

$$[\Phi]^t_\lambda = [\alpha]^t_\lambda \frac{M}{100} \tag{3.32}$$

$M$ は光学活性物質のモル質量である．測定は通例，温度 20 ℃，層長 100 mm で，ナトリウムの D 線を使って行われる．

すでに述べたように，旋光度は測定波長によって変化する．波長を連続的に変化させて測定するとスペクトルが得られる．この現象を**旋光分散**（optical rotatory dispersion, ORD）といい，得られるスペクトルを**旋光分散スペクトル**（ORD スペクトル）という．光学活性物質が光吸収帯をもたない場合には，旋光度は短波長側で絶対値が大きく，図 3.20（a）のように右旋性では左上がり，左旋性では左下がりの曲線となる．ところが波長範囲に吸収帯をもつ場合には，図 3.20（b）のように**異常分散曲線**が得られる．これを**コットン効果**という．図のように長波長側に極大が見られる場合を**正のコットン効果**，逆の場合を**負のコットン効果**と呼ぶ．

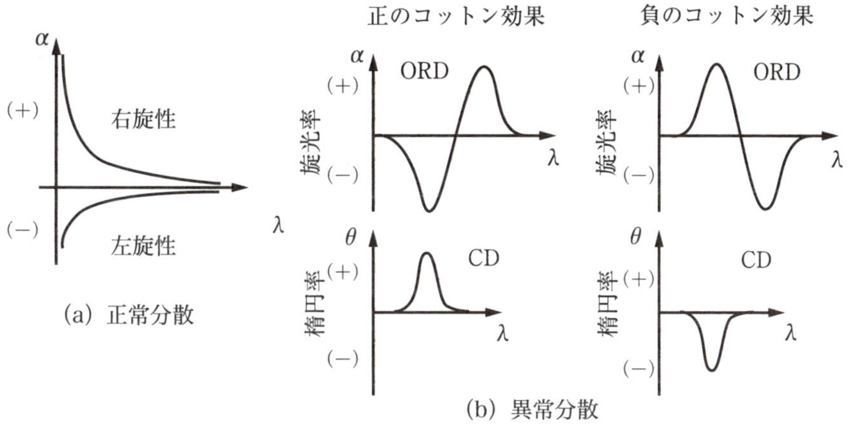


**図 3.20　分散曲線（コットン効果）**

## d 円二色性

**SBO　C1-(1)-3-6)「偏光および旋光性について説明できる」の基礎**

**SBO　C3-(1)-1-5)「旋光度測定法（旋光分散），円偏光二色性測定法の原理と，生体分子の解析への応用例について説明できる」の基礎**

旋光度は光学活性物質の左右円偏光に対する屈折率の差によるものであるが，光学活性分子の光吸収帯近くの波長では左右円偏光に対する吸光度にも差が出てくる場合がある．右回り円偏光に対するモル吸光係数 $\varepsilon_d$ と左回り円偏光に対するモル吸光係数 $\varepsilon_l$ が異なるため，図 3.21 のように試料通過後の二つの円偏光に対する強度が変化し，電場ベクトルの大きさが異なる．したがって，合成したベクトルの先端の軌跡は楕円を描く．このような現象を**円二色性**または**円偏光二色性**（circular dichroism, CD）という．楕円の長軸の長さを $a$，短軸の長さを $b$ としたとき，$\tan\theta = b/a$ で表される $\theta$ を**楕円率**という．また，長軸の回転角 $\alpha$ は旋光度に対応する．測定では次の**モル楕円率** $[\theta]$ $[10^{-2}\ \mathrm{deg\ cm^{-1}\ mol^{-1}\ L}]$ を用いる．

$$[\theta] = \frac{100\,\theta}{cl} \qquad (3.33)$$

ここで，$c$ は溶質のモル濃度，$l$ は透過距離 [cm] である．また，モル吸光係数との間には，

$$[\theta] \approx 3300\,(\varepsilon_l - \varepsilon_d) \qquad (3.34)$$

という関係がある．

円二色性はもちろん波長によって変化し，分散性を示す．横軸に波長，縦軸に楕円率または $\varepsilon_l - \varepsilon_d$ をとり，プロットしたものを**円二色性（CD）スペクトル**という．CD スペクトルもコットン効果を示し，図 3.20（b）のように上に凸な場合が正のコットン効果に対応する．

ORD や CD スペクトルは，ペプチドや糖鎖の立体構造を反映しており，生体高分子の高次構造の研究になくてはならない存在である．

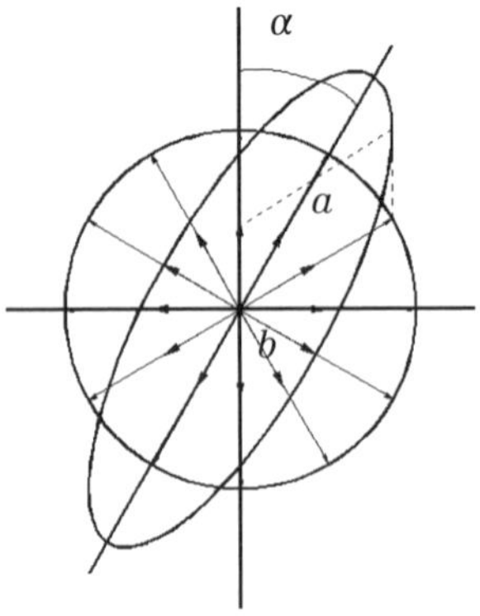


図 3.21 円二色性

# 9 散乱と干渉

**SBO C1-(1)-3-7)「散乱および干渉について説明できる」の基礎**

### 1) 光散乱

映画館で映写機から出てくる光を横から見ると，光路にあるほこりの粒子が輝いて見える．同じように，コロイド溶液に集光したビームを横から当て，これを上から見ると光の通路だけ輝いて見える．物体による**光散乱**（light scattering）によって起こるこのような現象を**チンダル現象**（Tyndall phenomenon）という．この効果を利用して，通常の顕微鏡では見えない粒子を，チンダル光を使って見えるようにしたのが**限外顕微鏡**（ultramicroscope）である．一定体積中の粒子の数を測定し，粒子の分子量（粒子量）を計算することができる．

光散乱は，電磁波である光が物体に当たり，その物体中の電子分布を強制振動させ，その結果2次的な電磁波が放射される現象である．均一な媒質中では，2次的な電磁波は，進行方向以外では弱め合うため，進行方向からしかビームは見えない．一方，不均一な媒質中ではあらゆる方向に散乱される．ここでは，入射光と同じ振動数の光が散乱されるレイリー散乱を考えるが（図3.8参照），その強度は，$1/\lambda^4$ に依存し，波長の短い光ほど散乱強度が強い．太陽光（白色光）のうち大気中の分子により青色の光が強く散乱されるため空が青く見える．

光散乱の強度は，散乱角，入射光の波長，粒子の大きさ，形状などに依存し，溶液中のコロイド粒子や高分子の物性と密接に関係している．レーザー光の利用によって光散乱の応用や解釈がますます精巧なものとなり，静的な性質ばかりでなく，高分子の配向の時間的変化など動的な性質の研究にも用いられている（**動的光散乱法**）．

### 2) 光の干渉

波のなじみ深い性質の一つに干渉がある．二つの波の山と山が重なりあって強めあったり，山

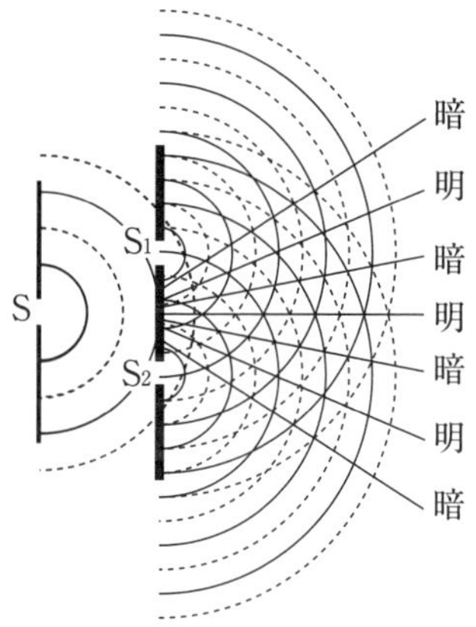


**図 3.22　ヤングの実験**

と谷が重なって弱めあったりする現象を**干渉**（interference）という．図3.22にヤングの実験の模式図を示す．光源Sより出た光が二つのスリット$S_1$と$S_2$を通った後，その後方にあるスクリーン上に当たると，明るい部分と暗い部分が交互にならんだ縞模様（干渉縞）が現れる．スリットを反射板に置き換えても，また電磁波がX線であっても同様の干渉が起こる．結晶中の原子による散乱X線の干渉を利用するのが，次節で述べるX線回折法である．単色光を得るために用いる**回折格子**（diffraction grading）も干渉を利用したものである．ガラスまたはセラミックス板に約1000 nmきざみ（可視光の波長と同程度）の細かい溝を彫り，アルミニウムを被覆したものである．この格子から反射する波の間に干渉が起こり，光の振動数によって強めあう角度が決まる．

## 10　結晶構造と回折現象

固体には結晶性固体と非晶質固体がある．結晶性固体は，原子あるいは分子が3次元的に規則正しく配列した秩序構造を持っている．本節では，結晶構造ならびに**X線回折法**による構造解析の概念について述べる．X線回折法は，タンパク質や核酸の構造と機能の理解を深める上で中心的な役割を果たしている．

### a　結晶系

**SBO**　C1-(1)-3-8) 結晶構造と回折現象について説明できる

**SBO**　C3-(1)-4-1)「X線結晶解析の原理を概説できる」の基礎

結晶とは，全ポテンシャルエネルギーが最小になるように原子や分子が充填された物質で，**結**

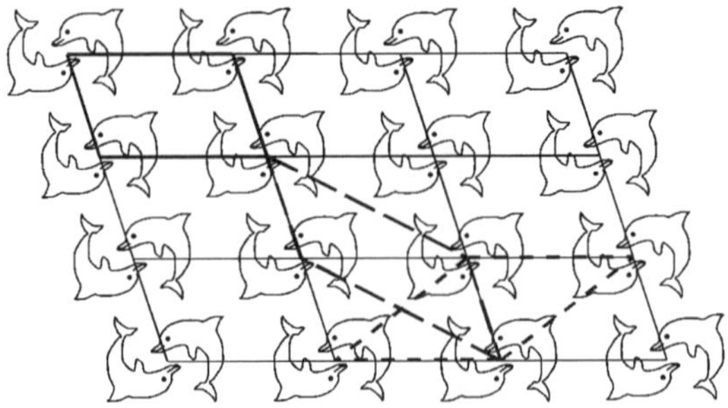

**図 3.23　2 次元格子**

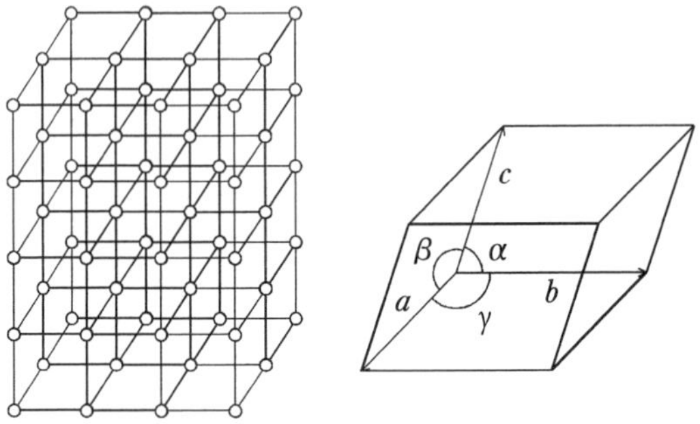


(a)　　(b) 単位格子

**図 3.24　結晶格子**

**晶格子**（crystal lattice）と呼ばれる秩序構造を形成している．図 3.23 に 2 次元的に配列した周期構造（**2 次元格子**）を示している．配列は上下左右に無限に広がっている．平面上で周りが全く同じ条件の点（代表点，取り方は一義的ではない）を結ぶと，図のような格子ができ上がる．その反復単位を単位格子（unit cell）という．単位格子の取り方は一通りではないが，面積が最も小さく，各辺のなす角度ができるだけ 90° に近くなるように選ぶ．これを 3 次元に拡張したものが図 3.24（a）である．図 3.24（b）には単位格子を示しているが，各辺を $a$, $b$, $c$，角度を $\alpha$，$\beta$，$\gamma$ で表す（$a$, $b$, $c$ は右手系に取る）．これらを**格子定数**（cell constant）という．格子定数に基づいて 7 種類の**単純単位格子**（primitive unit cell）に分類される．これを**結晶系**（crystal system）という．表 3.3 にそれぞれの結晶系の名前と，格子定数の条件を示す．また，面のいくつかの中心（**面心格子**）や格子の中心（**体心格子**）に代表点が存在する場合があり（**複合格子** nonprimitive lattice），これを加えて表 3.3 のように 14 種類の単位格子に分類される．これを**ブラベ格子**（Bravais lattice）という．

結晶には高度な対称性があり，**対称心**，**回転**，**鏡映**，**反転**など通常の対称操作とともに，格子軸にそった**並進**による**らせん**，**映進操作**が加わる．これらの対称操作の集まりは数学的な群を形成する．これを**空間群**（space group）と呼ぶ．230 種類の空間群があり，$P2_1$，$P2_1/c$，C2 などの記号で表記する（詳細は **International Tables for Crystallography** にまとめられている）．

**表 3.3　結晶系とブラベ格子**

| | 結晶系 | 単純格子, $P$ | 底心格子, $C$ | 体心格子, $I$ | 面心格子, $F$ | 軸と角度 |
|---|---|---|---|---|---|---|
| 1 | 三斜<br>(triclinic) | 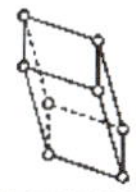 | | | | $a \neq b \neq c$<br>$\alpha \neq \beta \neq \gamma \neq 90°$ |
| 2 | 単斜<br>(monolinic) | 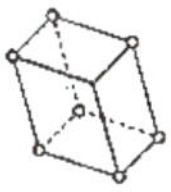 | 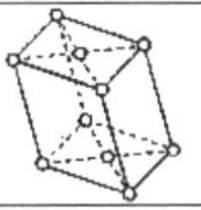 | | | $a \neq b \neq c$<br>$\alpha = \gamma = 90°,\ \beta \neq 90°$<br>$(\alpha = \beta = 90°,\ \gamma \neq 90°)$ |
| 3 | 斜方（直方）<br>(orthorhombic) | 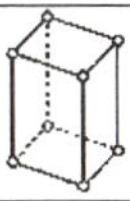 | 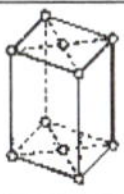 | 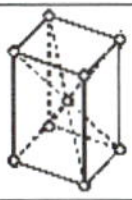 | 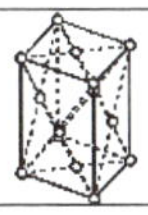 | $a \neq b \neq c$<br>$\alpha = \beta = \gamma = 90°$ |
| 4 | 正方<br>(tetragonal) | 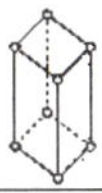 | | 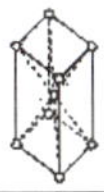 | | $a = b \neq c$<br>$\alpha = \beta = \gamma = 90°$ |
| 5 | 立方（等軸）<br>(cubic) | 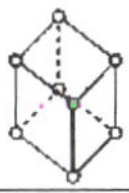 | | 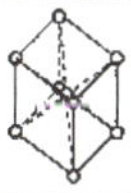 | 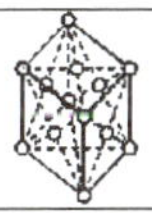 | $a = b = c$<br>$\alpha = \beta = \gamma = 90°$ |
| 6 | 三方（trigonal）<br>または菱面体<br>(rhombohedral) | 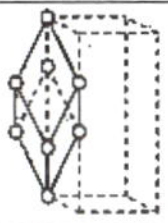 | | | | $a = b = c$<br>$\alpha = \beta = \gamma < 120°$<br>$\neq 90°,\ \neq 60°$ |
| 7 | 六方<br>(hexagonal) | 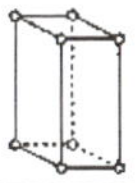 | | | | $a = b \neq c$<br>$\alpha = \beta = 90°,\ \gamma = 120°$ |

## b　ミラー指数とブラッグの式

**SBO　C1-(1)-3-8) 結晶構造と回折現象について説明できる**

**SBO　C3-(1)-4-1)「X 線結晶解析の原理を概説できる」の基礎**

結晶内には原子が周期的に規則正しく配列している．その原子間距離は X 線の波長と同程度である．結晶に X 線を照射するとほとんどは通過するが，一部は各原子の核外電子（軌道電子）を振動させ，その結果，波長の同じ散乱 X 線を発生する．これを**トムソン散乱**（Thomson scattering）という．この散乱 X 線が干渉し，特定の方向で強め合い，結晶構造を反映した回折が起こる（**X 線回折** X-ray diffraction）．

X 線結晶学では，与えられた結晶を面の組によって特徴付けて，回折図形を理解し，回折図形と原子間あるいは分子間の距離や角度との関係を求めたりする．結晶面は**ミラー指数**（Miller indices）によって定義される．単位格子の軸の長さ $a$，$b$，$c$ を考え，それぞれの軸を $h$，$k$，$l$ 等分（一般に $h$，$k$，$l$ は整数）する面の並び（面の群）を（$hkl$）**面**と定義し，$h$，$k$，$l$ をミラー指数という．図 3.25 にいくつかの例を示す．

回折パターンを解析する方法の一つに，格子面（結晶面）を鏡とみなし，結晶を反射面（鏡）

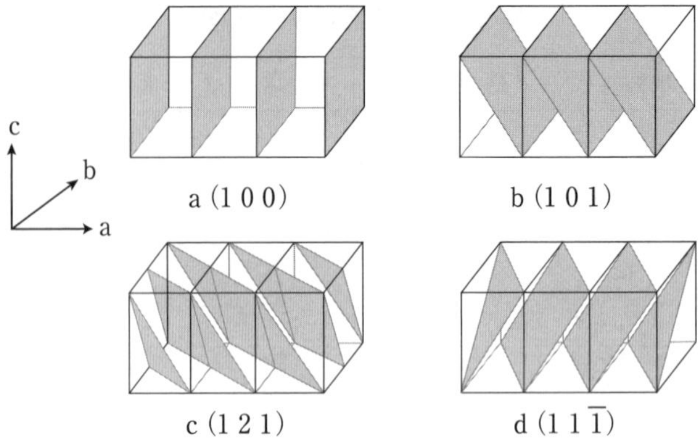


**図 3.25　結晶面（ミラー指数）**

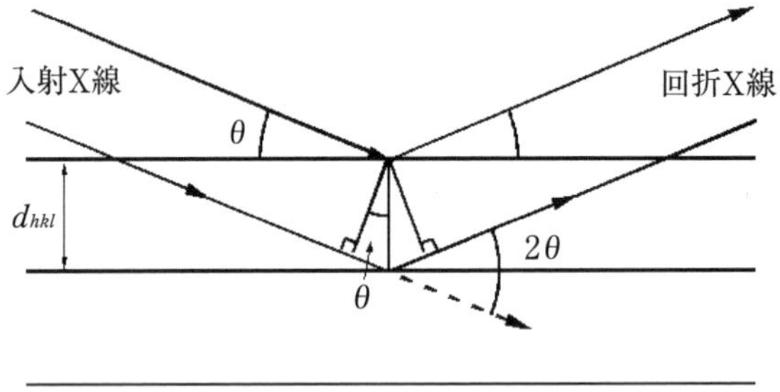


**図 3.26　ブラッグの法則**

が間隔 $d$ で積み重なったものとみなす方法がある．このモデルを用いることによって，強め合う干渉が起こるためにとるべき結晶面と入射 X 線の角度を計算できる．強め合う干渉によって生ずる散乱 X 線を**反射**（reflection）とよぶ．図 3.26 において，面間隔 $d_{hkl}$ の二つの（$hkl$）面で反射した X 線の行路差は，$2d_{hkl}\sin\theta$ である．ここで $\theta$ は入射角（反射角）である．この行路差が波長 $\lambda$ の整数倍であるとき，強め合う干渉が起こる．

$$n\lambda = 2d_{hkl}\sin\theta \qquad n = 1,\ 2,\ 3,\ \cdots \tag{3.35}$$

これを**ブラッグの式**（Bragg equation）という．$n = 2,\ 3 \cdots$ の反射を二次反射，三次反射，…という．これらは波長の 2 倍, 3 倍の行路差に相当する．普通, (3.35) 式の $n$ を $d_{hkl}$ に繰り入れて,

$$\lambda = 2\frac{d_{hkl}}{n}\sin\theta = 2d_{nhnknl}\sin\theta \tag{3.36}$$

とし, $n$ 次の反射を（$nh\ nk\ nl$）面による一次反射とみなす．このブラッグの式を利用して面間隔 $d$ を決定することができる．

## c　X 線結晶構造解析

**SBO　C1-(1)-3-8) 結晶構造と回折現象について説明できる**

**SBO　C3-(1)-4-1)「X 線結晶解析の原理を概説できる」の基礎**

結晶に X 線を照射してその回折像から格子定数や結晶内の分子構造を決定する方法には，単結晶を用いる方法と微結晶粉末を用いる方法がある．線源としては，高電圧で加速した電子により原子の内殻電子をたたき出し，生じた空孔に高エネルギー準位の電子が落ち込むことで発生する**特性 X 線**（通常，Cu や Mo の $K_{\alpha}$ 線），または磁気的に高速の電子の加速方向を変え，制動放射による X 線を発生させる**放射光**を用いる．後者はタンパク質などの高分子結晶の解析に用いる．

### 1）単結晶 X 線構造解析（Single crystal X-ray structure analysis）

0.3 mm 角程度の結晶（**単結晶** single crystal）を作成し，これに X 線を照射すると図 3.27 のような回折像が得られる．回折された反射波の強度（図中の斑点の濃さ）は，結晶内部の電子密度に関する情報を反映している．もし，X 線を屈折させるレンズがあれば，顕微鏡のように

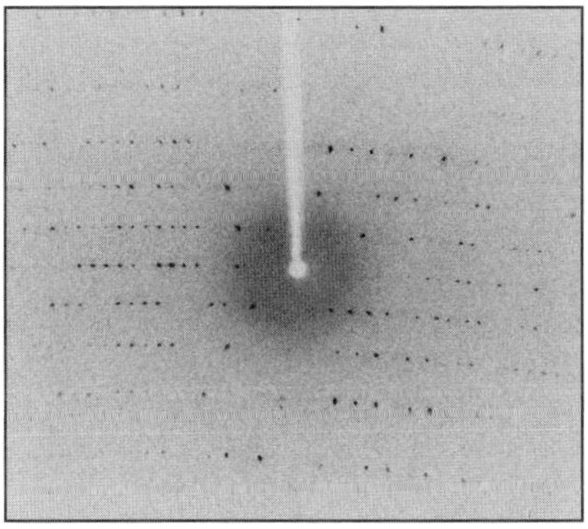

**図 3.27　単結晶 X 線回折像（cytidine の単結晶）**

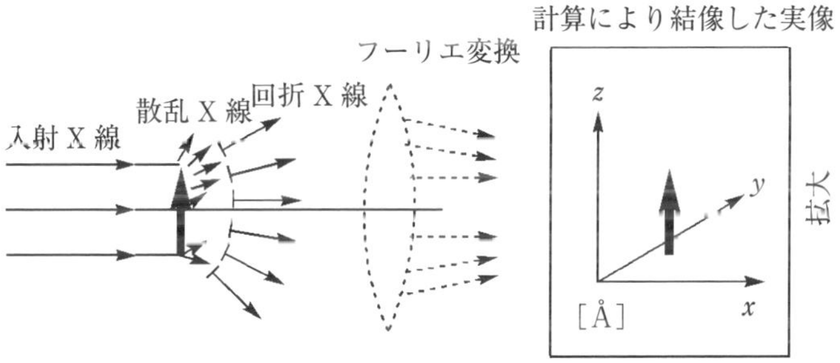


**図 3.28　構造解析の模式図**

像を結ばせることができるが，X線に対する屈折率はほとんどの物質で1に近く，レンズを作ることができない．そこでレンズの役割をフーリエ変換という数学的方法によって行う（図3.28）．

### 2）　粉末X線回折法（Powder X-ray diffraction method）

各（*hkl*）面に対するX線の回折角度 $\theta_{hkl}$ とその強度は，格子定数と結晶内の分子の構造によって決まるので，回折パターンは各結晶に固有なものである．結晶を細かく粉砕した微結晶粉末では，結晶の各（*hkl*）面は様々な方向に配列する．この粉末試料に，ある方向からX線を照射すると，ある（*hkl*）面がちょうどブラッグの反射条件を満足する方向に向かっている微結晶が試料中に存在するはずである．その結果，図3.29のように入射X線の方向を中心に同心円状の回折像が得られる．通常，ブラッグの条件を満足しない回折X線は受光部まで到達せず，観測されない．この方法を**粉末回折法**あるいは**デバイ・シェラー法**（Debye-Scherrer method）といい，図3.30のように強度を回折角 $2\theta$ でスキャンし，そのパターンから格子定数などを測定する．粉末回折法は物質の同定に用いられる．

同一化学物質が結晶化条件（温度，濃度，溶媒など）によって複数の結晶構造をとる場合がある．これを**結晶多形**（polymorph）という．結晶多形では構成する分子のコンホメーションや並び方が異なり，単位格子も変化する．その結果，結晶の融点，密度，溶解度，溶解速度などの物理，化学的性質が多形により異なる．薬学領域においては，医薬品の溶解性の違いは薬効に大きく影響する重要な問題である．粉末回折法は，赤外吸収スペクトルや熱分析とともに結晶多形の中心的な研究手段である．

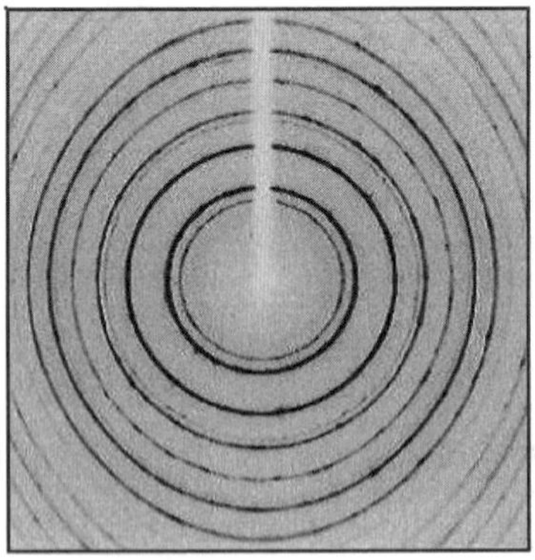

**図3.29　粉末試料による回折（cytidine 微粉末）**

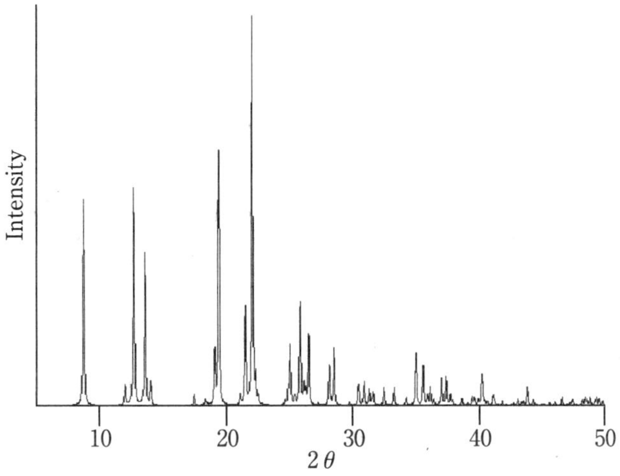


**図 3.30　粉末 X 線回折パターン（cytidine 微粉末）**

# 第2部

# 物質の状態

# 4 系

## 1 はじめに

薬学は応用化学の側面を強くもち，様々な反応や反応過程を取り扱う．医薬品を例にとると，医薬品は様々な化学反応により合成されるし，医薬品を服用した場合には，体内で溶解・吸収など様々な物理化学的変化をする．このような化学的あるいは物理的変化においては，熱の出入りなどのエネルギー変化を伴う．化学熱力学とは，このような物理化学的変化を反応に伴うエネルギー変化を通して理解しようとするものである．この章では，化学熱力学を理解するのに必要な特有の用語について解説する．

## 2 系

**SBO** C1-(2)-2-1）系，外界，境界について説明できる

系とは，ある反応（物理化学変化）において注目している物質の集まりのことである．例えば，ヘリウムの入った風船，食塩水の入ったビーカー，あるいは化学物質の入ったフラスコなどは一つの系であり，系の外側にあるものをすべて外界と呼び，系と区別する（図 4.1）．

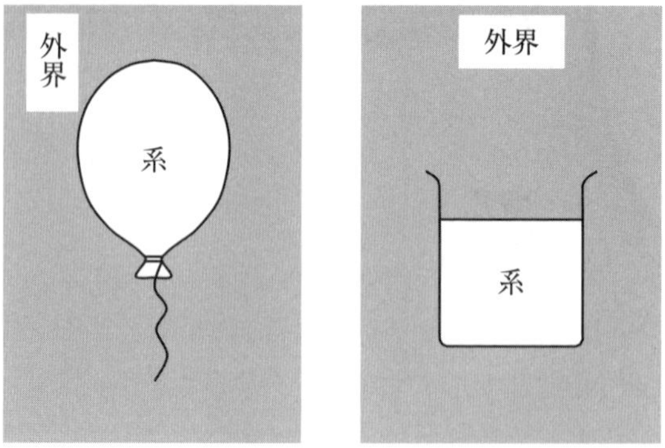


a）ヘリウムの入った風船　　b）食塩水の入ったビーカー

**図 4.1　系と外界**

## 3　系の種類

**SBO　C1-(2)-2-1）系，外界，境界について説明できる**

系と外界との間での物質またはエネルギーの移動により系が変化を受ける場合がある．これら外界からの影響の有無により熱力学的系は次の三つに分類される（表 4.1）．

### 1）孤立系

外界から系へのエネルギーや物質の出入りができない系である．

### 2）閉じた系

外界との間でエネルギーの交換はできるが，物質の移動ができない系である．ただし，系内で化学変化が起こり，その組成が変わることはある．

### 3）開いた系

外界との間でエネルギーも物質も交換できる系である．

**表 4.1　系の種類**

| | エネルギーの出入 | 物質の出入 |
|---|---|---|
| 孤 立 系 | × | × |
| 閉じた系 | ○ | × |
| 開いた系 | ○ | ○ |

## 4 状態関数

### SBO C1-(2)-2-2) 状態関数の種類と特徴について説明できる

温度（$T$），圧力（$P$），体積（$V$）などのように，系の状態を表す物理量のことを**状態量**といい，この状態量を関数として扱う場合を**状態関数**という．状態量はその系の現在の状態に応じて決まった値をもつ量で，その系の過去の経歴，すなわちどのような道筋を通って現在の状態に到達したかということには関係しない．後に述べる内部エネルギー（$U$），エンタルピー（$H$），エントロピー（$S$），自由エネルギー（$G$）なども状態量である．

一方，系が変化する途中で吸収する熱量（$Q$）や外部に対してする仕事（$W$）は変化の経路によって異なる値となり，**非状態量**といわれる．

状態関数は示量性の性質を示すものと，示強性の性質を示すものとの二つに分類される．**示量性**のものは体積，質量，熱容量，内部エネルギーなどで物質量に依存し，各部分の値の総和が物質全体の値になるもので，加成性が成り立つ性質をもつものである．一方，**示強性**のものは温度，圧力，密度などであり，取り扱う試料の物質量に無関係で加成性がない．

## 5 系の変化

### SBO C1-(2)-2-1) 系，外界，境界について説明できる

熱力学は平衡状態にある系だけを取り扱い，系がある状態から別の状態に変化する様子を取り扱うことはできない．また，系の変化を，理想化された過程と実際に起こる過程とに区別することが必要である．理想化された過程のことを可逆過程と呼び，自然界で実際に起こる過程のことを不可逆過程と呼んでいる．

# 6 単位系ならびに濃度の表示

## a SI 単位系，誘導単位，単位接頭語

**SBO** C1-(2)-2-3)「仕事および熱の概念を説明できる」の基礎

**SBO** C1-(3)-3-2)「標準電極電位について説明できる」の基礎

物理量には一つの統一した単位を用いることが推奨されており，自然科学の分野では SI 単位系が用いられる．

### 1） 基本物理量と単位

SI 単位系では，表 4.2 に示す 7 つの基本物理量とその単位を定義している．物理量の記号は，ラテン文字またはギリシャ文字の 1 文字を用いイタリック（斜体）で記され，その内容をさらに明確にしたいときは上つき添字または，下つき添字を加える．単位の記号は原則として小文字のローマン体（立体）で表すが，終わりにピリオドは打たない．物質量は従来モル数と呼ばれていた物理量であるが，現在ではモル数という用語は使ってはならない．

### 2） 組立単位

よく用いられる物理化学量の単位は，SI 単位だけでは不便な点もあるので，組立単位として表 4.3 に示す特定の名称が与えられている．

### 3） 単位接頭語

個々の系の物理量を表すのに，上記の単位では数値が大きすぎたり小さすぎたりして不便な場合がある．その場合，表 4.4 に示した 10 のべき乗の意味をもった接頭語を付けることが許されている．

## b 非 SI 単位

**SBO** C1-(2)-2-3)「仕事および熱の概念を説明できる」の基礎

**SBO** C1-(3)-3-2)「標準電極電位について説明できる」の基礎

自然科学の論文，書物はすべて SI 単位系を用いるよう勧告されている．しかし，慣用等から SI 単位系以外の単位も用いられているのが現状である．これらは非 SI 単位と呼ばれている．よ

く用いられる非SI単位には体積の単位のリットル，時間の単位の分（min），時間（h），日（d），圧力の単位の気圧（atm）などがある．体積（容量）の単位のリットルは $1\,l = 10^{-3}\,m^3$ で単位記号は「$l$ または L で表す」．第15改正日本薬局方の単位ではリットル（L），ミリリットル（mL）が用いられている．

### 表 4.2　SI 基本物理量の名称と記号

| 基本物質量 | 量の記号 | SI 単位の名称 | SI 単位の記号 |
|---|---|---|---|
| 長さ | $l$ | メートル | m |
| 質量 | $m$ | キログラム | kg |
| 時間 | $t$ | 秒 | s |
| 電流 | $I$ | アンペア | A |
| 熱力学温度 | $T$ | ケルビン | K |
| 物質量 | $n$ | モル | mol |
| 光度 | $I_V$ | カンデラ | cd |

### 表 4.3　組立単位の例

| 物理量 | 物理量の記号 | SI 単位の名称 | SI 単位の記号 | 定義 |
|---|---|---|---|---|
| 周波数 | $f$ | ヘルツ | Hz | $s^{-1}$ |
| エネルギー | $E$ | ジュール | J | $kg\,m^2\,s^{-2}$ |
| 力 | $F$ | ニュートン | N | $kg\,m\,s^{-2} = J\,m^{-1}$ |
| 圧力 | $P$ | パスカル | Pa | $kg\,m^{-1}\,s^{-2} = N\,m^{-2}$ |
| 電荷 | $Q$ | クーロン | C | $A\,s$ |
| 電位差 | $U$ | ボルト | V | $kg\,m^2\,s^{-3}\,A^{-1} = J\,A^{-1}\,s^{-1}$ |
| 電気容量 | $C$ | ファラド | F | $A^2\,s^4\,kg^{-1}\,m^{-2} = A\,s\,V^{-1}$ |
| 磁束密度 | $B$ | テスラ | T | $kg\,s^{-2}\,A^{-1} = V\,s\,m^{-2}$ |
| セルシウス温度 | $t,\ \theta$ | セルシウス度 | ℃ | K |

### 表 4.4　SI 接頭語

| 倍数 | SI 接頭語 | 記号 | 倍数 | SI 接頭語 | 記号 |
|---|---|---|---|---|---|
| 10 | デカ | da | $10^{-1}$ | デシ | d |
| $10^2$ | ヘクト | h | $10^{-2}$ | センチ | c |
| $10^3$ | キロ | k | $10^{-3}$ | ミリ | m |
| $10^6$ | メガ | M | $10^{-6}$ | マイクロ | $\mu$ |
| $10^9$ | ギガ | G | $10^{-9}$ | ナノ | n |
| $10^{12}$ | テラ | T | $10^{-12}$ | ピコ | p |
| $10^{15}$ | ペタ | P | $10^{-15}$ | フェムト | f |

## c 混合気体および溶液の濃度の表示

**SBO C1-(2)-2-3)「仕事および熱の概念を説明できる」の基礎**

**SBO C1-(3)-2-2)「活量と活量係数について説明できる」の基礎**

### 1) 分　圧

混合気体においては，その中の各成分気体はそれぞれ独立に，ある圧力を示すと考えられる．分圧とは各成分気体のもつ個々の圧力のことである．ドルトンは「一定温度における混合気体の全圧は，それぞれの気体の分圧の和に等しい」という法則を見出した．すなわち，混合気体の全圧を $P$，各成分気体の分圧をそれぞれ $P_1$，$P_2$，$P_3$……とすると，分圧の法則は，

$$P = P_1 + P_2 + P_3 + \cdots\cdots \tag{4.1}$$

と書くことができる．ここで各成分気体，混合気体は共に理想気体であるとする．

### 2) モル分率

混合物の中のある成分のモル分率とは，その成分の物質量（単位 mol）を各成分の物質量の和で割ったものである．いま各成分の物質量を $n_1$，$n_2$，…… $n_i$，……とすると，成分 $i$ のモル分率 $x_i$ は

$$x_i = \frac{n_i}{n_1 + n_2 + \cdots\cdots + n_i + \cdots} \tag{4.2}$$

となる．モル分率は無次元の数であり，$x_1 + x_2 + \cdots\cdots = 1$ である．

また，モル分率に全圧をかけると分圧が求まる．

### 3) モル濃度

モル濃度は，単位体積の溶液に含まれる溶質の物質量で表す．単位としては $mol/dm^3$ が用いられるが，第15改正日本薬局方では mol/L を用いている．

### 4) 質量モル濃度

質量モル濃度は，単位質量の溶媒に溶けている溶質の物質量で表す．単位としては mol/kg が通常用いられる．浸透圧，沸点上昇，凝固点降下などの測定の際，溶液の濃度を示すときに用いられる．

### 5) 質量濃度

質量濃度は，単位体積の溶液に含まれる溶質の質量で表す．第15改正日本薬局方の質量対容量百分率（溶液 100 $cm^3$ に含まれる溶質の質量を g で表した数値）に対応する濃度で，局方では w/v %の記号を用いている．SI 単位では $kg/m^3$ である．

その他よく用いられる濃度としては，質量百万分率（part per million，ppm の記号を用いる）や質量十億分率（part per billion，ppb の記号を用いる）などがある．

# 7 熱と仕事

## a 熱とは

**SBO C1-(2)-2-3) 仕事および熱の概念を説明できる**

熱とは熱エネルギーのことであって，温度ではない．エネルギーには色々な形があるが，それは単に形を変えて表れたものにすぎず，エネルギーは創造され，また消滅しないことが経験的に知られている．すなわち，一つの種類のエネルギーの消滅は，必ず他の種類のエネルギーを生成させ，エネルギーの総量は一定である．

エネルギーの形が変わる例：滝の落口に貯えられている水は位置のエネルギーをもっているが，水が滝に落ちてくれば位置のエネルギーの代わりに運動のエネルギーを得る．この運動エネルギーを利用して電気的エネルギーに変化させることもできるし，またそのまま直接滝つぼに落ちれば熱エネルギーとなる．

## b 仕事とは

**SBO C1-(2)-2-3) 仕事および熱の概念を説明できる**

### 1） 力

力の SI 組立単位はニュートン（N）で，SI 基本単位で表現すれば，$kg\,m\,s^{-2}$ である．

### 2） 仕　事

仕事，エネルギー，熱の SI 組立単位はジュール（J）で，SI 基本単位で表現すれば，$kg\,m^2/s^2$（$= N\,m = Pa\,m^3$）である．

### 3） 体積変化に伴う仕事

気体が膨張すると，外に仕事をする．膨張による体積変化を $\Delta V$ とし，そのときの圧力を $P$ とすれば，仕事（$W$）は $P \times \Delta V$ で与えられる．

圧力は単位面積当たりの力で，SI 組立単位はパスカル（Pa）を用い，SI 基本単位で表現すれば，$kg/m^1\,s^2$（$= N/m^2$）となる．SI 基本単位で $P \times \Delta V$ を表現すると $kg \times m^{-1} \times s^{-2} \times m^3 =$

$kg \times m^2 \times s^{-2}$ となり，これは組立単位であるジュール（J）のSI基本単位による表現と同じである．

気体が膨張する（圧力 $P$ に逆って体積 $\Delta V$ だけ増加する）ときは，外に仕事をする．また逆に収縮するとき，つまり体積が減少するときは，外からその気体に仕事がなされる．IUPACの勧告では，後者の場合をプラス，前者の場合をマイナスにする取り決めになっている．したがって，気体が膨張するときの仕事（$W$）は（4.3）式となる．

$$W = -P\Delta V \qquad (4.3)$$

## c　定圧変化・定容変化

**SBO　C1-(2)-2-4)「定容熱容量および定圧熱容量について説明できる」の基礎**

どんな反応あるいは変化でも，圧力一定のもとで行ったときと，体積一定のもとで行ったときでは，エネルギーの変化量が異なる．普通われわれが実験室で行う変化は，主として圧力一定のもとで，それも大抵は大気圧のもとで行う変化である．これを**定圧変化**という．これに対して，ボンベ中で反応を行うと，中の体積は変わらないままで反応を行わせることができる．これを**定容変化**という．

# 5 熱力学第一法則

## 1 はじめに

熱力学第一法則はエネルギー不滅の法則ともいわれる．すなわち，熱と仕事をいっしょにしたエネルギーの総量は不変であることを示した法則である．化学反応において発生または吸収される熱も自然に生まれたり，消えたりするものではなく，何らかの形のエネルギーが変化したものである．本章では反応熱が熱力学第一法則によってどのように取り扱われるかを学んでいこう．

## 2 熱力学とは

熱力学とは広い経験から得られた，二つの大きな原則，すなわち熱力学第一法則と熱力学第二法則をもとにして，物質系の変化に見られる熱や仕事の間の種々の関係を明らかにする理論体系である．

**熱力学**は分子や原子の構造は不明でも，実際に測定することのできる温度，圧力，体積などの種々の量を基礎にして，おもにエネルギーの出入りを論ずる方法である．熱力学は分子構造論や速度論で扱う反応機構にはかかわりがなく一般的にどんな種類の変化に対しても適用できる利点があるため，粒子や反応の機構が未知の変化を検証するのに役立つことが多い．

熱力学が取り扱う系は，測定することのできるいくつかの変数（温度，圧力，体積，組成など）を定めることにより定義できる系であるが，このような変数のうちのいくつかの値を定めると，他の変数も定まってしまい，系を正確に再現できる．すなわち，圧力や温度のような変数が一義的な値をとるような巨視的な系を取り扱うのが熱力学であり，古典熱力学はこのような系の平衡状態に関するものである．したがって，異なる状態を結びつける道筋に関するものではなく，また道筋をたどりある状態に達する速度に関するものでもない．このような系の状態の変化の速度や変化の仕方については，後で学ぶ反応速度論の領分に属する問題である．

熱力学は未知の反応に対し，その反応が原則的に起こり得るか，または反対にその反応は起こらず失敗に終わりそうかの予測をする手がかりを与えてくれる．すなわち，熱力学が不可能であると示したことは遂行する希望はなく，努力して試みてもそれは全く無駄である．しかし熱力学が可能であるとした反応は，必ず進行する．

## a　熱力学第一法則

**SBO　C1-(2)-2-5）熱力学第一法則について式を用いて説明できる**

エネルギーには色々な形があるが，それらを熱によって代表させると，熱と仕事という関係ですべての変化を取り扱うことができる．すなわち，熱によってそれに相当する仕事がなされる．仕事をするとそれに相当する熱が出る．この変換の間にひとりでにエネルギーが生まれてきたり，ひとりでに消えていったりはしない．熱と仕事をいっしょにしたエネルギーの総量は不変である．これが**熱力学第一法則**である．

## b　内部エネルギー

**SBO　C1-(2)-2-5）熱力学第一法則について式を用いて説明できる**

1 mol/dm$^3$ の塩酸と 1 mol/dm$^3$ の水酸化ナトリウム水溶液との中和反応を考えてみよう．

25 ℃（298.15 K），1 atm（101.325 kPa）で一定量の塩酸と水酸化ナトリウム水溶液はある一定のエネルギー，すなわち内部エネルギー $U_1$ をもっていると考えられる．両者を同量ずつ加えれば NaCl 水溶液ができるが，温度は 25 ℃より高くなり，圧力は 1 atm で変わらない．この NaCl 水溶液は，この状態で定まる一定の内部エネルギー $U_2$ をもっている（図 5.1）．この発生した熱は $U_1$ が $U_2$ よりも大きいためであり，その差が熱となって放出される．そして，この他に何のエネルギーの創造も消滅もない．

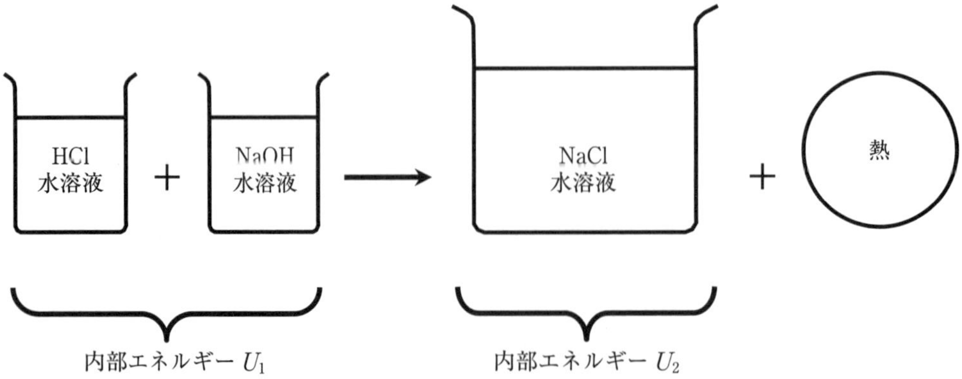


**図 5.1　内部エネルギーと熱**

このことを式で表せば（5.1）式となる.

$$\Delta U = U_2 - U_1 \tag{5.1}$$

すなわち化学的物質は一定の条件のもとでは一定の**内部エネルギー**をもっている．化学変化が行われると，原子の組み換えが起こり，はじめと異なった内部エネルギーの状態になり，両者の差に相当するエネルギーが出たり入ったりする．発熱の場合は$\Delta U < 0$，吸熱の場合は$\Delta U > 0$である．いつもはじめの状態を中心に考えるため，発熱のときはそれだけのエネルギーを失って低いエネルギーの状態に移るから負の符号をもつと考えればよい.

内部エネルギーは物質の種類とその量に依存することはもちろんであるが，その物理的な状態にも依存する．したがって内部エネルギーの絶対値はなかなか決めにくいため，内部エネルギーの差（$\Delta U$）を問題にする．すなわち,化学熱力学で問題にするのは系のエネルギーの絶対値ではなくて，系の状態が変化するときに伴うエネルギーの変化量である．以上より熱力学第一法則は次のようにまとめることができる.

ある系に一定量の熱$Q$を与えたと考える．この熱エネルギーは周囲から消滅し，系は熱エネルギーを得たことにより膨張し,周囲に対し一定量の仕事（$-W$）をする（図5.2）．しかし,このようにして系のした仕事は系に与えられた熱の力学的当量よりも少ない．エネルギー保存則を受け入れるならば，差｛$Q-(-W)$｝と当量のエネルギーが内部エネルギーの増加というような形で系内に貯えられることになる．このことは（5.2）式で表される.

$$\Delta U = Q + W \tag{5.2}$$

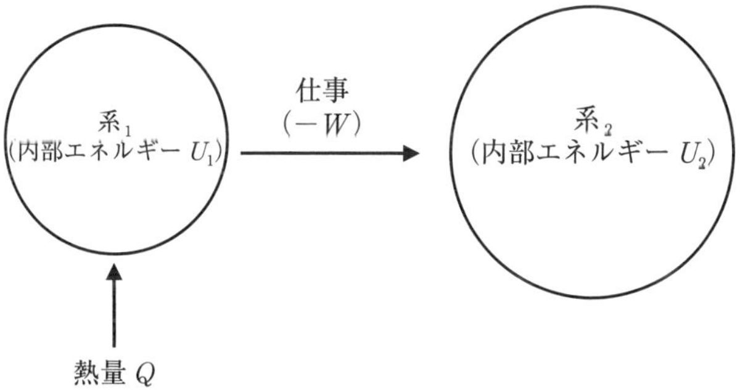


**図5.2　加熱に伴う系の仕事と内部エネルギー変化**

# 3 内部エネルギー変化とエンタルピー変化

## a 内部エネルギーと熱

**SBO C1-(2)-2-5) 熱力学第一法則について式を用いて説明できる**

**SBO C1-(2)-2-6) 代表的な過程(変化)における熱と仕事を計算できる(知識, 技能)**

先に述べた塩酸と水酸化ナトリウム水溶液との中和反応は溶液反応であり，大気圧（1 atm）のもとで反応させても，容積の変化はほとんど認められない．これに対し，気体の関係する反応では，反応による容積変化が著しく起こる場合が多い．

大気圧下での水素の燃焼の例：水素が大気圧のもとで燃えて液体の水ができる反応を考えてみよう．

$$H_2(g) + 1/2\,O_2(g) \longrightarrow H_2O(l) \qquad (5.3)$$

25 ℃（298.15K），1 atm（101.325 kPa）であるとすれば，$H_2$ 1モルは 24.46 $dm^3$，$O_2$ 1/2モルは 12.23 $dm^3$ を占める．しかし，反応により生成した水はわずか $1.8 \times 10^{-2}$ $dm^3$ である．つまり，反応によってこのように系の容積は非常に変化している．実測によると，このときに 285.85 kJ/mol の熱が発生する．また，気体が膨張するときには外に仕事をする．膨張した体積変化を $\Delta V$ とし，そのときの大気の圧力を $P$ とすれば，仕事の大きさは $P\Delta V$ で与えられる．

水素の燃焼の例では，大きな容積変化があるから，そのための仕事も，エネルギーの中に含まれる．この場合，熱が出るだけでなく，外部より仕事がなされる．この両者の和が内部エネルギーの変化である．熱の部分を $Q$，仕事の部分を $-P\Delta V$ とすれば（5.2）式は（5.4）式として表される．

$$\Delta U = Q - P\Delta V \qquad (5.4)$$

このように何か変化が起こったとき，系のもつ内部エネルギーの変化量は熱と仕事の和として表される．

反応を体積一定（定容）のもとで行った場合，すなわち $\Delta V = 0$ のとき，（5.4）式より $\Delta U = Q$ となる．すなわち変化に対して，発生または吸収した熱がすべて内部エネルギーの変化量となる．このときの熱量を $Q_V$ で表す．

$$Q_V = \Delta U \qquad (5.5)$$

## b エンタルピーと熱

**SBO C1-(2)-2-7) エンタルピーについて説明できる**

定圧の変化に際して，発生または吸収する熱量を $Q_P$ で表すことにする．このときは必ず容積変化を伴い，それによる仕事がなされるから（5.6）式の関係が導かれる．

$$\Delta U = Q_P - P\Delta V \tag{5.6}$$

最初の状態の内部エネルギーを $U_1$，体積を $V_1$ とし，最後の状態の内部エネルギーを $U_2$，体積を $V_2$ とすると，

$$Q_P = \Delta U + P\Delta V = (U_2 + PV_2) - (U_1 + PV_1) \tag{5.7}$$

いま次のような量 $H$ を新たに導入する．

$$H = U + PV \tag{5.8}$$

（5.8）式を（5.7）式に代入すれば，

$$Q_P = H_2 - H_1 = \Delta H \tag{5.9}$$

となる．ここで用いた $H$ のことを，**エンタルピー**と名づける．そうすると，（5.9）式は定圧のもとで行われる変化で，発生または吸収した熱は，エンタルピー変化であることを示す．

## c 定容反応熱と定圧反応熱

**SBO C1-(2)-2-4) 定容熱容量および定圧熱容量について説明できる**

化学変化に際し，発生または吸収する熱を反応熱といい，定容のもとでは**定容反応熱**（$Q_V$），定圧のもとでは**定圧反応熱**（$Q_P$）と名づける．このことばを使って，上に述べたことをまとめてみると次のようになる．

定容反応熱は系の内部エネルギー変化に等しい．$Q_V = \Delta U$　(5.5)

定圧反応熱は系のエンタルピー変化に等しい．$Q_P = \Delta H$　(5.9)

いずれにしても，吸熱を正とし，発熱を負としている．

内部エネルギー変化とエンタルピー変化の両者の差を考えてみよう．

$$H \equiv U + PV \tag{5.8}$$

であるから

$$\Delta H = \Delta U + P\Delta V + V\Delta P \tag{5.10}$$

$P$ が一定ならば，$\Delta P = 0$ であるから，

$$\Delta H = \Delta U + P\Delta V \tag{5.11}$$

以上より内部エネルギー変化とエンタルピー変化は両者の仕事の量（$P\Delta V$）だけの違いがある．

### d 定容変化と定圧変化

**SBO C1-(2)-2-4) 定容熱容量および定圧熱容量について説明できる**

液体や固体の容積の変化は非常に小さいため無視してもよいが，気体の場合は，容積変化が大きく無視できない．気体はあまり圧力が高かったり温度が低かったりすることがなければ，$n$ モルについて $PV = nRT$ という関係があるから

$$\varDelta H = \varDelta U + \varDelta nRT \quad (5.12)$$

という式が導かれる．

普通は一定圧力のもとで変化を行わせることが多いから，$\varDelta H$ のほうをよく用いる．ことわりなく反応熱という場合は $\varDelta H$ のことである．$\varDelta U$ は $\varDelta H = \varDelta U + \varDelta nRT$ の関係より計算すればよい．

## 4 化学反応と熱：熱化学

### a 熱化学（Hess の法則）

**SBO C1-(2)-2-2) 状態関数の種類と特徴について説明できる**

**SBO C1-(2)-2-7) エンタルピーについて説明できる**

化学反応において，エンタルピー変化（$\varDelta H$）は非常に重要な意味をもっており，その反応を最も強く特徴づけるものの一つである．しかし，すべての反応の $\varDelta H$ の値を直接測定して決めることができるとはかぎらない．

炭素の燃焼の例：(5.13) 式の反応では，熱量計の中で反応物を本当に何の副生成物もなしに，生成物に変えてしまうことが可能であり，一定の圧力のもとでは，393.5 kJ の熱が発生する．

$$\mathrm{C(s)} + \mathrm{O_2(g)} \longrightarrow \mathrm{CO_2(g)} \quad (5.13)$$

上記の反応は，$\varDelta V \approx 0$ であり，$\varDelta H \approx \varDelta U$ であるから，$\varDelta H$ が負の値をもつことは，生成物の分子のエネルギーが反応物のそれより小さいことをはっきり示しており，これがほとんど完全にこの反応が進行する理由の一つである．しかし，(5.14) 式の反応を熱量計の中で $CO_2$ の副生成なしに定量的に進めることはほとんど不可能である．

$$\mathrm{C(s)} + \frac{1}{2}\mathrm{O_2(g)} \longrightarrow \mathrm{CO(g)} \quad (5.14)$$

したがって，副生成物として $CO_2$ ができるため，この時に熱が発生するので，CO の生成だ

けで生じた熱を測ることはできない．しかし，CO の生成が，炭素と酸素とから$CO_2$ができる過程の一段階にすぎないことを理解すれば，この反応の$\Delta H$を計算することができる（図5.3）．

すなわち，もし炭素と酸素ガスを最初の状態，二酸化炭素を最終状態と考えると，$\Delta H$はこれら二つの状態を結ぶどのような経路に対しても同じでなければならない．その理由は，もちろん$H$が状態関数であるからであり，$H$の変化は最初と最後の状態のみによって決まり，その変化の道筋によらないからである．それで炭素が燃焼して，$CO_2$になるときの$\Delta H$は炭素がまずCOになり，それがさらに燃えて$CO_2$になるときの$\Delta H$の和に等しくならなければならない．図5.3より$\Delta H_1 = \Delta H_2 + \Delta H_3$となる．

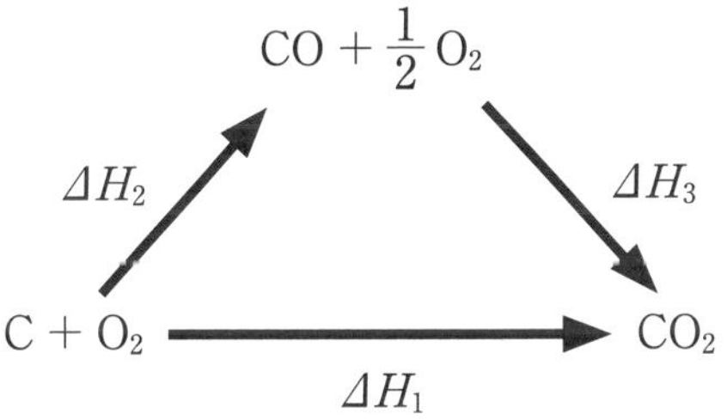


**図5.3　炭素の燃焼**

したがって，反応が2段階以上で進行するなら，全体のエンタルピー変化は個々の段階のエンタルピー変化の総和になる．ある反応の“$\Delta H$は反応が進むときにとる段階の数や反応経路とは関係がない”という規則は，**ヘスの反応熱加減の法則**（ヘスの法則）として知られており，この法則の妥当性は“$H$が状態関数である”ということより上記のように直接導かれる．

## b　生成エンタルピー

**SBO　C1-(2)-2-8)　代表的な物理変化，化学変化に伴う標準エンタルピー変化を説明し，計算できる（知識，技能）**

**SBO　C1-(2)-2-9)　標準生成エンタルピーついて説明できる**

今まで示してきた$\Delta H$や，$\Delta U$は二つの状態の単なる比較を表しているにすぎず，$H$や$U$の絶対値を決めていない．いろいろな化合物の性質を表示したり，比較するためには，それぞれの化合物の絶対エンタルピーを決めるのがたいへん便利であり，そのためには，エンタルピーがゼロの状態を選ばねばならない．したがって，任意的に“標準状態では，単体（$O_2$，$N_2$）等のエンタルピーはゼロである”と約束している．**標準状態**というのは，0.1 MPa（$10^5$ Pa）のもとである指定された温度，通常は298.15 K において最も安定な物理的な状態と定められている（1982年のIUPACの勧告，それ以前は1 atm，298.15 K であった）．その標準状態にある元素から，標準状態にある化合物1モルを生成させる際のエンタルピー変化を**標準生成モルエンタルピー**といい，$\Delta H_f^\circ$という記号で表す．化合物の生成反応が起こる温度は時には指定されていることもあるが，何も指定されていなければ298.15 K と考えてよい．$\Delta H_f^\circ$のfという記号は生成反応であることを意味する．また∘印はすべての反応物，生成物が標準状態にあることを示している．

生成エンタルピーはいろいろな化合物に対して，一つずつ決められるもので，その成分元素を基準にした化合物のエンタルピーの大きさそのものであり，その化合物のもつエネルギーに近似的に等しい．$\Delta H_f^\circ$ が負である化合物は，それらを構成している元素より，ずっと安定なものであることが多い．逆にある化合物の生成エンタルピーが正ということは，反応系にエネルギーが加えられた時にのみその化合物が成分元素より生成され，しかも，生成した化合物は不安定であることを示している．若干の生成エンタルピーは直接熱量計で測ることができるが，多くのものは間接的に計算で求めなければならない．

生成エンタルピーはその化合物の構成元素に対する安定度を示したものということのほかに，熱化学的な計算をするのに役立つものである．どんな反応の $\Delta H^\circ$ でも全生成物の $\Delta H_f^\circ$ と全反応物の $\Delta H_f^\circ$ の間の差に等しい．

$$\Delta H^\circ = \Sigma\Delta H_f^\circ\text{（生成物）} - \Sigma\Delta H_f^\circ\text{（反応物）} \tag{5.15}$$

熱力学の一つの目的は，やりやすい実験を行い，その結果をうまく利用して，むずかしい実験をせずに済むようにすることである．$\Delta H$ の測定がむずかしかったり，できなかったりする反応は多いが，そのような反応の $\Delta H$ は，その反応に関与する化合物の $\Delta H_f^\circ$ がわかっている場合には，簡単な計算より求めることができる．

## c 反応熱と温度

**SBO C1-(2)-2-4) 定容熱容量および定圧熱容量について説明できる**

物質 $W$ g が $Q$ J の熱を吸収して，温度が $T_1$ から $T_2$ に上がったとすれば，

$$Q = cW(T_2 - T_1) \tag{5.16}$$

と表される．$c$ は熱と温度のなかだちをする量で，各物質に固有の値であり，**比熱容量**または**比熱**という．すなわち，1 g の物質の温度を，1 度上げるのに要する熱量である．

1 モルの物質の温度を 1 度上げるのに要する熱量は比熱容量に分子量をかけた値であり，**モル熱容量**といい，SI 単位は J/mol K である．また，**熱容量**は大文字の $C$ で表し，その SI 単位は J/K である．気体の場合では，一定の圧力のもとで熱を吸収して温度が上昇すれば，体積は膨張する．すなわち外に仕事をすることになる．吸収した熱のうち一部はこの膨張の仕事に使われるから，温度を 1 度上げるためには，膨張のないときよりも，より多くの熱を吸収しなければならない．したがって，同じ物質の定圧比熱容量 $c_P$（定圧モル熱容量 $C_P$）は定容比熱容量 $c_V$（定容モル熱容量 $C_V$）よりも必ず大きい．特に，気体のときはどちらを使っているかはっきり示さなければならない．比熱容量またはモル熱容量は，温度によって異なる数値になる．特に広い温度範囲にわたるときの変化は大きいから，正確に表すためには微分式で考える必要がある．

$$c\text{（比熱容量）} = \frac{\mathrm{d}q}{\mathrm{d}T} \tag{5.17}$$

$$C\text{（モル熱容量）} = \frac{\mathrm{d}Q}{\mathrm{d}T} \tag{5.18}$$

なお，d$q$ および d$Q$ は，それぞれ１g 当たりおよび１mol 当たりの熱量の微小変化を表している．

圧力一定の場合は，$Q$ はエンタルピー（$H$）で置き換えられ，容積一定の場合は $Q$ は内部エネルギー（$U$）で置き換えられるから

$$C_P\text{（定圧モル熱容量）}=\left(\frac{\partial H}{\partial T}\right)_P \tag{5.19}$$

$$C_V\text{（定容モル熱容量）}=\left(\frac{\partial U}{\partial T}\right)_V \tag{5.20}$$

となる．

以後，本書においては定圧モル熱容量を $C_P$，定容モル熱容量を $C_V$ で表す．

## 5　内部エネルギーの分子論的解釈

**SBO　C1-(2)-1-2）気体の分子運動とエネルギーの関係について説明できる**

**SBO　C1-(2)-2-7）エンタルピーについて説明できる**

１モルの気体のエンタルピー（$H$）と内部エネルギー（$U$）の関係は $H = U + PV = U + RT$ であり，微小変化をとれば，$\mathrm{d}H = \mathrm{d}U + R\mathrm{d}T$ である．一方，(5.19)，(5.20) 式より，$\mathrm{d}H = C_P\mathrm{d}T$，$\mathrm{d}U = C_V\mathrm{d}T$ の関係を用いれば $C_P\mathrm{d}T = C_V\mathrm{d}T + R\mathrm{d}T$　となり

$$C_P - C_V = R = 8.314\ \mathrm{J/mol\ K} \tag{5.21}$$

が得られる．

He，Ne，Ar のような一原子分子では並進運動以外の運動エネルギーは無視できる．したがって $C_V$ は温度１度上げるのに対応する気体分子１モルの並進運動エネルギーの増加であり，一原子分子では１モルの内部エネルギーが $U=\frac{3}{2}RT$ として表される．

$$\left(\frac{\partial U}{\partial T}\right)_V=\frac{3}{2}R=C_V \tag{5.22}$$

であり (5.21)，(5.22) 式より $\frac{C_P}{C_V}=\frac{5}{3}$ の関係が得られる．

しかしながら，多原子分子では回転運動や振動運動が含まれるため，$\frac{C_P}{C_V}=\frac{5}{3}$ の関係は当てはまらない．すなわち，定容の単原子分子気体では，入ってくるエネルギーはすべて並進運動のエネルギーを増すのに使われるが，多原子分子気体では，加えられているエネルギーの一部は回転運動や振動運動のエネルギー増加に費やされるため熱容量は大きくなる．

# 6 実在気体のエンタルピー変化

## SBO C1-(2)-2-7) エンタルピーについて説明できる

一般に反応熱といえば，0.1 MPa または 1 atm（101.325 kPa）のときの定圧反応熱が記載されていることが多い．しかし，温度が変われば，反応熱も変化する．反応熱は，計算により求められるが，それには反応に関与する物質の熱容量が必要である．

例えば，

$$aA + bB = mM + nN \tag{5.23}$$

この反応の定圧反応熱は

$$\Delta H = H_2 - H_1 = (mH_M + nH_N) - (aH_A + bH_B) \tag{5.24}$$

$H_1$：反応系の全エンタルピー

$H_2$：生成系の全エンタルピー

$H_A$，$H_B$，$H_M$，$H_N$：A，B，M，N 各物質1モル当たりのエンタルピー

$\Delta H$ の温度変化を表す式は，(5.24) 式を圧力一定のもとに温度で微分すればよい．

$$\left\{\frac{\partial(\Delta H)}{\partial T}\right\}_P = m\left(\frac{\partial H_M}{\partial T}\right)_P + n\left(\frac{\partial H_N}{\partial T}\right)_P - a\left(\frac{\partial H_A}{\partial T}\right)_P - b\left(\frac{\partial H_B}{\partial T}\right)_P$$
$$= \{m(C_P)_M + n(C_P)_N\} - \{a(C_P)_A + b(C_P)_B\}$$
$$\equiv \Delta C_P \tag{5.25}$$

(5.25) 式は生成系の全熱容量と，反応系の全熱容量の差が，反応熱の温度変化に当たることを表しており，この関係を反応熱に関する**キルヒホフの法則**という．

(5.24) 式においてある温度 $T_1$ における反応熱を $\Delta H_{T_1}$，$T_2$ における反応熱を $\Delta H_{T_2}$ とすると，$\Delta H_{T_2} - \Delta H_{T_1}$ は $\Delta C_P$ を $T_1$ から $T_2$ まで積分すれば求められる．

すなわち，

$$\Delta H_{T_2} - \Delta H_{T_1} = \int_{T_1}^{T_2} \Delta C_P \mathrm{d}T \tag{5.26}$$

$C_P$ は温度の関数である．温度によってどのように変わるかがわかっていれば (5.26) 式の右辺が積分できるから，$T_1$ の反応熱 $\Delta H_{T_1}$ がわかっていれば，$T_2$ の反応熱 $\Delta H_{T_2}$ を計算することができる．いま $T_1 = 0\,\mathrm{K}$ とすれば

$$\Delta H_T = \Delta H_0 + \int_0^T \Delta C_P \mathrm{d}T \tag{5.27}$$

# 7 理想気体の状態変化と仕事

1モルの理想気体をモデルに考え，状態変化に伴う仕事について考える．このとき体積変化のみが仕事に相当する．

## a 等温可逆膨張

**SBO C1-(2)-2-6) 代表的な過程(変化)における熱と仕事を計算できる(知識, 技能)**

可逆変化は各瞬間ごとに平衡を保ちながら変化していく．容器の内側の気体の圧力と容器の外側の圧力（外圧）が等しく $P$ であれば，つり合って体積は一定である．外圧がごくわずか小さいとき（$P-\mathrm{d}P$），体積 $V$ にごく微小な体積変化 $\mathrm{d}V$ が生じる．そのときになされる仕事は $P\mathrm{d}V$ または（$P-\mathrm{d}P$）$\mathrm{d}V$ である．

このような無限小の変化が連続的に起こりながら，膨張によって系の圧力 $P$ は減少していく．このとき行われた仕事は，体積の膨張が $V_1$ から $V_2$ であるとすると

$$-W=\int_{V_1}^{V_2}P\mathrm{d}V=RT\int_{V_1}^{V_2}\frac{\mathrm{d}V}{V}=RT\ln\frac{V_2}{V_1} \quad (5.28)$$

で表される．

## b 等温不可逆膨張

**SBO C1-(2)-2-6) 代表的な過程(変化)における熱と仕事を計算できる(知識, 技能)**

容器の内側の気体の圧力 $P_1$ が外圧 $P_1$ とつり合っている状態から，等温で瞬間的に外圧を $P_2$ に変化させ，ついで系の体積の膨張が $V_1$ から $V_2$ へ外圧 $P_2$ に抗してなされると考える．

このときの仕事は

$$-W=\int_{V_1}^{V_2}P_2\mathrm{d}V=P_2(V_2-V_1) \quad (5.29)$$

で表される．

## c 可逆反応と不可逆反応の仕事と熱量

**SBO C1-(2)-2-6) 代表的な過程(変化)における熱と仕事を計算できる(知識, 技能)**

系の行う仕事（$-W$）は

$$-W\,(\text{可逆}) > -W\,(\text{不可逆}) \quad (5.30)$$

である（IUPACの勧告によれば，仕事が系になされたときを正の値，系が仕事をしたときを負の値とする）．

熱力学第一法則（5.2）式より

$$\Delta U（可逆）= Q（可逆）+ W（可逆） \tag{5.31}$$

$$\Delta U（不可逆）= Q（不可逆）+ W（不可逆） \tag{5.32}$$

が成り立つ．

ここで$\Delta U$は状態関数で，経路には関係しないので

$$\Delta U（可逆）= \Delta U（不可逆）である．$$

したがって（5.31），（5.32）式より

$$Q（可逆）+ W（可逆）= Q（不可逆）+ W（不可逆） \tag{5.33}$$

$$Q（可逆）- Q（不可逆）= W（不可逆）- W（可逆） \tag{5.34}$$

となる．（5.30）式より $W$（不可逆）$-$ $W$（可逆）$> 0$ なので（5.34）式は

$$Q（可逆）- Q（不可逆）> 0$$

$$Q（可逆）> Q（不可逆）$$

という関係が成り立つ．

## d　断熱変化

**SBO　C1-(2)-2-6）代表的な過程（変化）における熱と仕事を計算できる（知識，技能）**

系が外界と全く熱量のやりとりをしない断熱変化では，系が外界へ仕事をすると，ちょうどその分だけ内部エネルギーが減少する．

内部エネルギーの変化は $\mathrm{d}U = \mathrm{d}Q + \mathrm{d}W$ で表される［(5.2) 式］．断熱変化では $\mathrm{d}Q = 0$ であるので $\mathrm{d}U = \mathrm{d}W = -P\mathrm{d}V$ となる．

$PV = RT$ より内部エネルギーの変化（$\mathrm{d}U$）は

$$\mathrm{d}U = -\frac{RT}{V}\mathrm{d}V \tag{5.35}$$

となる．（5.20）式より $\mathrm{d}U = C_V\mathrm{d}T$ であるから

$$C_V\mathrm{d}T = -\frac{RT}{V}\mathrm{d}V \tag{5.36}$$

となる．（5.36）式の両辺を $T$ と $C_V$ で割ると

$$\frac{\mathrm{d}T}{T} = -\frac{R\mathrm{d}V}{C_V V} \tag{5.37}$$

となる．ここで $C_V$ を定数と仮定して，$T_1$，$V_1$ の状態か $T_2$，$V_2$ の状態まで積分すると

$$\int_{T_1}^{T_2}\frac{\mathrm{d}T}{T} = -\int_{V_1}^{V_2}\frac{R\mathrm{d}V}{C_V V} \tag{5.38}$$

$$\ln\frac{T_2}{T_1} = -\frac{R}{C_V}\ln\frac{V_2}{V_1} \tag{5.39}$$

となる．

一方，(5.21) 式の $C_P - C_V = R$ を

$$\frac{C_P - C_V}{C_V} = \frac{R}{C_V} \tag{5.40}$$

と変形し (5.39) 式に代入すると

$$\ln\frac{T_2}{T_1} = -\frac{C_P - C_V}{C_V}\ln\frac{V_2}{V_1} \tag{5.41}$$

となる．$C_P/C_V = \gamma$ とおくと，$\gamma - 1$ は

$$\gamma - 1 = \frac{C_P}{C_V} - 1 = \frac{C_P - C_V}{C_V} \tag{5.42}$$

となる．(5.42) 式を (5.41) 式に代入すると

$$\ln\frac{T_2}{T_1} = -(\gamma - 1)\ln\frac{V_2}{V_1} = -\ln\frac{T_1}{T_2} \tag{5.43}$$

となる．(5.43) 式より

$$\frac{T_1}{T_2} = \left(\frac{V_2}{V_1}\right)^{\gamma - 1} \tag{5.44}$$

(5.44) 式の両辺に $V_2/V_1$ をかけると

$$\frac{T_1 V_2}{T_2 V_1} = \left(\frac{V_2}{V_1}\right)^{\gamma} \tag{5.45}$$

となる．

$PV = RT$ を (5.45) 式に代入すると，

$$\frac{P_1}{P_2} = \left(\frac{V_2}{V_1}\right)^{\gamma}$$

または $P_1 V_1^{\gamma} = P_2 V_2^{\gamma}$ が成り立つ．

等温膨張では $PV =$ 一定が成り立つが，断熱膨張では $PV^{\gamma} =$ 一定が成り立つことになる．

## e　条件付き可逆変化

**SBO　C1-(2)-2-6) 代表的な過程(変化)における熱と仕事を計算できる(知識，技能)**

つぎに理想気体をモデルにした，条件が付いたいくつかの可逆的状態変化について解説する．

### 1)　定容のもとでの状態変化

定容の系で吸収（放出）する熱 $Q_V$ は，系の内部エネルギー変化に等しい．したがって，系の温度が $T_1$ から $T_2$ になったとすると

$$Q_V = U_2 - U_1 = \int_{T_1}^{T_2} C_P \, \mathrm{d}T \tag{5.46}$$

となる．

### 2） 定圧のもとでの状態変化

定圧の系で吸収（放出）する熱 $Q_P$ は，系のエンタルピー変化に等しい．したがって系の温度が $T_1$ から $T_2$ になったとすると

$$Q_P = H_2 - H_1 = \int_{T_1}^{T_2} C_P \mathrm{d}T \tag{5.47}$$

となる．

### 3） 等温における状態変化

温度を一定にして（$T_1 = T_2$），体積を変化させる．圧力 $P$ は気体の状態方程式に従って変化するから $\mathrm{d}U = \mathrm{d}Q - P\mathrm{d}V$ に $P = RT/V$ を代入すると，

$$\mathrm{d}U = \mathrm{d}Q - \frac{RT}{V}\mathrm{d}V \tag{5.48}$$

$$\Delta U = U_2 - U_1 = Q - RT\ln\frac{V_2}{V_1} \tag{5.49}$$

が得られる．理想気体の内部エネルギー（$U$）は $3/2RT$ で与えられる．等温変化（$T_1 = T_2$）であるから $U_2 - U_1 = 0$ となる．したがって（5.49）式は

$$Q = RT\ln\frac{V_2}{V_1} \tag{5.50}$$

となる．

（5.2）式 $\Delta U = Q + W$ は，$\Delta U = 0$ であるから $Q = -W$ となる．したがって，等温可逆膨張では内部エネルギー（$U$）に変化はなく，系に入った熱はそのまま仕事（$W$）として系から出ていく．

### 4） 断熱での状態変化

断熱のもとで系の体積を $V_1$ から $V_2$ へ膨張させる．系に熱の出入りはまったくなく $\mathrm{d}U = \mathrm{d}Q - P\mathrm{d}V$ において $\mathrm{d}Q = 0$ であるから $\mathrm{d}U = -P\mathrm{d}V$ となる．この式に $P = RT/V$ と $\mathrm{d}U = C_V\mathrm{d}T$ を代入すると

$$C_V\mathrm{d}T = -RT\frac{\mathrm{d}V}{V},\quad \frac{C_V}{RT}\mathrm{d}T = -\frac{\mathrm{d}V}{V}$$

となる．これを状態（$T_1$，$V_1$）から状態（$T_2$，$V_2$）まで積分すると

$$\frac{C_V}{R}\int_{T_1}^{T_2}\frac{\mathrm{d}T}{T} = -\int_{T_1}^{T_2}\frac{\mathrm{d}V}{V}$$

$$\frac{C_V}{R}\ln\frac{T_2}{T_1} = -\ln\frac{V_2}{V_1} \tag{5.51}$$

が得られる．（5.51）式から $T_2$ を求め，内部エネルギーの変化（$\Delta U$）を

$$\Delta U = U_2 - U_1 = C_V(T_2 - T_1) = \frac{3}{2}R(T_2 - T_1)$$

の式から求める．断熱可逆膨張では熱量の補給がないため $\mathrm{d}U = -P\mathrm{d}V$ であるから，仕事を行

った分だけ内部エネルギーが減少する.

# 6 熱力学第二法則

## 1 はじめに

多くの化学反応は，出発系から生成系への過程において，外界に熱エネルギーを放出（発熱）してより安定な（エネルギーの低い）状態へと変化する（すなわち，$\Delta H < 0$）．このように，エネルギーの要素だけを考えれば自然に起こる変化（自発的変化）は発熱反応のみである．しかしながら，これまで学んできた化学反応や身近な物理化学的変化の中には必ずしもそうではない場合がある．本章では，自発的変化の要因の1つである**“エントロピー”**について学ぶ．

## 2 エントロピー

### a エントロピーとは何か

**SBO C1-(2)-3-1）エントロピーについて説明できる**

**SBO C1-(2)-3-2）熱力学第二法則について説明できる**

放置しておけば自然に起こる変化のことを**自発的変化**という．たとえば，ある気体分子が閉じ込められた空間と真空の空間が仕切られている容器について，仕切りを除くと気体分子は容器全体に拡散する．一方で，全体に広がった気体が自然に元の状態に戻ることはない．この例からわかるように自発的変化は**不可逆変化**である（図6.1）．

身近な自発的変化の例として，水の蒸発を考えてみる．水は蒸発する際，周囲から熱を奪い，より高いエネルギー状態にある水蒸気に変化する．この変化では，出発系よりも生成系の方が高

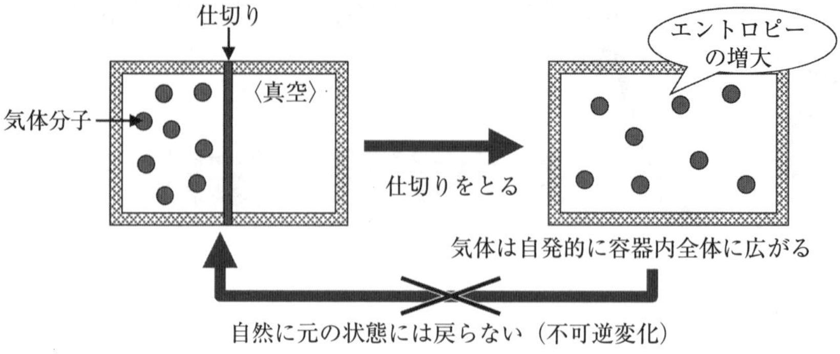


**図 6.1　気体の拡散とエントロピーの増大**

エネルギー状態になっており，エネルギー変化だけでは自発的な変化を説明できない．このような高エネルギー状態への自発的変化を支配しているのが**エントロピー**である．

では，エントロピーとは，具体的には何であろうか．上述の気体の拡散や水の蒸発では，いずれも出発系よりも生成系の方がより分子がバラバラな(乱雑な)状態で存在している．言い換えれば，存在確率の低い状態から最大の確率を持つ状態へと変化している．この乱雑さを表す状態量がエントロピーである．そして，上述の例のように"孤立系における自発的変化はエントロピーの増大する方向に進行する（$\Delta S > 0$）"と定義しているのが**熱力学第二法則**である．

## b　エントロピーの熱力学的な定義

**SBO　C1-(2)-3-3）代表的な物理変化，化学変化に伴うエントロピー変化を計算できる**

ある可逆変化の過程において，一定温度 $T$ で系が $\mathrm{d}Q_{rev}$ だけの熱量を吸収したとするとそのときのエントロピーの微小変化 $\mathrm{d}S$ は，

$$\mathrm{d}S = \frac{\mathrm{d}Q_{rev}}{T} \tag{6.1}$$

で表される．ここで，$Q_{rev}$ は可逆変化における熱量を表している．$S$ は変化の過程によらない状態関数であり，その単位は，$\mathrm{J\,K^{-1}}$ である．そして，エントロピーを物質量で割ったものがモルエントロピーであり，その単位は $\mathrm{J\,K^{-1}\,mol^{-1}}$ となる．これは，気体定数（$R$）やモル熱容量（$C$）と同じ単位である．

ここで，状態1から状態2への可逆変化を考えた場合，系が $\mathrm{d}Q_{rev}$ だけの熱量を吸収したとすると，そのときの系のエントロピー変化は（6.1）式を積分して，

$$\Delta S = \int_1^2 \frac{\mathrm{d}Q_{rev}}{T} \tag{6.2}$$

より求めることができる．

## c 理想気体のエントロピー変化の計算

**SBO　C1-(2)-3-3）代表的な物理変化，化学変化に伴うエントロピー変化を計算できる**

いま状態1（$P_1$，$V_1$，$T_1$，$S_1$）にある理想気体が $Q_{rev}$ の熱を吸収して可逆的に状態2（$P_2$，$V_2$，$T_2$，$S_2$）に変化した場合を考えてみる．

熱力学第一法則は，$\mathrm{d}U = \mathrm{d}Q + \mathrm{d}W$ で表される．また，内部エネルギーの変化量は，定容モル熱容量（$C_V$）を用いて，$\mathrm{d}U = C_V\mathrm{d}T$ と表すこともできる．このとき，系が外部からされた仕事は $\mathrm{d}W = -P\mathrm{d}V$ であり，また気体の状態方程式 $P = nRT/V$ から，理想気体1モルについては，

$$\mathrm{d}Q_{rev} = C_V\mathrm{d}T + \frac{RT}{V}\mathrm{d}V \tag{6.3}$$

が成り立つ．ここで（6.3）式を（6.2）式に代入すると，

$$\Delta S = \int_{T_1}^{T_2}\frac{C_V\mathrm{d}T}{T} + R\int_{V_1}^{V_2}\frac{\mathrm{d}V}{V}$$

が得られる．このとき，$C_V$ が一定とみなされる場合，エントロピー変化は，

$$\Delta S = C_V\ln\frac{T_2}{T_1} + R\ln\frac{V_2}{V_1} \tag{6.4}$$

より求めることができる．

同様に，$H = U + PV$ より，$\mathrm{d}H = \mathrm{d}U + P\mathrm{d}V + V\mathrm{d}P$，また，$\mathrm{d}H = C_P\mathrm{d}T$（$C_P$ は定圧モル熱容量）および $\mathrm{d}U = \mathrm{d}Q_{rev} - P\mathrm{d}V$ から，

$$\mathrm{d}Q_{rev} = C_P\mathrm{d}T - V\mathrm{d}P = C_P\mathrm{d}T - \frac{RT}{P}\mathrm{d}P \tag{6.5}$$

が得られる．したがって，（6.2）および（6.5）式より，

$$\Delta S = \int_{T_1}^{T_2}\frac{C_P\mathrm{d}T}{T} - \int_{P_1}^{P_2}\frac{R}{P}\mathrm{d}P$$

となる．ここで，$C_P$ が一定ならば，エントロピー変化は，

$$\Delta S = C_P\ln\frac{T_2}{T_1} + R\ln\frac{P_1}{P_2} \tag{6.6}$$

より求めることができる．（6.4）および（6.6）式より，理想気体1モルの各種状態変化に対するエントロピーの変化は次式で表される．

i）**定温変化**：$T_1 = T_2$ であるから，（6.4）および（6.6）式より，

$$\Delta S_T = R\ln\frac{V_2}{V_1} = R\ln\frac{P_1}{P_2}$$

ii）**定容変化**：$V_1 = V_2$ であるから，（6.4）式より，

$$\Delta S_V = C_V\ln\frac{T_2}{T_1} \qquad （C_V \text{を一定とする}）$$

iii）**定圧変化**：$P_1 = P_2$ であるから，(6.6) 式より，

$$\Delta S_P = C_P \ln \frac{T_2}{T_1} \qquad (C_P \text{を一定とする})$$

## d 熱の仕事への変換

**SBO C1-(2)-3-2) 熱力学第二法則について説明できる**

### 1） カルノーサイクル

可逆的な気体の定温変化と断熱変化を組み合わせ，図 6.2 に示すように 1 サイクルが終わったとき，系と外界が元の状態にもどる熱機関があるとする．これは**カルノーサイクル**と呼ばれている．理想気体 1 モルを摩擦のないピストンを有する容器にとり，このカルノーサイクルにおいて，熱をどれだけ仕事に変換することができるかについて考える．カルノーサイクルを各過程に分類すると，以下のようになる．

i ）**過程 1**（状態 A → 状態 B，定温膨張）：状態 A にある気体を高温熱源に接触させながら，状態 B にする．このとき，気体は高温熱源から熱 $Q_1$ を吸収して温度 $T_1$ を保ち，$V_1 \to V_2$ に膨張したとすると，そのとき系が外にする仕事 $W_1$ および $Q_1$ は，次式のように表すことができる．

$$W_1 = -RT_1 \ln \frac{V_2}{V_1},\ \ Q_1 = RT_1 \ln \frac{V_2}{V_1}$$

ii ）**過程 2**（状態 B → 状態 C，断熱膨張）：外から熱を吸収せずに状態 B にある気体を状態 C にする．このとき，気体は温度が $T_2$ まで低下し，$V_2 \to V_3$ に膨張したとすると，そのとき外にする仕事 $W_2$ は，次式で表すことができる．

$$W_2 = C_V\,(T_2 - T_1)$$

iii）**過程 3**（状態 C → 状態 D，定温圧縮）：状態 C にある気体を低温熱源に接触させながら，状態 D にする．このとき，気体は低温熱源に熱 $Q_2$ を放出して温度 $T_2$ を保ち，$V_3 \to V_4$ に圧縮したとすると，そのとき外からされる仕事 $W_3$ および $Q_2$ は，次式のように表すことができる．

$$W_3 = -RT_2 \ln \frac{V_4}{V_3},\ \ Q_2 = RT_2 \ln \frac{V_4}{V_3}$$

iv）**過程 4**（状態 D → 状態 A，断熱圧縮）：外へ熱を放出せずに体積 $V_4$ の気体（状態 D）を体積 $V_1$（状態 A）まで圧縮する．このとき，気体の温度が $T_1$ まで上昇したとすると，そのとき外からされる仕事 $W_4$ は，次式で表すことができる．

$$W_4 = C_V\,(T_1 - T_2) = -C_V\,(T_2 - T_1)$$

以上の可逆サイクルによる全体の仕事 W は，吸収した全熱量に等しく，

$$W = W_1 + W_2 + W_3 + W_4 = -(Q_1 + Q_2)$$

したがって，

$$W = -RT_1 \ln \frac{V_2}{V_1} - RT_2 \ln \frac{V_4}{V_3}$$

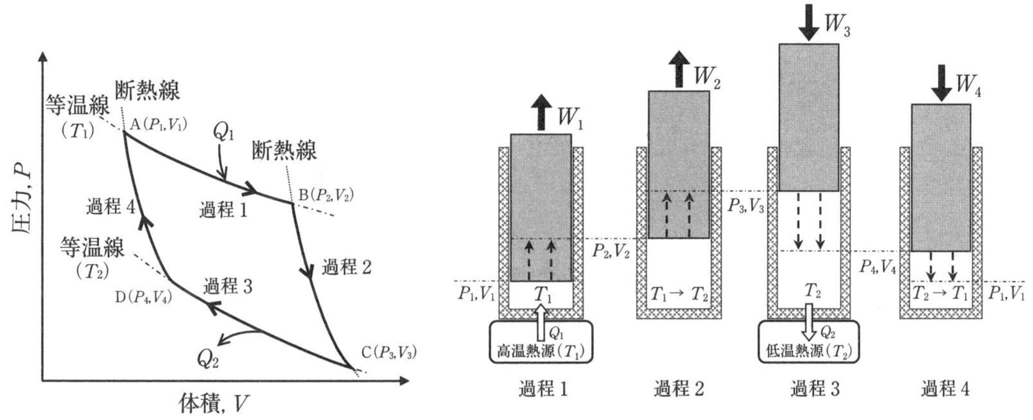

(a)　$P-V$図　　(b)　各過程の実行図

**図6.2　カルノーサイクルの（a）$P-V$図および（b）各過程の実行図**

の関係が成り立つ．この1サイクルでは，この理想気体は高温熱源から熱 $Q_1$（$Q_1 > 0$）を奪い，仕事 $W$を行い（$W < 0$），残りを低温熱源に放出している（$Q_2 < 0$）．

また，このカルノーサイクルは断熱可逆変化であるから，$C_P/C_V = \gamma$とすると，(5.44) 式より，

$$\left(\frac{T_2}{T_1}\right) = \left(\frac{V_2}{V_3}\right)^{\gamma-1} = \left(\frac{V_1}{V_4}\right)^{\gamma-1} \quad すなわち，\frac{V_2}{V_3} = \frac{V_1}{V_4},\ \frac{V_2}{V_1} = \frac{V_3}{V_4}$$

の関係が成り立つ．したがって，過程3における $Q_2$ は，

$$Q_2 = -RT_2 \ln\frac{V_4}{V_3} = -RT_2 \ln\frac{V_2}{V_1}$$

と表すことができる．ゆえに，$Q_1$ と $Q_2$ の比は，

$$\frac{Q_2}{Q_1} = \frac{-RT_2 \ln(V_2/V_1)}{RT_1 \ln(V_2/V_1)} = -\frac{T_2}{T_1} \tag{6.7}$$

となる．以上より，このサイクルの効率 $e$ は，

$$e = -\frac{W}{Q_1} = \frac{Q_1 + Q_2}{Q_1} = \frac{T_1 - T_2}{T_1} \tag{6.8}$$

で表すことができる．すなわち，この $e$ は**熱機関の効率**である．(6.8) 式は，熱機関の効率が高温および低温熱源の温度によって決まり，1よりも小さくなることを示している．また，“熱機関の効率は，可逆サイクルによって得られるときが最大であって，不可逆サイクルの効率はこれより常に小さくなる”．これを**カルノーの定理**という．

## 2）　不可逆変化におけるエントロピー

現実の熱機関では不可逆過程を含んでいるので，カルノーの定理より，その効率（$e_{ir}$）は可逆サイクルの効率（$e_{rev}$）よりも小さくなる．すなわち，不可逆過程において高温熱源から吸収した熱量を $Q_{1ir}$，低温熱源に放出した熱量を $Q_{2ir}$ とすると，$e_{ir} < e_{rev}$ なので，(6.8) 式より，

$$\frac{Q_{2ir}}{Q_{1ir}} < \frac{Q_2}{Q_1}$$

が成り立つ．ここで，(6.7) 式より，

$$\frac{Q_{2ir}}{Q_{1ir}} < \frac{Q_2}{Q_1} = -\frac{T_2}{T_1} \quad すなわち，\quad \frac{Q_{1ir}}{T_1} + \frac{Q_{2ir}}{T_2} < 0$$

である．これは，任意のサイクルにおいて，

$$\oint \frac{\mathrm{d}Q}{T} < 0 \tag{6.9}$$

であることを示している．$\oint$ は，サイクル全部について積分することを意味する．

ここで，任意のサイクルにおいて状態 A から状態 B には不可逆的に変化し，状態 B から状態 A には可逆的に変化するサイクルについて考えると，

$$\int_{\mathrm{A}}^{\mathrm{B}} \frac{\mathrm{d}Q_{ir}}{T} + \int_{\mathrm{B}}^{\mathrm{A}} \frac{\mathrm{d}Q_{rev}}{T} < 0 \tag{6.10}$$

が成り立つ．ここで状態 A および状態 B のエントロピーをそれぞれ，$S_{\mathrm{A}}$ および $S_{\mathrm{B}}$ とすると，(6.2) 式より，

$$\int_{\mathrm{B}}^{\mathrm{A}} \frac{\mathrm{d}Q_{rev}}{T} = S_{\mathrm{A}} - S_{\mathrm{B}}$$

で表される．すなわち，(6.10) 式は，

$$S_{\mathrm{B}} - S_{\mathrm{A}} > \int_{\mathrm{A}}^{\mathrm{B}} \frac{\mathrm{d}Q_{ir}}{T} \tag{6.11}$$

となる．(6.11) 式は，断熱的に閉じられた系 ($\mathrm{d}Q = 0$) に不可逆変化が起これば，エントロピーは常に増加する ($\Delta S > 0$) ことを示している．

## e　気体の混合によるエントロピー変化

**SBO　C1-(2)-3-2) 熱力学第二法則について説明できる**

**SBO　C1-(2)-3-3) 代表的な物理変化，化学変化に伴うエントロピー変化を計算できる**

図 6.3 に示すように定温，定圧において，理想気体である気体 1 と気体 2 を一緒にしたとき，両者は混ざり合い，やがて平衡状態に達する．混合前，気体 1 の 1 個の分子が容器内でとり得る状態数 $\mathrm{w}_1$ は，容器の体積 $V_1$ に比例するので $\mathrm{w}_1 = \mathrm{C}_1 V_1$ ($\mathrm{C}_1$ は比例定数) で表される．したがって，$n_1$ モルについては，アボガドロ数 $N_{\mathrm{A}}$ を用いて，$\mathrm{w}_1 = (\mathrm{C}_1 V_1)^{n_1 N_{\mathrm{A}}}$ となる．気体 2 についても同様に考えると，混合前に全分子がとり得る状態数 w は $\mathrm{w} = \mathrm{w}_1 \times \mathrm{w}_2 = (\mathrm{C}_1 V_1)^{n_1 N_{\mathrm{A}}} (\mathrm{C}_2 V_2)^{n_2 N_{\mathrm{A}}}$ である．そして，混合後は，体積が $(V_1 + V_2)$ となるので，全分子がとり得る状態数 w′ は $\mathrm{w}' = \{\mathrm{C}_1(V_1 + V_2)\}^{n_1 N_{\mathrm{A}}} \{\mathrm{C}_2(V_1 + V_2)\}^{n_2 N_{\mathrm{A}}}$ となる．

ところで，**ボルツマン (L. E. Boltzmann)** は，系のエントロピーと系のとり得る状態数の間に

$$S = R \ln \mathrm{w} = k \ln \mathrm{w}_{\mathrm{T}}$$

が成り立つことを示した．ここで，$R$ は気体定数，$k$ はボルツマン定数であり，$k = R/N_{\mathrm{A}}$ である．

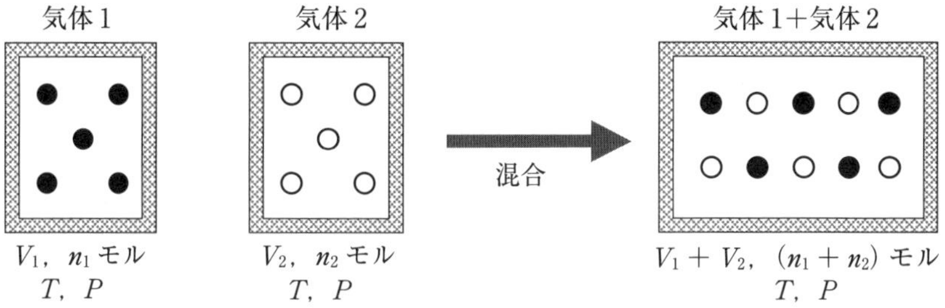


**図 6.3　定温・定圧条件での2種の気体の混合モデル**

また，$w^{N_A} = w_T$ である．したがって，気体の混合によるエントロピーの変化（$\Delta S$）は，

$$\Delta S = S_{混合後} - S_{混合前} = k \ln \frac{w'}{w} = -R(n_1 + n_2)(x_1 \ln x_1 + x_2 \ln x_2) \qquad (6.12)$$

で表すことができる．ただし，$x_1$ と $x_2$ はそれぞれ気体1と気体2のモル分率である．したがって，$0 < x_1$，$x_2 < 1$ であり，(6.12) 式は常に $\Delta S > 0$ となる．これは，2種の気体の混合において，系全体のエントロピーは常に増大することを示している．

## 3　熱力学第三法則

### SBO　C1-(2)-3-4）熱力学第三法則について説明できる

**熱力学第三法則**は，“絶対零度（0 K）での完全結晶におけるエントロピーは0である”ことを述べている．このことは，標準状態［1気圧（101,325 Pa），25℃（298.15 K）］における，純物質1モル当たりのエントロピーは，0 K から 298.15 K まで可逆的に加熱する際に要する熱量から求めることができることを示しており，これを**標準モルエントロピー**（$S^\circ$）という（表 6.1）．熱力学第三法則に基づけば，内部エネルギーやエンタルピーの時に算出不可能であった絶対値をエントロピーでは求めることが可能となる．そして，図 6.4 に示すように各反応物および各生成物の標準エントロピーがわかっていれば，化学反応における標準エントロピー変化（$\Delta S^\circ$）も求めることができる．

**表 6.1　標準モルエントロピー（$S°$）$J\,K^{-1}\,mol^{-1}$（$10^5$ Pa，273.15 K）**

| | | | | |
|---|---|---|---|---|
| 固　体 | Ag | 42.55 | CaO | 39.75 |
| | Al | 28.33 | Fe | 27.28 |
| | C（黒鉛） | 5.74 | $I_2$ | 116.14 |
| | C（ダイヤモンド） | 2.38 | NaCl | 72.13 |
| | Ca | 41.42 | KCl | 82.59 |
| 液　体 | $Br_2$ | 152.23 | $H_2O_2$ | 109.6 |
| | $H_2O$ | 69.91 | Hg | 76.02 |
| 気　体 | $Cl_2$ | 223.07 | NO | 210.76 |
| | $H_2$ | 130.68 | $NH_3$ | 192.45 |
| | $O_2$ | 205.14 | メタン | 186.38 |
| | $H_2O$ | 188.83 | エタン | 229.60 |
| | HBr | 198.70 | プロパン | 270.02 |
| | HCl | 186.91 | エチレン | 219.56 |
| | CO | 197.67 | アセチレン | 200.94 |
| | $CO_2$ | 213.74 | ベンゼン | 269.31 |
| | $N_2$ | 191.61 | トルエン | 316.59 |

（日本化学会編：化学便覧　基礎編Ⅱ，丸善（1993））

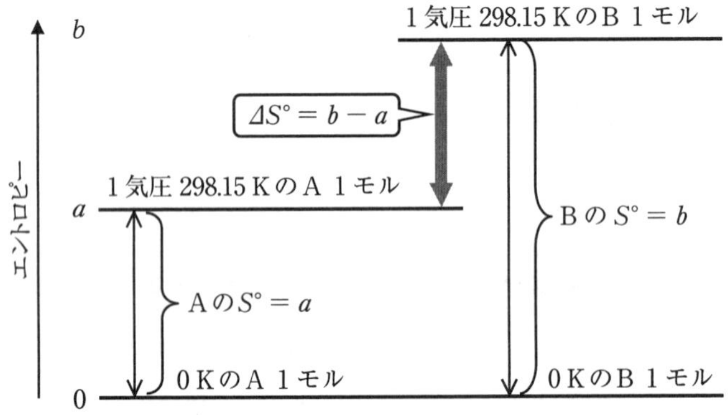


**図 6.4　反応 A → B におけるエントロピーの増加量**

# 7 自由エネルギー

## 1 はじめに

化学変化の方向を左右する因子として，エンタルピーとエントロピーがあることを学んだ．その中で，自発的な変化では，系は，内部エネルギーが最小となる状態（エンタルピーが最小の状態）と，なるべく乱雑な状態（エントロピーが最大の状態）という相反する二つの傾向を満たそうとしていることがわかった．本章では，エンタルピーとエントロピーをまとめた状態量である**自由エネルギー**とその意味について学ぶ．ある条件下で起こる反応の自由エネルギーの差を求めることができれば，その反応がどのくらい，どちら向きに起こりやすいのかを推定することができる．

## 2 ヘルムホルツエネルギーとギブズエネルギー

**SBO C1-(2)-3-5) 自由エネルギーについて説明できる**

**ヘルムホルツ**（Helmholtz）**（の自由）エネルギー**（$A$）は，内部エネルギー（$U$），エントロピー（$S$）および絶対温度（$T$）を用いて，

$$A = U - TS \quad \text{（定容変化）} \tag{7.1}$$

で定義される．

一方，**ギブズ**（Gibbs）**（の自由）エネルギー**（$G$）は，エンタルピー（$H$），エントロピー（$S$）および絶対温度（$T$）を用いて，

$$G = H - TS \quad \text{（定圧変化）} \tag{7.2}$$

で定義される．

いずれの自由エネルギーも，右辺第一項はエネルギーに関する項であり，第二項はエントロピ

ーに関する項である．ここで，系に出入りする熱は，定容変化では内部エネルギー変化に，定圧変化では，エンタルピーに等しいことから，定容変化ではヘルムホルツエネルギーを用い，定圧変化ではギブズエネルギーを用いる．我々は，通常，大気圧という定圧条件での変化を扱うので，ギブズエネルギーに注目している．また，単に自由エネルギーといった場合，それは，ギブズエネルギーのことを表している．そこで，この章では，ギブズエネルギーについてのみ扱う．

ところで，$U$, $H$, および$S$はいずれも状態関数であるから，もちろん$A$や$G$も状態関数である．したがって，系の変化が定温（$\varDelta T = 0$）で起こるときのヘルムホルツエネルギーの変化量（$\varDelta A$）およびギブズエネルギーの変化量（$\varDelta G$）は，(7.1) 式および (7.2) 式を全微分したものに，$\varDelta T = 0$を代入した

$$\varDelta A = \varDelta U - T\varDelta S \tag{7.3}$$

$$\varDelta G = \varDelta H - T\varDelta S \tag{7.4}$$

で表される．

## 3 自由エネルギーと変化が起こる方向

**SBO C1-(2)-3-5) 自由エネルギーについて説明できる**

**SBO C1-(2)-3-6) 熱力学関数の計算結果から，自発的な変化の方向と程度を予測できる**

自発的な変化では，系は最も安定（$\varDelta H < 0$），かつ最も乱雑な状態（$\varDelta S > 0$）をとろうとする．したがって，(7.4) 式より，自発的な変化では$\varDelta G < 0$となることがわかる．そして，(7.4) 式は，たとえ$\varDelta H > 0$の変化であっても，$\varDelta G$の符号は，結局，$\varDelta H$と$T\varDelta S$の二つの項の大きさの兼ね合いで決まり，温度にも依存することを示している．これらの事について，水の蒸発を例にとって，実際の数値を用いて考えてみる．

常に1気圧（101,325 Pa）の定圧状態が保たれている容積可変の密閉容器の中に1モルの液体の水が入っている．このときの水の蒸発[$H_2O$ (l) → $H_2O$ (g)]におけるエンタルピー変化$\varDelta H$, およびエントロピー変化$\varDelta S$は，今想定している温度範囲において一定と考えて，$\varDelta H = 41.0$ [kJ mol$^{-1}$]，および$\varDelta S = 0.11$ [kJ K$^{-1}$mol$^{-1}$]とする（実際には，$\varDelta H$と$\varDelta S$はともに温度に依存する）．この系において，温度を50℃（323.15 K）に保ったとき，エンタルピー変化に際して外部になされる仕事は，$-\varDelta H$に等しく，

$$-\varDelta H = -41.0\ [\mathrm{kJ\ mol^{-1}}]$$

である．これは，蒸発するためには1モル当たり41.0 kJの仕事が外部からなされなければならないことを示している．一方，このときエントロピー変化に際して外部になされる仕事は$T\varDelta S$に等しく，

$$T\varDelta S = 323.15 \times 0.11 = 35.5\ [\mathrm{kJ\ mol^{-1}}]$$

となる．ゆえに，系が外部に対して行える仕事，すなわち，ギブズエネルギーの減少量は，

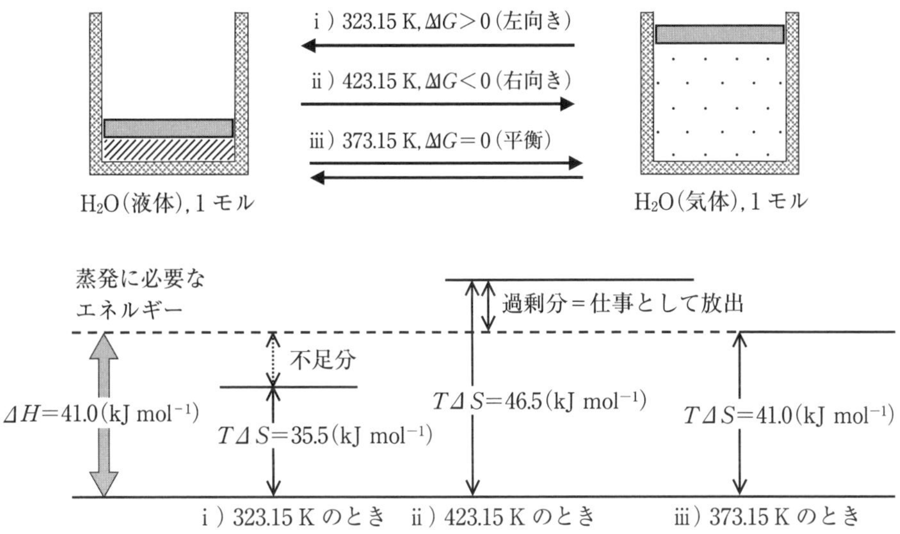


**図 7.1　水の蒸発と凝縮における自由エネルギーと変化の方向**

$$-\Delta G = -\Delta H + T\Delta S = -41.0 + 35.5 = -5.5\ [\mathrm{kJ\ mol^{-1}}]$$

となり，これは，この条件で水が蒸発するためには，5.5 kJ $\mathrm{mol^{-1}}$ ほどエネルギーが足りないことを示している．すなわち，このとき自発的に蒸発は起こらない［図 7.1 の i ）］．

次に，温度が 150 ℃（423.15 K）のときを考えてみる．このとき，$-\Delta H$ および $T\Delta S$ は，それぞれ，$-\Delta H = -41.0$ [kJ $\mathrm{mol^{-1}}$]，および $T\Delta S = 423.15 \times 0.11 = 46.5$ [kJ $\mathrm{mol^{-1}}$] である．したがって，

$$-\Delta G = -\Delta H + T\Delta S = -41.0 + 46.5 - 5.5\ [\mathrm{kJ\ mol^{-1}}]$$

となる．したがって，この条件では，水は蒸発（沸騰）し，外部に対して 5.5 kJ $\mathrm{mol^{-1}}$ 分の仕事をすることができる［図 7.1 の ii ）］．

では，$\Delta G = 0$ はどのような場合であろうか．このとき，$\Delta H = T\Delta S$ であり，見かけ上，どちらの向きにも変化が起こらなくなっている状態である．これを**平衡状態**という．上述の例では，100 ℃（373.15 K）において蒸発速度と凝縮速度が一致したときである［図 7.1 の iii ）］．

以上より，$\Delta G = 0$ となる条件（**平衡条件**）を探せば，それより高温側では，$\Delta G < 0$（$\Delta H < T\Delta S$）となり，反応は正方向（右向き）に進行し，低温側では $\Delta G > 0$（$\Delta H > T\Delta S$）となり，反応は逆方向に進行する．図 7.1 は以上の状態変化を図示したものである．

## 4　自由エネルギーの圧力や温度による変化

**SBO　C1-(2)-3-7）自由エネルギーの圧力と温度による変化を，式を用いて説明できる**

系が行う仕事が体積変化のみとすると，$G = H - TS$ および $H = U + PV$ から，

$$G = U + PV - TS \qquad (7.5)$$

が得られる．したがって，ギブズエネルギーの微小変化 $\mathrm{d}G$ は（7.5）式を全微分して，

$$\mathrm{d}G = \mathrm{d}U + P\mathrm{d}V + V\mathrm{d}P - T\mathrm{d}S - S\mathrm{d}T \qquad (7.6)$$

となる．ここで，$\mathrm{d}U = \mathrm{d}Q_{rev} - P\mathrm{d}V$，また，可逆過程のとき，$\mathrm{d}S = \mathrm{d}Q_{rev}/T$ であるので，(7.6) 式は，

$$\mathrm{d}G = V\mathrm{d}P - S\mathrm{d}T \qquad (7.7)$$

と表すことができる．この式は，ギブズエネルギーが圧力および温度によって変化することを示している．

**i） 圧力が変化するときの変化**

温度の変化がなく（$\varDelta T = 0$），圧力が変化するとき，（7.7）式は，$\mathrm{d}G = V\mathrm{d}P$，すなわち，

$$\left(\frac{\partial G}{\partial P}\right)_T = V$$

と表すことができる．すなわち，定温で状態1（$G_1$，$P_1$）から状態2（$G_2$，$P_2$）へ変化したときのギブズエネルギーの変化 $\varDelta G$ は，

$$\varDelta G = G_2 - G_1 = \int_{P_1}^{P_2} V\mathrm{d}P \qquad (7.8)$$

と表される．したがって，理想気体 $n$ モルについては，（7.8）式に気体の状態方程式 $PV = nRT$ を代入して，

$$\varDelta G = G_2 - G_1 = nRT\ln\frac{P_2}{P_1} \qquad (7.9)$$

となる．ここで，標準状態にある理想気体を1気圧から $P$ 気圧に圧力を変えたときのギブズエネルギーの変化（$G^\circ \to G$）を考える．このとき（7.9）式は，

$$G = G^\circ + nRT\ln P \qquad (7.10)$$

と表すことができる．$G^\circ$ は標準ギブズエネルギーを表している．（7.10）式は，圧力 $P$ における，その系の有する自由エネルギーは，標準ギブズエネルギーより $nRT\ln P$ だけずれていることを示している．

ところで，化学反応など多成分の混合物における変化では，その状態を規定するために**化学ポテンシャル**（$\mu$）を考慮する必要がある．化学ポテンシャルは，多成分系における各成分1モル当たりのギブズエネルギーである．したがって，化学反応

$$\mathrm{aA + bB \rightleftarrows cC + dD}$$

における成分Aの化学ポテンシャルは（7.10）式より，

$$\mu_\mathrm{A} = \mu_\mathrm{A}{}^\circ + RT\ln P_\mathrm{A} \quad \text{または} \quad \mu_\mathrm{A} = \mu_\mathrm{A}{}^\circ + RT\ln m_\mathrm{A} \qquad (7.11)$$

と表すことができる．ここで，$P_\mathrm{A}$ は気体の場合の成分Aの分圧であり，$m_\mathrm{A}$ は希薄溶液における成分Aの重量モル濃度である．また，$\mu_\mathrm{A}{}^\circ$ は，純粋な成分Aの標準状態における化学ポテンシャルである．一方，溶液において濃度が濃い場合，その振る舞いは理想溶液の状態から外れ (7.11) 式は成立しない．この場合，重量モル濃度の代わりに活量（$a_m$）を用いる．すなわち，その場合の化学ポテンシャルは，

$$\mu = \mu^\circ + RT\ln a_m$$

と表すことができる．ここで，$a_m$ は重量モル濃度に基づいた活量を表す．

平衡時には，反応物と生成物の化学ポテンシャルの和は等しくなることを利用すると，どこまで反応が進行して平衡に達するのかがわかる．

**ii）温度が変化するときの変化**

圧力の変化がなく（$\Delta P = 0$），温度のみが変化するとき，(7.7) 式より $\mathrm{d}G = -S\mathrm{d}T$，すなわち，

$$\left(\frac{\partial G}{\partial T}\right)_P = -S$$

と表すことができる．つまり物質を定圧で加熱するとき，すなわち状態1（$G_1$, $T_1$）から状態2（$G_2$, $T_2$）へ変化するときのギブズエネルギーの変化は，

$$\Delta G = G_2 - G_1 = -\int_{T_1}^{T_2} S\mathrm{d}T$$

となる．このとき（$T_2 - T_1$）が十分小さくて，その温度範囲内において $S$ を一定と見なすことができるならば，ギブズエネルギーの変化は，

$$\Delta G = -\int_{T_1}^{T_2} S\mathrm{d}T = -S(T_2 - T_1)$$

と表すことができる．

## 5　自由エネルギーと平衡定数の温度依存性

**SBO　C1-(2)-2-8)　自由エネルギーと平衡定数の温度依存性（van't Hoff の式）について説明できる**

前述したように，反応 A $\rightleftarrows$ B という可逆系において，正方向(A → B)と逆方向(A ← B)の反応速度が同じとき，この反応は**平衡状態**にあり，このとき $\Delta G = 0$（平衡条件）である．

この反応における，反応系，生成系の圧力をそれぞれ $P_\mathrm{A}$ および $P_\mathrm{B}$ とする．このとき，$P_\mathrm{A}$ と $P_\mathrm{B}$ との比を**平衡定数**（圧平衡定数）（$K_P$）という．すなわち

$$K_P = \frac{P_\mathrm{B}}{P_\mathrm{A}}$$

である．

ところで，平衡状態のとき，1モル当たりのギブズエネルギーの変化量は，(7.10) 式より，

$$\begin{aligned}\Delta G &= G_\mathrm{B} - G_\mathrm{A} \\ &= (G_\mathrm{B} + RT\ln P_\mathrm{B}) - (G_\mathrm{A} + RT\ln P_\mathrm{A}) = (G_\mathrm{B} - G_\mathrm{A}) + RT\ln\frac{P_\mathrm{B}}{P_\mathrm{A}} = 0\end{aligned}$$

である．ここで $G^\circ_\mathrm{B} - G^\circ_\mathrm{A} = \Delta G^\circ$ とすると，

$$\Delta G^\circ = RT\ln\frac{P_\mathrm{A}}{P_\mathrm{B}} = -RT\ln K_P \qquad (7.12)$$

と表すことができる．$\Delta G^\circ$ は反応の標準自由エネルギー変化と呼ばれており，一定温度では反

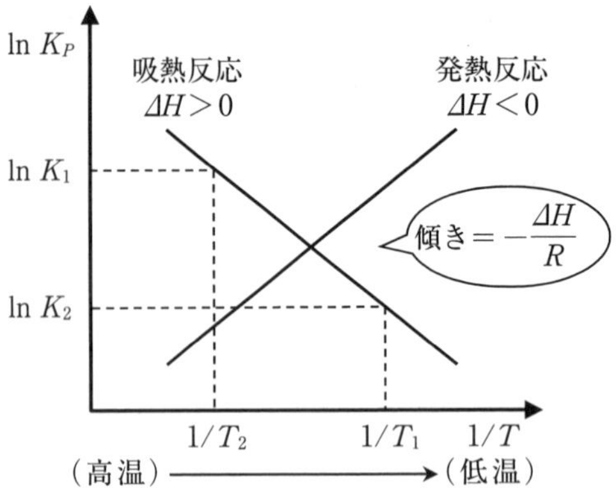


**図7.2　ファント・ホッフプロット**

応に固有の定数となる．

ところで，圧力一定のもとでの平衡定数の温度依存性は，次式の**ファント・ホッフ**（van't Hoff）**の式**で表される．

$$\frac{\mathrm{d}\ln K_P}{\mathrm{d}T} = \frac{\Delta H}{RT^2} \tag{7.13}$$

$\Delta H$ がこの変化の温度範囲において一定であるとして，(7.13) 式を積分すると，

$$\ln K_P = -\frac{\Delta H}{RT} + \mathrm{C} \tag{7.14}$$

が得られる．ここでCは積分定数である．(7.14) 式について，図7.2に示すように圧平衡定数の対数 $\ln K_P$ を絶対温度の逆数 $1/T$ に対してプロットしたものは**ファント・ホッフプロット**（van't Hoff plot）と呼ばれており，得られる直線の傾き $-\Delta H/R$ から反応エンタルピー $\Delta H$ を求めることができる．ファント・ホッフプロットでは，吸熱反応（$\Delta H > 0$）のとき右下がりの直線となり，温度の上昇（$1/T$ は減少）とともに $K_P$ は大きくなる．一方，発熱反応（$\Delta H < 0$）では右上がりの直線となり，温度の上昇とともに $K_P$ は小さくなる．

また，$T_1$ から $T_2$ までの温度範囲において $\Delta H$ がごくわずかしか変化せず，定数と見なすことができるならば，(7.13) 式を積分して，

$$\ln\frac{K_2}{K_1} = -\frac{\Delta H}{RT}\left(\frac{1}{T_2} - \frac{1}{T_1}\right) \tag{7.15}$$

を得ることができる．(7.13) 式を用いれば，温度 $T_1$ における平衡定数 $K_1$ から，別の温度 $T_2$ における平衡定数 $K_2$ を求めることができる．

ところで，定温・定圧変化に伴うギブズエネルギーの変化 $\Delta G$ は，$\Delta G = \Delta H - T\Delta S$ なので，これを (7.12) 式に代入すると，

$$\ln K_P = -\frac{\Delta H}{RT} + \frac{\Delta S}{R} \tag{7.16}$$

が得られる．この式は，(7.12) 式における積分定数が $\Delta S/R$ であることを示している．したがって，$K_P$，$\Delta H$，$\Delta S$ のうち，二つを実験的に求めることができれば，他の一つは (7.16) 式より，算出が可能である．

# 6 共役反応

**SBO C1-(2)-3-9) 共役反応について例を挙げて説明できる**

ある変化において，$\Delta G_1 > 0$ のとき，その変化は自発的に起こらないことを学んだ．ところが，$\Delta G_1 > 0$ の変化であっても，大きな負の $\Delta G_2$ を持つ反応と**共役**することで自発的に進行する．そのような反応を**共役反応**という．

**共役反応**について一般式を用いて考えてみる．標準反応ギブズエネルギー変化が，それぞれ $\Delta G^\circ_1$，$\Delta G^\circ_2$ である次の化学反応

$$\mathrm{A + B \rightleftharpoons C + D} \qquad \Delta G^\circ_1 \tag{7.17}$$

$$\mathrm{D + E \rightleftharpoons F + G} \qquad \Delta G^\circ_2 \tag{7.18}$$

について，両反応が共役しているとすると，全体の反応式は，

$$\mathrm{A + B + E \rightleftharpoons C + F + G} \qquad \Delta G^\circ_3 \tag{7.19}$$

と表すことができる．$\Delta G^\circ_3$ は（7.19）式における標準反応ギブズエネルギー変化である．ここで，（7.17）および（7.18）式の平衡定数をそれぞれ $K_1$，$K_2$ とすると，

$$K_1 = \frac{[\mathrm{C}][\mathrm{D}]}{[\mathrm{A}][\mathrm{B}]},\ K_2 = \frac{[\mathrm{F}][\mathrm{G}]}{[\mathrm{D}][\mathrm{E}]} \tag{7.20}$$

である．ただし，濃度は全て平衡時のものである．また，（7.19）式の平衡定数を $K_3$ とすると，

$$K_3 = \frac{[\mathrm{C}][\mathrm{F}][\mathrm{G}]}{[\mathrm{A}][\mathrm{B}][\mathrm{E}]} = K_1K_2,\ \text{すなわち，}\ \ln K_3 = \ln K_1 + \ln K_2 \tag{7.21}$$

となる．したがって，（7.21）および（7.12）式で表される標準反応ギブズエネルギー変化と平衡定数の関係式（$\Delta G^\circ = -RT\ln K$）より，

$$\Delta G^\circ_3 = \Delta G^\circ_1 + \Delta G^\circ_2 \tag{7.22}$$

の関係が成り立つ．これは，$\Delta G^\circ_1 \geqq 0$ であれば，（7.17）式における正方向（右向き）への変化は，標準状態において自発的には起こらないが，$\Delta G^\circ_2$ を持つ反応と共役し，$\Delta G^\circ_3 = \Delta G^\circ_1 + \Delta G^\circ_2 < 0$ の関係が満たされれば，自発的に進むことを意味している．このように，共役反応では，そのままでは進行しない反応がもう一つの反応と共役することにより円滑に進行する．

共役反応は，生命維持に重要な役割を果たしている．最も代表的なものは，図7.3に示したアデノシン5′-三リン酸（ATP）がアデノシン5′-二リン酸（ADP）に加水分解されるときに放出されるギブズエネルギーの利用である．ここでは，グルコースの代謝経路である解糖系におけるATPの役割について見てみる．

解糖系の第一段階は，次式で表されるリン酸化によるグルコース6′-リン酸の生成である．

$$\text{グルコース} + \mathrm{HPO_4}^{2-} \longrightarrow \text{グルコース 6′-リン酸} + \mathrm{H_2O} \tag{7.23}$$

$$\Delta G^{\circ\prime}_1 = 13.8\ \mathrm{kJ\ mol^{-1}}$$

ここで，$\Delta G^{\circ\prime}$ は生化学的標準状態（pH = 7.0）における値を表している．この反応は $\Delta G^{\circ\prime}_1 > 0$ であるから，反応は自発的には起こらない．しかし，この反応は，ATPの加水分解反応と共役

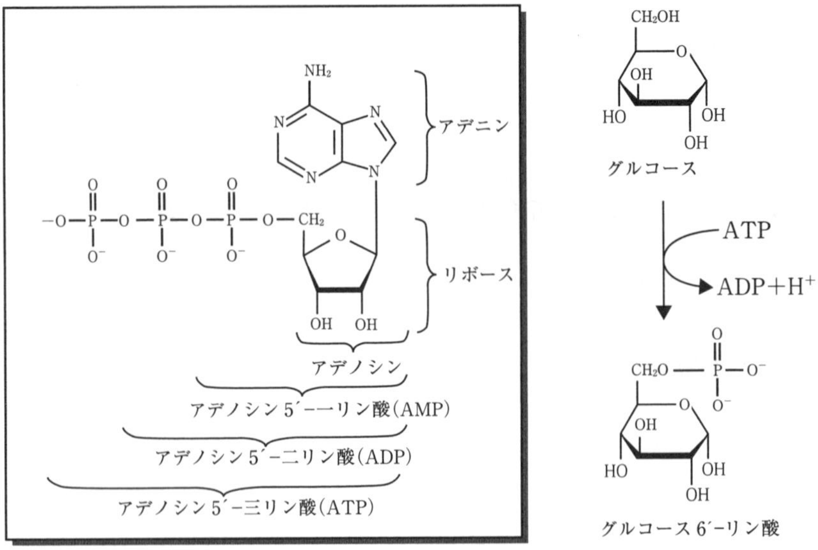


**図7.3　アデノシンリン酸エステルの分子式と解糖系におけるグルコースのリン酸化**

することにより，円滑に進行する．すなわち，中性付近ではATPの加水分解反応は

$$ATP^{4-} + H_2O \longrightarrow ADP^{3-} + H^+ + HPO_4^{2-} \qquad (7.24)$$

$$\varDelta G_2^{\circ\prime} = -30.5\ \mathrm{kJ\ mol^{-1}}$$

である．そして，(7.23) 式に示したグルコースのリン酸化は，(7.24) 式と共役することで，

$$\text{グルコース} + ATP^{4-} \longrightarrow \text{グルコース}\ 6'-\text{リン酸} + ADP^{3-} + H^+ \qquad (7.25)$$

で表され，このとき $\varDelta G_3^{\circ\prime} = -16.7\ \mathrm{kJ\ mol^{-1}}$ より，自発的に進行する．

ATPの加水分解反応によって発生するエネルギーは，生体内において上述の例以外にも，筋肉の収縮，濃度勾配に逆らう物質の輸送（能動輸送），あるいは，鞭毛や繊毛の運動などに関わる様々な反応に利用されている．

## 第 2 部の参考書

1）川面博司編：薬品物理化学の基礎　第 3 版，廣川書店（2000）
2）P. W. Atkins 著，千原秀昭，中村亘男訳：アトキンス物理化学　第 6 版（上），東京化学同人（2001）
3）松島美一，吉柳節夫監修，小野行雄編：薬学物理化学　第 4 版，廣川書店（2004）
4）岡島光洋著：理系なら知っておきたい化学の基本ノート[物理化学編]，中経出版（2004）
5）西庄重次郎編：薬学のための物理化学，化学同人（2002）
6）赤野松太郎，鮎川武二，藤城敏幸，村田浩著：医歯系の物理学，東京教学社（1987）
7）寺本英著：エネルギーとエントロピー，化学同人（1973）
8）G. K. Vemulapalli 著，上野實，大島広行，阿部正彦，江角邦男監訳：ベムラパリ物理化学 I 巨視的な系－熱力学，丸善（2000）
9）砂川重信著：熱・統計力学の考え方，岩波書店（1993）
10）日本薬学会編：物理系薬学 I．物質の物理化学的性質，東京化学同人（2005）
11）松本考芳著：バイオサイエンスのための物理化学入門，丸善（2005）
12）G. M. Barrow 著，野田春彦訳：生命科学のための物理化学，東京化学同人（1975）

# 8 物理平衡

## 1 はじめに

平衡（equilibrium）は，釣合いともいわれる．物体間および外界との熱または物質の交換，物体内の化学反応が静止する場合，熱力学的平衡状態にあるという．高等学校の化学で，沸騰，凝固，昇華による氷−水−水蒸気の相変化や希薄溶液の性質，コロイド溶液の性質を既に学習している．本章では，このような現象が何故起こるのかを物理化学的に考察する．相平衡は製剤学の基礎であり，有機化学実験の蒸留操作を説明する．また，溶液の束一的性質は，薬剤学を初め，生体膜の輸送に関わる．界面化学は種々の界面で起こる現象，すなわち乳化，ぬれ，接着，洗浄，摩擦帯電などを物理化学的な手段を用いて解明していこうとする学問である．生物系においては，細胞の膜を介した物質の移動が細胞膜への吸着，透過および細胞膜の反対側での脱着により進行するので，それに伴う物理化学的な状態変化を解明しなければならない．薬物の生体内挙動を考える場合にも，体内のタンパク質と薬物の相互作用，非生体高分子と薬物の結合による薬効の遅延効果など，吸着の概念が重要である．また，血液中には脂肪がエマルションとなって分散している．このエマルション粒子の表面状態の観察は，消化，吸収における生理学的問題の解決に必要である．

## 2 相率と相平衡

**SBO** C1-(3)-1-1）相変化に伴う熱の移動について説明できる

相（phase）とは，明確な物理的境界によって，他と区別される物質系の均一な部分のことである．気体，液体，固体の状態に応じて，気相，液相，固相とよぶ．ある物質が取りうるいくつかの状態の中でどの状態が安定なのか，エネルギー（エンタルピー）とエントロピーが決定する．

この2つの因子を1つにまとめたものがGibbsの自由エネルギーであり，1モルの分子が持つGibbsの自由エネルギーが化学ポテンシャル（$\mu$）である．理想気体の状態変化は，系は気体のままの変化であり，$P$–$V$，$S$–$T$は連続的に変化した（カルノーサイクル）．しかし，水は水蒸気（気相），水（液相），氷（固相）の3つの異なる相を取りうる．その間での相の変化を相転移という．相転移（phase transition）は温度，圧力，成分比などの変化によって物質が異なる相に移る現象で，相変化ともいう．

図8.1に，1気圧における水の相変化と化学ポテンシャルの関係を示した．$\mu_{氷}$は氷の化学ポテンシャル，$\mu_{水}$は水の化学ポテンシャル，$\mu_{水蒸気}$は水蒸気の化学ポテンシャルである．沸点以上の領域では$\mu_{水} > \mu_{水蒸気}$であるから，水は水蒸気である方が有利である．また，融点と沸点の間の温度範囲では，$\mu_{水蒸気} > \mu_{水}$，$\mu_{氷} > \mu_{水}$であるから，水は液体でいる方が水蒸気や氷でいるよりも有利である．融点以下の温度範囲では，$\mu_{水} > \mu_{氷}$であるから，水は氷である方が有利である．

$\left(\dfrac{\partial \mu}{\partial T}\right)_P = -s$であるから，$\mu$の傾きは1モルあたりのエントロピー（$s$）に負号をつけたものである．

相の間の平衡関係を示す図を状態図（phase diagram）という．状態図では2つ以上の相が平衡を保って共存する領域を境界線で示す．境界線の内側はそれぞれ均一相である．相律は，ギブズ（J. Willard Gibbs）によって導かれた，ある系の平衡条件を系の相数と成分との関係によって明らかにしたものである．平衡にある全ての相において，互いに，温度，圧力，化学ポテンシャルは等しい．

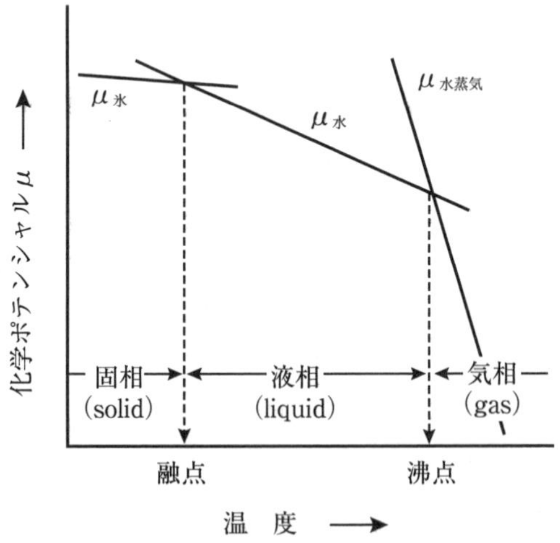


**図8.1　一定圧力下での水の相転移に伴う化学ポテンシャルの変化**

（大島，半田編：物性物理化学，南江堂（1999））

## a　一成分系の相平衡

**SBO　C1-(3)-1-1）相変化に伴う熱の移動（Clausius-Clapeyron の式など）について説明できる**

**SBO　C1-(3)-1-2）相平衡と相律について説明できる**

**SBO　C1-(3)-1-3）代表的な状態図（一成分系相図）について説明できる**

図8.2は，水の状態図である．DCは液体–気体平衡で蒸気圧曲線（沸点曲線）を表し，DBは液体–固体平衡で融解曲線を表す．DAは固体–気体平衡で昇華圧曲線である．3つの曲線の交点(D)は三重点（triple point）とよばれ，気体–液体–固体の平衡が成り立っている．373 K，1 atmで水と水蒸気の2つの状態が可能で，かつ互いに平衡にある．それぞれ気相，液相である．2つの相が平衡である条件は，圧力，温度，化学ポテンシャルが2相間で等しいことである．そうでない場合には，体積，熱，分子の移動が起こる．したがって，接触する2つの系の間の熱平衡条件は次の3つの式を満足する．

$$P_{水} = P_{水蒸気} = P \tag{8.1}$$

$$T_{水} = T_{水蒸気} = T \tag{8.2}$$

かつ

$$\mu_{水} = \mu_{水蒸気} \tag{8.3}$$

純物質の化学ポテンシャルは圧力と温度のみの関数であるから，

$$\mu_{水}\ (P_{水}, T_{水}) = \mu_{水蒸気}\ (P_{水蒸気}, T_{水蒸気}) \tag{8.4}$$

であり，したがって，

$$\mu_{水}\ (P, T) = \mu_{水蒸気}\ (P, T) \tag{8.5}$$

である．

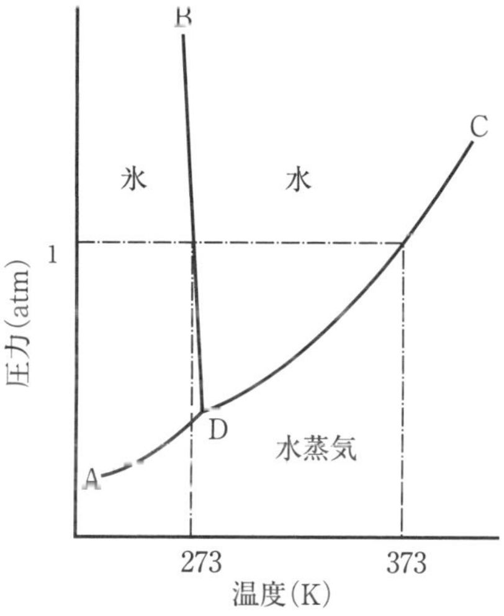


**図8.2　水の状態図**

（山口：相平衡状態図の見方・使い方，講談社サイエンティフィク（1997））

圧力 $P$ と温度 $T$ の間の関係式であるから，$P$ と $T$ は任意の値をとれずに，(8.5) 式を満足する値しか取れない．水と水蒸気であれば，$P = 1$ atm の時は，$T = 373$ K である．したがって，$P$ と $T$ のうちどちらか一方だけを任意に決められる．この時，この系の自由度は1であるという．自由度とは，自由に決められる変数の数である．

ある条件下では，水，水蒸気，氷の3相が共存できる．この場合，

$$\mu_{\text{水蒸気}}(P, T) = \mu_{\text{水}}(P, T) = \mu_{\text{氷}}(P, T) \tag{8.6}$$

である．これは，等式2つ分であるから，自由度は0になる．この点が水の三重点であり，$T = 273.16$ K，$P = 4.58$ mmHg $= 6.03 \times 10^{-3}$ atm（1 atm $=$ 760 mmHg）である．このように，自由度と相の数と成分の数には関係があり，(8.7) 式で表される．

$$f = c - p + 2 \tag{8.7}$$

ここで，$f$ は自由度，$c$ は成分の数，$p$ は相の数である．この関係を相律といい，**Gibbsの相律**（Gibbs' phase rule）ともいう．1成分系（$c = 1$）において，$f = 3 - p$ となる．したがって，$p = 1$ であれば（気相，液相，固相のどれか1つの状態を取っている），$f = 2$ で相を変化させることなく温度と圧力を別々に任意に変えることができる．$p = 2$ の場合，$c = 1$ では $f = 1$ となり，自由度1の1変数系である．圧力 $P$ を決めれば，2相が平衡にある温度 $T$ が確定し，温度 $T$ を決めれば，2相が平衡にある圧力 $P$ が確定する．$p = 3$ の場合，$c = 1$ では $f = 0$ となり，点Dに相当する温度と圧力しか取れない．

純物質の相変化点の温度 $T$ と圧力 $P$ の関係は **Clapeyron-Clausiusの式**［(8.8) 式］で表される．すなわち，$T$ を少し変えたときの $P$ の変化（$dP/dT$），あるいは $P$ を少し変えたときの $T$ の変化（$dT/dP$）を計算することができる．例えば，水と水蒸気は1気圧では100℃で平衡にあるが，1.5気圧では何℃で平衡になるかという問題である．水を相1，水蒸気を相2とおくと，$dP/dT$ は (8.8) 式で表される．

$$\frac{dP}{dT} = \frac{Q}{T(v_2 - v_1)} \tag{8.8}$$

ここで，$Q$ は1モルあたりの転移熱（蒸発熱），$v_1, v_2$ は1モルあたりの分子体積である．
平衡の条件は，(8.5) 式で表したように，

$$\mu_1(P, T) = \mu_2(P, T) \tag{8.9}$$

であり，各々の相内で，$T$ と $P$ の無限小変化による化学ポテンシャル $\mu$ の変化は，

$$\mu_1(P + \Delta P, T + \Delta T) = \mu_2(P + \Delta P, T + \Delta T) \tag{8.10}$$

である．(8.10) 式は，近似的に (8.11) 式のように表される．

$$\mu_1(P, T) + \frac{\partial \mu_1}{\partial P}\Delta P + \frac{\partial \mu_1}{\partial T}\Delta T = \mu_2(P, T) + \frac{\partial \mu_2}{\partial P}\Delta P + \frac{\partial \mu_2}{\partial T}\Delta T \tag{8.11}$$

ここで，(8.9) 式により，(8.11) 式の両辺の第一項は等しく，(8.12) 式が成立する．

$$\frac{\partial \mu_1}{\partial P}\Delta P + \frac{\partial \mu_1}{\partial T}\Delta T = \frac{\partial \mu_2}{\partial P}\Delta P + \frac{\partial \mu_2}{\partial T}\Delta T \tag{8.12}$$

したがって，

$$v_1 \Delta P - s_1 \Delta P = v_2 \Delta P - s_2 \Delta P \quad (8.13)$$

である．ここで，$s_1$，$s_2$ は，1モルあたりのエントロピーである．

$$\frac{\Delta P}{\Delta T} = \frac{s_2 - s_1}{v_2 - v_1} \quad (8.14)$$

であり，$(s_2 - s_1) = Q/T$ であるから，(8.8) 式が得られる．

図8.2の水の状態図の中で，蒸気圧曲線，昇華圧曲線の傾きは正である．水から水蒸気になるとき，あるいは氷から水蒸気になるとき，熱量 $Q$ が系に加えられる（$Q > 0$）．水蒸気1モルの体積は水1モルの体積よりも大きく，また，水蒸気1モルの体積は氷1モルの体積よりも大きい，したがって，$v_2 - v_1 > 0$ であり，右辺は正である．したがって，$dP/dT > 0$ であるので，曲線の傾きは正である．一方，氷が水に変化するとき，熱量 $Q$ が系に加えられる（$Q > 0$）．水1モルの体積は氷1モルの体積よりも小さい（氷の密度＜水の密度であり，氷は水に浮く）ので，$v_2 - v_1 < 0$ であり，右辺は負になる．したがって，$dP/dT < 0$ であるので，曲線の傾きは負である．

## b　二成分系の相平衡

### SBO　C1-(3)-1-2）相平衡と相律について説明できる

### SBO　C1-(3)-1-3）代表的な状態図（二成分系相図）について説明できる

二成分系の相律は，(8.7) 式より，$c = 2$ であるから，$f = 4 - p$ となる．相の数（$p$）は最小で1であるから，自由度（$f$）は最大で3である．自由度は，温度，圧力と構成相の組成である．したがって，二成分系の状態図は温度，圧力，組成を座標軸として3次元で表される．しかし，一般に，圧力は一定の条件で用いられるので，温度と組成を座標軸にとった平面図で表される．

フェノール（phenol）は殺菌，消毒薬として用いられるが，常温では，無色～わずかに赤色の結晶性の塊であり，特異臭がある．常温では，フェノール1gが約15gの水に溶解する．フェノールの水に対する溶解度は温度が上昇すると高くなり，図8.3に示すような状態図を示す．66.8℃以上の温度では，フェノールと水はどのような割合でも溶解し，1液相となる．

しかし，66.8℃以下の温度では部分的に混和し，曲線hcigjで囲まれた範囲の温度と組成では，相分離（phase separation）を起こし，2液相になる．a点とb点は1液相である．50℃において，c点は11％フェノール，89％水の混合物である．また，g点は63％フェノール，37％水の混合物である．d点，e点，f点において，c点の組成を持つ溶液とg点の組成を持つ溶液の2液に相分離する．f点の混合物が2相に分離するとき，その重量比は (8.15) 式で表される．

c相の重量 / g相の重量 ＝ 長さfg / 長さfc　(8.15)

(8.15) 式は「**てこの原理**（lever role）」とよばれる．図の中のcg線のように，平衡で共存する相を結ぶ連結線をタイライン（tie line）という．1液相で温度が指定されれば，$p = 1$，$c = 2$ であるから，$f = 3$ であり，温度，圧力を固定しているので，その領域で，組成を変化することができる．また，ある圧力下，ある温度において，2液相を形成する領域では，$p = 2$，$c$

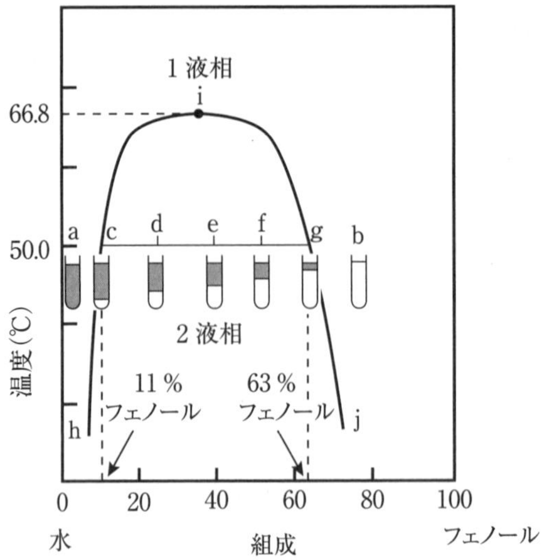


**図8.3　水−フェノール混合物の状態図**

（大島，半田編：物性物理化学，南江堂（1999））

＝2であるから，$f=2$であり，秤り入れた量（横軸の濃度）に無関係に，相分離している2相の状態（組成や量の比）が決まる．

二つの揮発成分AとBの混合物の一定圧力下における相図を図8.4に示す．成分Aの沸点は$T_A^\circ$で成分Bの沸点は$T_B^\circ$である．上の曲線を**気相線**とよび，これよりも上の領域では，気体状態で成分AとBが混和している．下の曲線を**液相線**とよび，この曲線よりも下の領域では，液体状態で成分AとBが混和している．2本の曲線に囲まれた領域では，液体と気体が共存している．直線$g_1l_1$，$g_2l_2$，$g_3l_3$などはタイラインである．また，このような相図を示す混合物は蒸発，凝縮を繰り返すことによって，最終的に純粋にAだけを含有する物体が得られる．この

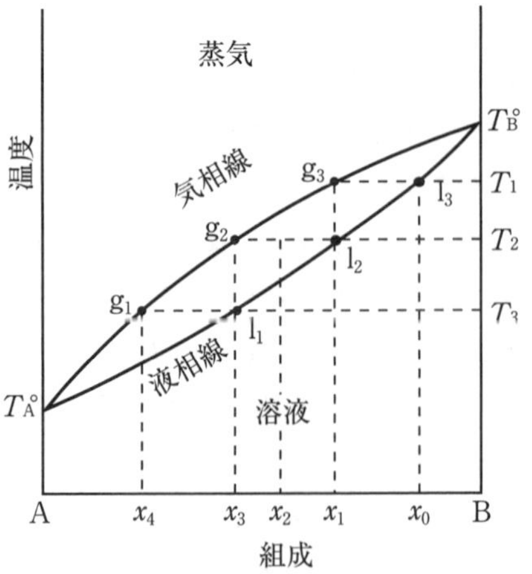


**図8.4　揮発性液体の二成分混合図**

（大塚，近藤編：薬学生のための物理化学，廣川書店（2004））

操作を分留という．

すなわち，組成 $x_0$ の混合物を加熱したとき，温度が $T_1$ に達すると，沸騰が起こる．その時発生する蒸気の組成は $x_1$ である．組成が $x_1$ の蒸気を取り出して，冷却して（凝縮）得られた液体の混合物（組成 $x_1$）を再び加熱すると，温度 $T_2$ で沸騰が起こる．その時発生する蒸気の組成は $x_3$ である．組成が $x_3$ の蒸気を取り出して，冷却して（凝縮）得られた液体の混合物（組成 $x_3$）を再び加熱すると，温度 $T_3$ で沸騰が起こる．その時発生する蒸気の組成は $x_4$ である．この操作を繰り返すことによって，成分 A の純品が得られる．

図 8.5 に，一定圧力下における沸点 $T_A^\circ$ の成分 A と沸点 $T_B^\circ$ の成分 B の混合物のもう 1 つの代表的な相図を示した．図 8.5 では，気相線と液相線が組成 $x_1$ のところで極大値を持つ．この組成 $x_1$ の混合物を**共沸混合物**という．組成 $x_2$ の混合物を加熱し，蒸留操作を繰り返していくと，純粋な A と共沸混合物が得られる．組成 $x_2$ から出発し，温度 $T_1$ に達すると，気化した蒸気は A に富んでいるので，残りの液は B が多くなり，蒸留を繰り返すと，沸点が上がって共沸点（成分 $x_1$，沸点 $T_3$）に達する．極大値 $T_3$ に達したとき，液と気体の組成が一致して，これ以上は蒸留しても組成が変化しない．

図 8.6 に，逆に極小点を示す相図を示した．この時も共沸点に達する．水–エタノールの混合物は図 8.6 のような状態図を示し，沸点 78.2 ℃で，エタノール 96 %，水 4 %という組成の共沸混合物が得られる．そのため，いかに蒸留してもこれ以上にエタノールを濃縮することはできない．純粋な（無水）エタノールを作るためには，蒸留で 96 % エタノールを作り，脱水剤によって水分を取り除き，その後，脱水剤を除く．

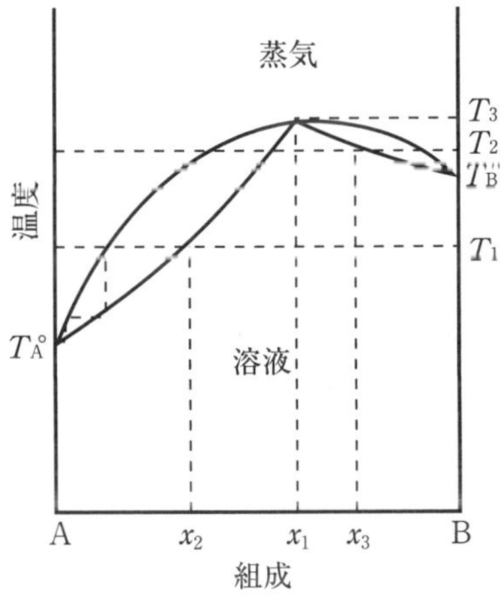


**図 8.5　沸点が極大値をもつ揮発性液体の二成分混合図**

（大塚，近藤編：薬学生のための物理化学，廣川書店（2004））

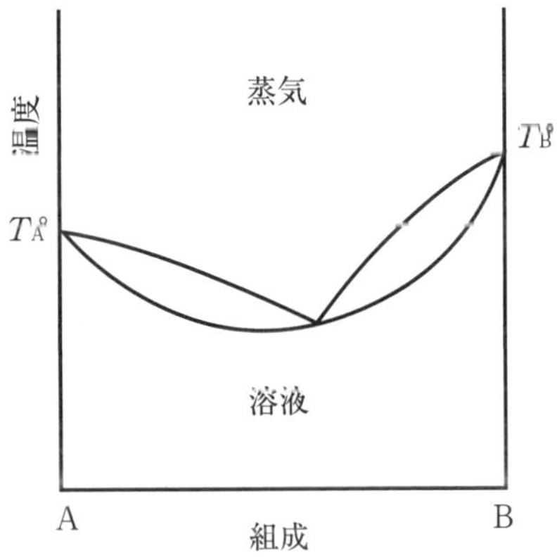


**図 8.6　沸点が極小値をもつ揮発性液体の二成分混合図**

（大塚，近藤編：薬学生のための物理化学，廣川書店（2004））

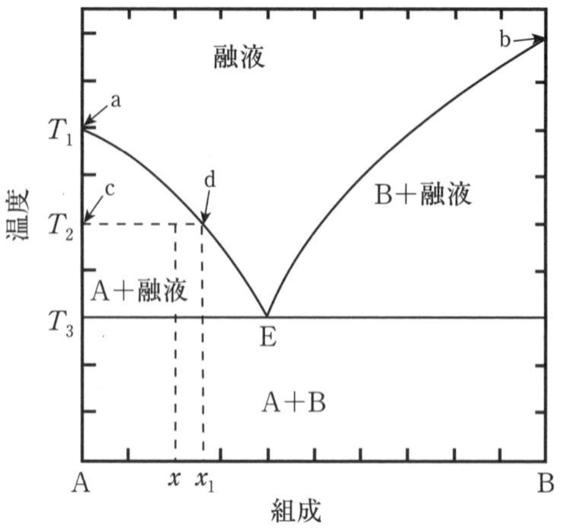


**図 8.7 固相 A，固相 B，融液相が存在する二成分混合図**

（山口：相平衡状態図の見方・使い方，講談社サイエンティフィク（1997））

一定圧力下で，固相 A と固相 B および融液相が共存する場合の相図を図 8.7 に示す．点 E では 3 相が共存しているので，自由度 $f = 0$ であり，共融点という．組成と温度を変化させることはできず，一定圧力下では一点に決まる．一方，温度 $T_3$ 以下では，固体成分 A と B が共存し，$p = 2$，$f = 1$ であるから，組成か温度を変化させることができる．A 結晶相と融液が存在する領域の中で，温度 $T_2$ で A 結晶相と平衡に共存できる融液相の組成は $x_1$ と決まる．1 相が存在する場合（融液相），$f = 2$ である．温度と融液組成を変化させることができる．adE および，bE は液相線であり，液相のみが存在する領域と固相が共存する領域の境界線である．種々の温度において，固相と平衡に共存できる融液の組成を表す線である．組成 $x$ の組成物が，温度 $T_2$ で固相と融液相になった場合，融液組成は $x_1$ である．固相と融液相の比は**「てこの原理」**で説明され，（A の量）/（融液 $x_1$ の量）＝（d − $x$）/（$x$ − c）である．

## c 三成分系の相平衡

### SBO C1-(3)-1-2）相平衡と相律について説明できる

### SBO C1-(3)-1-3）代表的な状態図（三成分系相図）について説明できる

一定圧力，一定温度の条件下での三成分系の相図は，図 8.8 に示すように三角座標を用いて表される．正三角系の頂点 A，B，C は各々，ゼラチン 100 %，エタノール 100 %，水 100 % を示す．辺 AB，辺 BC，辺 AC は，水 0 %，ゼラチン 0 %，エタノール 0 % を示す．線 AE は水：エタノール＝50：50 の系を示す．線 BD は，ゼラチン 5 % 水溶液にエタノールを添加していった系を示す．ゼラチンの水溶液にエタノールを添加していくときに，ゼラチンの溶解度が低下し，ゼラチンに富んだ相が分離する．この現象を**コアセルベーション**と呼ぶ．GE 曲線よりも下の部分はコアセルベーションの起こる領域である．三成分系のタイラインは辺に水平ではない．

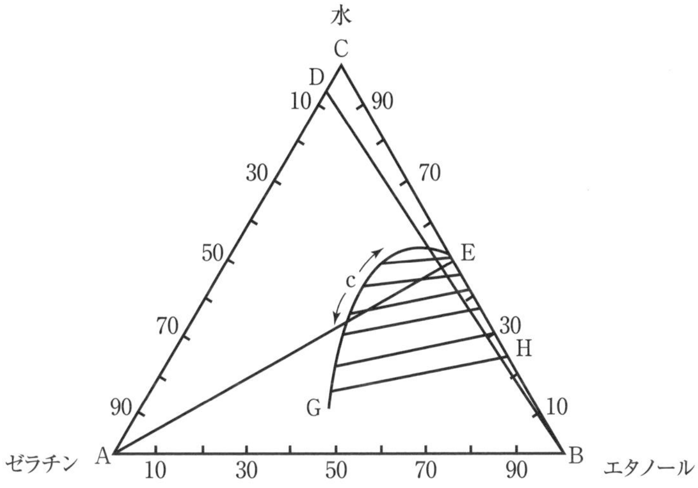


**図 8.8　ゼラチン–水–エタノール系の相図**

（近藤，小石：新版マイクロカプセル—その製法・性質・応用，三共出版（1987））

## 3　溶液の濃度

**SBO　C1-(3)-1-4)　物質の溶解平衡について説明できる**

溶液（solution）とは，液体状態にある均一な混合物をいう．溶液は，ある液体に他の液体，または気体，固体を溶解して作られる．もとになる液体を溶媒，溶解する物質を溶質という．理想溶液として扱えるのは，溶媒分子と溶質分子の相互作用が溶媒分子間の相互作用，溶質分子間の相互作用とほぼ等しい場合であるが，実在の溶液では，理想溶液の性質からずれる．実在の溶液で理想溶液に近い性質を示すのは，非電解質の低分子分子が溶解している希薄溶液である．溶液の濃度は，一般に以下に示すモル分率，モル濃度，質量モル濃度の3つの方法で表される（第4章6c）．

# 4 平衡と化学ポテンシャルの関係

**SBO　C1-(3)-2-1) 化学ポテンシャルについて説明できる**

**SBO　C1-(3)-2-3) 平衡と化学ポテンシャルの関係を説明できる**

## 1） 部分モル量（Partial molar quantity）

ある1つの相において各成分の物質量を $n_1, n_2$ …… とし，この相のある示量変数（体積 $V$，エントロピー $S$，内部エネルギー $E$，ギブズ自由エネルギー $G$，ヘルムホルツ自由エネルギー $F$，エンタルピー $H$，分子数 $N$ 等）を $X$ とするとき，

$$x_1 = \left(\frac{\partial X}{\partial n_1}\right)_{T, P, n_2, n_3 \cdots\cdots} \tag{8.16}$$

$$x_2 = \left(\frac{\partial X}{\partial n_2}\right)_{T, P, n_1, n_3 \cdots\cdots} \tag{8.17}$$

を $X$ の部分モル量という．ここで，$T$ は温度，$P$ は圧力である．温度と圧力を一定に保てば，

$$X = n_1 x_1 + n_2 x_2 + \cdots\cdots \tag{8.18}$$

となる．特に，

$$\partial G / \partial_{n_i} = \mu_i \tag{8.19}$$

であり，1モルの分子が持つギブズ自由エネルギー（ギブズ自由エネルギーの部分モル数）を化学ポテンシャル（chemical potential）という．また，

$$\partial V / \partial_{n_i} = v_i \tag{8.20}$$

を部分モル体積という．

## 2） 溶液の化学ポテンシャル

理想溶液（ideal solution）の場合，系内に存在する分子間に相互作用が働かない．このような特殊な場合，溶液中の溶質分子の化学ポテンシャル $\mu_{質}$ は，溶質分子の標準化学ポテンシャル $\mu_{質}^{\circ}$ とモル分率 $x_{質}$ を用いて（8.21）式で表される．

$$\mu_{質} = \mu_{質}^{\circ} + RT \ln x_{質} \tag{8.21}$$

また，希薄溶液では，溶質分子の化学ポテンシャルを表すのに，モル分率の代わりに溶質のモル濃度 $C_{質}$ [mol/L] を用いて（8.22）式のように表す．

$$\mu_{質} = \mu_{質}^{\circ} + RT \ln C_{質} \tag{8.22}$$

溶質の濃度が高いほど，溶質の化学ポテンシャルが高くなることがわかる．溶液の中に，溶質の化学ポテンシャルが高い場所と低い場所があるとする．物質は化学ポテンシャルが高い場所から低い場所へ移動しようとするため，一種の力がその成分に作用するように見える．この現象が**拡散**である．平衡状態において，溶液内のどの部分においても溶質の化学ポテンシャルは等しく，

また溶媒の**化学ポテンシャル**も等しい．各成分の化学ポテンシャルが系の中で一様な値に到達した状態を平衡状態という．

### 3）理想溶液とラウール（Raoult）の法則

理想溶液では，溶質と溶媒を混合しても，発熱，吸熱が起こらず（$\Delta H = 0$），体積変化も起こらない．理想溶液と平衡にある蒸気中の成分の分圧は，溶液中のモル分率に比例する（図 8.9）．

ここで，$P_A^\circ$ は，$x_A = 1$（純溶媒）のときの蒸気圧である．溶液の第 2 成分を B として，A と B からなる理想溶液で，$P_B^\circ$ を $x_B = 1$ のときの蒸気圧とすると，(8.23) 式と (8.24) 式が成立する．

$$P_A = P_A^\circ x_A \tag{8.23}$$

$$P_B = P_B^\circ x_B \tag{8.24}$$

全圧 $P$ について，

$$P = P_A + P_B \tag{8.25}$$

が成立している．

ラウールは，溶液が希薄な場合に，溶媒 A の蒸気圧について，(8.23) 式が成立することを見出した．同様に，成分 B が多くて，成分 A が極めて希薄である場合も，(8.24) 式が成立する．

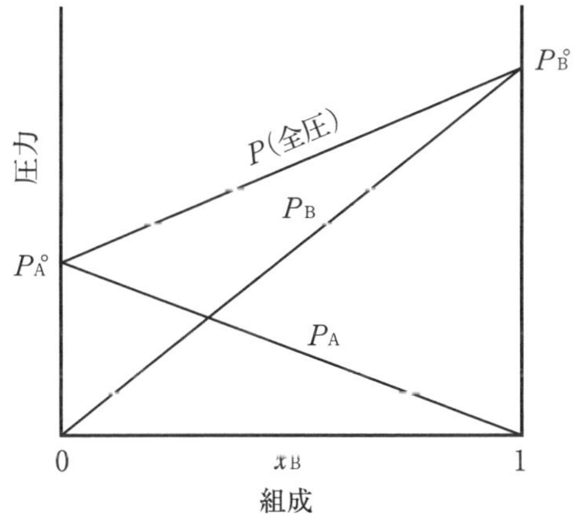


**図 8.9　理想溶液と平衡にある蒸気中の各々の成分の分圧**

（大塚，近藤編：薬学生のための物理化学，廣川書店（2004））

### 4）非理想溶液とヘンリー（Henry）の法則

理想溶液では，構成成分の大きさや分子間相互作用が等しいと想定されていた．しかし，多くの溶液は非理想溶液である．A–B 分子の凝集力が A–A 分子の凝集力や B–B 分子の凝集力よりも弱くなる場合があり，その場合には，A 分子も B 分子も溶液から逃散する傾向が見られるから，溶液の蒸気圧はラウールの法則から予測されるよりも大きな値をとる．逆に，A–B の分子の凝集力が A–A 分子の凝集力や B–B 分子の凝集力よりも強い場合，溶液に残ろうとするから，溶液の蒸気圧はラウールの法則から予測されるよりも小さな値になる（図 8.10）．このように，溶媒–溶質間相互作用が溶媒–分子間相互作用や溶質–分子間相互作用と異なる場合，溶液中の成分の化学ポテンシャルは理想状態から変化する．この効果を，活量係数$f$を導入して表すと，(8.26)式と（8.27）式で表される．

$$\mu_A = \mu_A^\circ + RT \ln f_A x_A \tag{8.26}$$

$$\mu_B = \mu_B^\circ + RT \ln f_B x_B \tag{8.27}$$

さらに，溶液–蒸気平衡の一般式は（8.28）式と（8.29）式で表される．

$$P_A = P_A^\circ f_A x_A \tag{8.28}$$

$$P_B = P_B^\circ f_B x_B \tag{8.29}$$

多量のA分子と極少量のB分子を混合した場合，A分子の周囲にはA分子が多いので，A分子は理想溶液状態を示す．

$$P_A = P_A^\circ x_A \tag{8.23}$$

しかし，B分子はA分子に囲まれるので，

$$P_B = P_B^\circ f_B x_B = k x_B \tag{8.30}$$

と表される．$k$はヘンリーの定数である．このように，濃厚な成分についてラウールの法則が成立し，希薄な成分についてヘンリーの法則が成立する．図8.10に，B成分に関するヘンリーの定数$k_B$とA成分に関するヘンリーの定数$k_A$を示した．

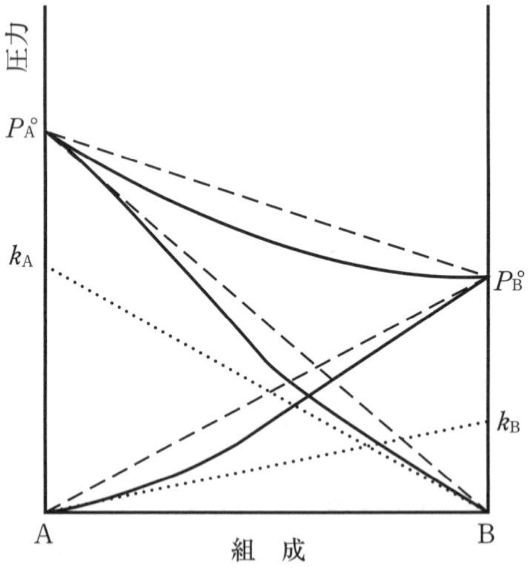


**図8.10　非理想溶液と平衡にある蒸気中の各々の成分の分圧**

（大塚，近藤編：薬学生のための物理化学，廣川書店（2004））

### 5）分配平衡

互いに混ざり合わない２つの溶媒が接し，各々の溶媒中に溶解できる溶質が存在するとき，平衡状態では，一定温度，一定圧力下において各々の溶液中に存在する溶質の濃度の比は一定になり，この比（平衡定数）を分配係数（partition coefficient）という．平衡が成立する条件は，(1) 熱力学的平衡が成立している，(2) 両方の相の成分の和は分配の過程で一定である，(3) 2相間に分配する化学種は同一であることである．例えば，溶媒Ａと，溶質からなる溶液Ａと溶媒Ｂと溶質からなる溶液Ｂが存在するとき，各々の溶液中における溶質の化学ポテンシャル $\mu_A$ と $\mu_B$ は次式で表される．

$$\mu_A = \mu_A^\circ + RT \ln C_A \tag{8.31}$$

$$\mu_B = \mu_B^\circ + RT \ln C_B \tag{8.32}$$

$C_A$，$C_B$ は，溶液Ａ，溶液Ｂ中の溶質の濃度である．
平衡において，

$$\mu_A = \mu_B \tag{8.33}$$

であるから，(8.34) 式が成立する．

$$\mu_A^\circ + RT \ln C_A = \mu_B^\circ + RT \ln C_B \tag{8.34}$$

したがって，(8.35) 式が得られ，

$$K_d = \frac{C_A}{C_B} = \exp\left(-\frac{\mu_A^\circ - \mu_B^\circ}{RT}\right) \tag{8.35}$$

$K_d$ が分配係数である．分配係数は温度，圧力が一定の場合，溶液Ａと溶液Ｂの中での溶質の居心地の悪さの差として表される．

## 5　溶液の束一的性質（Colligative property）

**SBO　C1-(3)-1-5) 溶液の束一的性質（浸透圧,沸点上昇, 凝固点降下など）について説明できる**

凝固点降下，沸点上昇，蒸気圧降下，浸透圧などは，溶媒の性質と溶解している溶質分子の数（濃度）だけで決まり，溶質の種類に依存しない．そのため，溶液の束一的性質という．

### 1）凝固点降下（Depression of freezing point）

凝固（solidification）とは，ある物質が液相（または気相）から固相に変わる現象をいう．一定圧力のもとで液相状態の物質が固相と平衡を保つときの温度を凝固点（freezing point）という．一般に，凝固点と融点は一致する．

溶質が溶媒に溶け込むことによって，溶媒の凝固点が降下する現象を凝固点降下という．十分に希薄な溶液では，凝固点降下 $\Delta T_m$ は次式で与えられる．

$$\Delta T_m = iK_f m \tag{8.36}$$

$m$ は溶液の質量モル濃度，$i$ はファントホッフ係数で，溶質が非電解質である場合には1とみなせる．$K_f$ は純溶媒の**モル凝固点降下定数**とよばれる定数である．$K_f$ は溶媒のモル質量，融解エンタルピーと融点から計算できる溶媒に固有な値である．溶媒1 kgに溶質1 molを溶解した溶液（質量モル濃度 $m = 1$ mol/kg）の凝固点降下をモル凝固点降下といい，この値は $K_f$ に一致する．与えられた溶媒中にある溶質が溶解している場合，この希薄溶液の凝固点降下 $\Delta T_m$ を測定すれば，その溶質の分子量を求めることができる．分子量を求めるこの方法を，凝固点降下法という．

なぜ溶質を溶解すると凝固点降下が起こるのか．凝固するのは，溶媒分子である．したがって，溶媒分子が凝固すると，溶液中の溶媒分子の数が減少して溶質の濃度が増加する．溶質濃度が低い方が化学ポテンシャルは低いので，溶液を薄めようとして，一旦凝固しようとした溶媒分子が融けだすから，凝固点が低下する．例えば，273 K，1 atmのとき，水と氷が熱平衡状態にある．この水にショ糖を溶解すると氷が融解し，再び凍らせるためには，温度を273 Kよりも低下させる必要がある．

### 2） 沸点上昇（Elevation of boiling point）

ある溶媒に不揮発性の溶質が溶解すると沸点が上昇する．なぜ沸点が上昇するのか．蒸発するのは，溶媒分子である．したがって，溶媒分子が蒸発すると，溶液中の溶媒分子の数が減少して溶質の濃度が増加する．溶質濃度が低い方が化学ポテンシャルは低いので，溶液を薄めようとして溶媒分子が蒸発しないので，沸点が上昇する．
溶液が十分希薄である場合，

$$\Delta T_b = \frac{xRT_b^2}{Q} = K_b m \qquad (8.37)$$

と表される．$K_b$ はモル沸点上昇係数定数，$x$ は溶質の濃度，$T_b$ は溶媒の沸点である．

### 3） 蒸気圧降下

溶媒のモル分率を $x_A$，純溶媒の蒸気圧を $P_A^\circ$ とする．溶質が不揮発性であるとき，気相には溶媒分子だけが存在する．溶媒Aについてラウールの法則が成立するならば，

$$P_A = P_A^\circ x_A \qquad (8.23)$$

であり，溶質のモル分率を $x_B$ とすると，$x_B = 1 - x_A$ である．

$$\frac{P_A^\circ - P_A}{P_A^\circ} = \frac{\Delta P_A}{P_A^\circ} = x_B = \frac{n_B}{n_A + n_B} \qquad (8.38)$$

ここで，$n_A$，$n_B$ は，A分子とB分子の数である．
$n_B \ll n_A$ であるから，(8.38) 式は (8.39) 式のように書ける．

$$\frac{\Delta P}{P_A^\circ} = \frac{n_B}{n_A} = \frac{W_B}{M_B} \cdot \frac{M_A}{W_A} \qquad (8.39)$$

ここで，$M_A$，$M_B$ は溶媒Aと溶質Bの分子量，$W_A$，$W_B$ は溶媒Aと溶質Bの重量を示す．
したがって，質量モル濃度（重量モル濃度） $m = (1000\ W_B) / M_B\ W_A$ であり，

$$\Delta P = \left(\frac{M_A P_A^\circ}{1000}\right) m \qquad (8.40)$$

となり，

$$\Delta P = km \qquad (8.41)$$

と書ける．蒸気圧降下 $\Delta P$ は溶質の種類に関係なく，溶媒の性質と溶質の質量モル濃度（重量モル濃度）だけによって変化することが示される．

### 4）浸透圧（Osmotic pressure）

溶液に溶質分子の濃い所と薄い所があると，均一になろうとする．したがって，溶質分子は濃い方から薄い方へ，溶媒分子は溶液の薄い方から濃い方に移動する．溶媒分子は透過できるが，溶質分子は透過できない膜で溶液（溶液の濃度 $C$，溶質のモル分率 $x$）を囲んで，溶媒の中に入れる．その結果，溶媒分子は膜を透過して膜の内部に入ってくる．しかし，溶質分子は，膜の外に出られない．膜の内外での平衡の条件は，溶媒分子の化学ポテンシャルが等しいことである．溶質分子は膜を透過しないので平衡にはなっていない．その結果，圧力が膜の内外で異なり，この差が浸透圧である．溶媒分子が入ってくるので，膜の内側の方が外側よりも圧力が高い．膜の力学的強度と圧力差が釣り合っている．溶液の質量モル濃度を $C$ とおくと，希薄な溶液において浸透圧差（$\Pi$）は（8.42）式で表される．

$$\Pi = CRT \qquad (8.42)$$

浸透圧は溶質の種類によらず，溶質の濃度にだけ依存する．

# 6　界面（Interface）

気相と液相，液相と固相，気相と固相，固相と固相，互いに混ざり合わない液相と液相などの境界面を界面とよぶ．物質は体積を大きくしたい（エントロピーが増大する）が，面積は小さくしたい（エンタルピー的に有利）．そのため，界面には界面張力と呼ばれる面積を小さくする方向に働く仮想的な力が働く．実際には，面積を小さくすることによって単位面積あたり低下するエネルギーである．界面では，物質の内部とは異なる現象が見られる．例えば，吸着である．コロイドの凝集，分散など，懸濁剤やエマルションの安定性も界面の性質に依存している．

## a　界面張力（Interfacial tension）

**SBO　C1-(3)-1-6）界面における平衡について説明できる**

内部にある分子は，あらゆる方向にある分子と均一に相互作用している．界面に存在する分子は，自分よりも下にある分子とは均一に相互作用するが，自分の上にある異なる相にある分子とは異なる相互作用をしている．そのため，界面には過剰なエネルギーが存在する．界面張力は，界面の面積を小さくしようとする方向に働く仮想的な力であり（もしこの力がないとき，液体の表面積は無限に大きくなり，界面はなくなる．すなわち，2相は混ざり合う），単位面積あたりの界面過剰エネルギーの減少分である．界面の面積を大きくすると，界面の内部エネルギーは増加する．内部エネルギーの増加を $dE$，界面の面積の増加を $dA$ とおくと，$dE$ は $dA$ に比例する．その比例定数を $\gamma$ とおくと，

$$dE = \gamma dA \qquad (8.43)$$

と書ける．この $\gamma$ が界面張力である．界面張力は，熱力学的には界面の単位面積が持つ過剰の自由エネルギー，すなわち界面自由エネルギーに等しい．$\gamma$ の単位は $J/m_2 = N/m$ である．水と空気の界面張力は，20℃において $72.75 \times 10^{-3}$ N/m であり，温度が高くなると界面張力は低下する．

## b　界面張力の測定法

**SBO　C1-(3)-1-6）界面における平衡について説明できる**

界面張力の測定法には，毛管上昇法，輪環法，滴重法，ウィルヘルミー（Wilhelmy）法（つり板法）などがある．

### 1）　毛管上昇法

液体の中に垂直に毛細管を立てると，界面張力によって，液体は毛細管の中を上昇していく．図8.11に示すように，半径 $r$ の毛細管の内部を濡らして上昇していく上向きの力と，上昇した液体の重量によって下向きに働く力が釣り合った所（$h$）で，液体の上昇は止まる．界面張力の大きい液体ほど高く上昇する．界面張力既知の液体で上昇した値と測定したい液体の上昇した値を比較して，相対的に界面張力を測定できる．また，メニスカスの接線と垂線のなす角度 $\theta$ を測定すると，(8.44) 式が成立する．

$$2\pi r \gamma \cos\theta = \pi r^2 h \rho g \qquad (8.44)$$

ここで，$\rho$ は液体の密度，$g$ は重力加速度であり，界面張力は (8.45) 式で得られる．

$$\gamma = \frac{rh\rho g}{2\cos\theta} \qquad (8.45)$$

$\theta$ が 90° 以下のときは表面を濡らすといい，$\theta$ が 90° 以上のときは表面を濡らさないという．水銀に毛細管を差し込んだときは，$\theta$ が 90° 以上であるため，$\cos\theta < 0$，$h < 0$ であり，毛細管中の水銀の液面は周囲の液面よりも下がる．

### 2）　輪環法または DuNoüy 表面張力計法

図8.12に示すように，液面に平行に接している金属環を垂直に引き上げて，液面からちょうど引き離すに要する力 $f$ は，引き上げられた液体薄膜の周囲に沿い下向きに働く表面張力と釣り合うから，

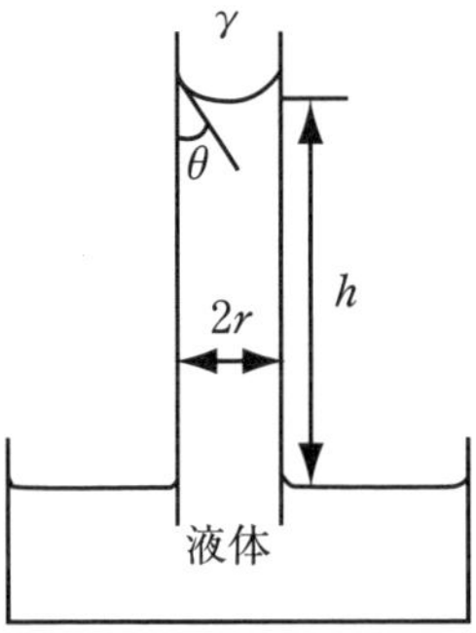


**図 8.11　毛管上昇法**

（中村編：わかりやすい物理化学，廣川書店（2006））

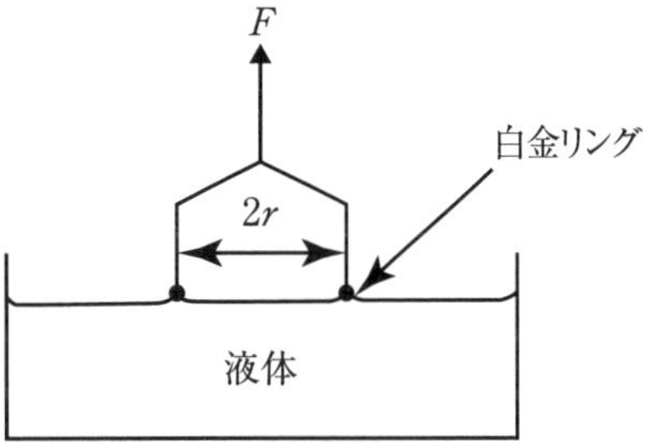


**図 8.12　輪環法**

（中村編：わかりやすい物理化学，廣川書店（2006））

$$\gamma = \frac{f}{4\pi r} \tag{8.46}$$

の関係が得られる．ここで $\gamma$ は表面張力，$r$ は金属環の平均半径であり，吊り上げられた液体薄膜は 2 面あるから $4\pi r$ が入っている．輪環法の長所は，操作が簡単で，測定が迅速であり，純粋液体に対しては再現性がよく，精度もよい点である．短所は，表面への吸着に時間のかかるような液体，例えば多くの界面活性剤溶液の表面張力測定には適当でない．これは，この方法では，液面を広げながら，最後に破るということが行われるためである．

### 3）　滴重法

図 8.13 に示すように，垂直なシリンジの先端から，液体を外部の空気中にゆっくり押し出して，液滴を形成すると，液滴に働く重力が，界面張力によって上向きに働く力と釣り合うまで液滴は大きくなり，重力がわずかに上向きの力を越した瞬間に液滴は落下する．

このときの液滴の質量を $M$，体積を $V$ とすると，（8.47）式が成立する．

$$\gamma = \frac{Mg}{2\pi r} - \frac{V\rho g}{2\pi r} \tag{8.47}$$

### 4）　ウィルヘルミー（Wilhelmy）法（つり板法）

図 8.14 に示すように，薄いガラス板，あるいは金属の板を液中につるして，上向きの力 $f$ と釣り合わせながら液体の界面張力を測定する．板に働く力は，上向きに $f$ と浮力 $B$，下向きに重力 $Mg$ と界面張力 $L\gamma$ であり，両方の向きの力が釣り合うと（8.48）式が成立する．ここで，$M$ は板の重量，$L$ は板の水平断面の周囲の長さである．

$$f + B = Mg + L\gamma \tag{8.48}$$

浮力を考慮する必要がない条件で測定すれば（板の下端が水面と同一標準の高さにあり，板の水平断面積が小さく液体の密度が大きくない場合），（8.49）式で界面張力が得られる．

$$\gamma = \frac{f - Mg}{L} \tag{8.49}$$

$f$ を天秤を用いて測定すると，界面張力（$\gamma$）が得られる．

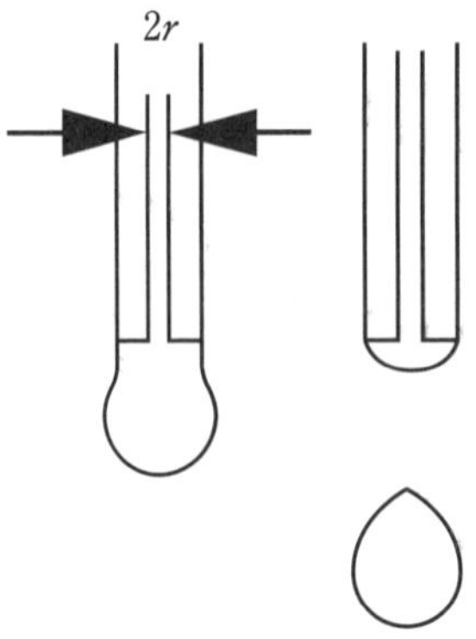


**図 8.13 滴重法**

（中村編：わかりやすい物理化学，廣川書店（2006））

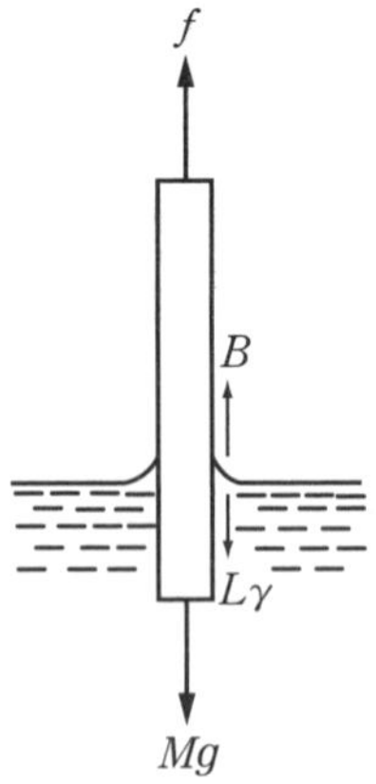


**図 8.14 つり板法**

（近藤：界面化学，三共出版（1989））

## 7 吸着と吸着等温式

**SBO C1-(3)-1-7）吸着平衡について説明できる**

液相や気相から溶質や気体分子が気/液界面に移行する現象を，吸着（adsorption）という．また，一旦吸着した分子が液相や気相に戻ることを，脱着（desorption）という．この現象は固体表面でも起こる．吸着現象が平衡に達した状態を吸着平衡（adsorption equilibrium）という．吸着量は圧力（濃度）と温度の関数であり，この関係を示すのが吸着式である．特に温度が一定である場合，吸着等温式という．

吸着現象には，分子間に相互作用が働いて吸着する物理吸着（physical adsorption），吸着剤分子と吸着分子との間に共有結合や配位結合などの化学結合が生じて吸着する化学吸着（chemical adsorption）がある．一般に物理吸着の吸着熱（$\Delta H$）は小さく，吸着速度は速い．また，可逆的な吸着である．すなわち，温度，圧力，濃度などを変化させると，平衡点が移動する．一方，一般的に化学吸着は吸着のための活性化エネルギーを必要とし，吸着速度は遅い．色素溶液に木炭を入れると，液が無色または薄色になるが，これは炭に色素が吸着するためである．炭，シリカゲル，水酸化アルミニウムなど，多孔質のものは一般によく物を吸着する．これは，比表面積が極めて大きいからである．医薬品にも吸着剤があり，腸内異常発酵物質，毒物などを吸着除去する目的に使用されている．気体あるいは溶質の吸着量を測定すると，医薬品原料粉末の表面積測定，水蒸気の吸着（吸湿）性を評価することができる．

### 1） 液体表面における吸着とギブズの吸着式

溶媒に溶質を溶かした場合，図 8.15 に示すように，その界面張力は溶質の種類と濃度によっ

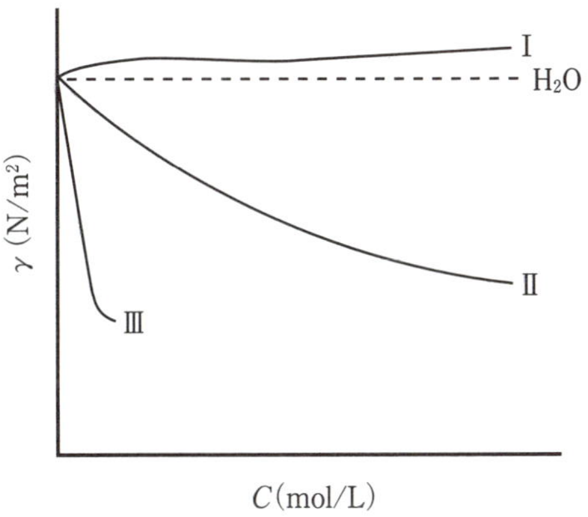


**図8.15　界面張力と濃度の関係**

て変化する．溶質の種類によって，濃度が増加すると溶媒の表面張力よりも表面張力が増加する場合と低下する場合がある．このような界面張力の変化は，溶質分子の表面への移動や，表面から内部への移動によって起こる．

Gibbsの吸着等温式は，溶液における表面への吸着した溶質分子の濃度を示す式である．

$$\Gamma = -\frac{C}{RT} \cdot \frac{d\gamma}{dC} \tag{8.50}$$

ここで$\Gamma$は液表面1 cm$^2$あたりの溶質の過剰量（界面過剰濃度mol/cm$^2$）（液表面における溶質の吸着量），$R$は気体定数，$T$は絶対温度，$C$は濃度である．この式は一般的な理論式であって，すべての面にあてはまるが，固体の関与する界面では，$\gamma$が一般には求めにくいので適用しにくい．

界面活性剤溶液［図8.15中の曲線（Ⅲ）］では，低濃度で大きな$\Gamma$を示し（$\Gamma > 0$），ある濃度以上で$\gamma$はほぼ一定の値をとる．これは，界面活性剤は気/液界面に吸着し，界面張力を低下させるが（$d\gamma/dC < 0$），ある濃度以上では表面以外にも溶液内部に存在するためである．この溶液内部では，界面活性剤はミセルを形成する．このミセルを形成し始める濃度を臨界ミセル濃度という．

またアルコール［図8.15中の曲線（Ⅱ）］も，界面張力を低下させる（$d\gamma/dC < 0$）．このように，界面活性剤やアルコールのように，界面の濃度が内部の濃度よりも大きい場合を正吸着という．溶質濃度の増加によって表面張力が減少する．一方，塩は界面よりも液体内部の濃度が高く，負吸着といわれる．したがって，塩［図8.15中の曲線（Ⅰ）］では，$d\gamma/dC > 0$であり，$\Gamma < 0$である．塩濃度の増加によって表面張力が増加する．

### 2）フロイントリッヒ（Freundlich）の吸着等温式

一定温度で比較的平衡濃度の低い範囲で適用される実験式である．

$$\frac{x}{m} = kC^{\frac{1}{n}} \tag{8.51}$$

ここで$x$は吸着量，$m$は吸着媒体量，$k$，$n$は系に特有な定数で，$C$は平衡吸着濃度である．

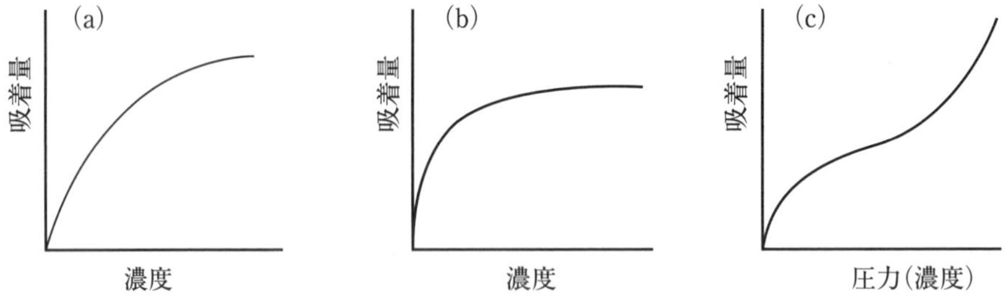


**図 8.16　各種の吸着等温線**

(a) フロイントリッヒ型，(b) ラングミュア型，(c) BET 型

（大島，半田編：物性物理化学，南江堂 (1999)）

図 8.16 (a) に濃度 $C$ と吸着量の関係を示した．両辺の対数をとると，

$$\log \frac{x}{m} = \log k + \frac{1}{n} \log C \tag{8.52}$$

となるので，たて軸に log ($x/m$)，横軸に $\log C$ をとると，たて軸の切片と傾きから $k$ と $n$ が決定される．

### 3） ラングミュア (Langmuir) の吸着等温式

吸着質が吸着媒の表面に一層だけ配列して，表面が吸着質の単分子層で完全に覆われたときが吸着の限界である，という立場で導いた吸着等温式である．図 8.16 ( b ) に濃度 $C$ と吸着量の関係を示した．

$$\frac{x}{m} = \frac{ab\mathrm{C}}{1 + bC} \tag{8.53}$$

$a$ は飽和吸着量に，$b$ は吸着熱に関係したパラメーターである．変形して，

$$\frac{Cm}{x} = \frac{1}{ab} + \frac{C}{a} \tag{8.54}$$

たて軸に $Cm/x$，横軸に $C$ をとると，傾きとたて軸の切片とから $a$ と $b$ が決定される ($x/m$ と $a$ は同じ次元を持つ)．

吸着に際し発生する熱量つまり吸着熱は，吸着媒および吸着質によって異なる．実際には，吸着熱は吸着が進み，被覆率が増加すると一般に吸着熱は下がってくる．これは吸着質間の相互作用が働くからである．吸着熱の変化の仕方によって吸着等温式は変わってくるが，Langmuir の式が適用できるのは，吸着熱が吸着量に無関係な場合である．すなわち，均一な表面に同じ吸着熱によって単分子吸着が起こる場合である．

### 4） BET の吸着式

ブルナウアー (Brunauer)，エメット (Emmett)，テラー (Teller) は，Langmuir の単分子吸着層の過程を多分子層吸着に展開した場合を考察した．気体の圧力が高く，固体表面に多層吸着する場合に用いられることが多い．図 8.16 (c) に，圧力 (濃度) $P$ と気体の吸着量の関係

を示した.

$$V = \frac{CV_\mathrm{m}P}{(P_0 - P)\{1 + (C-1)P/P_0\}} \tag{8.55}$$

ここで，$V$ は吸着した気体の体積，$V_\mathrm{m}$ は固体の全表面積を単分子吸着層で被覆するのに必要な気体の体積，$P$ は圧力，$P_0$ は飽和蒸気の圧力，$C$ は定数である.

$$\frac{P}{V(P_0 - P)} = \frac{1}{V_\mathrm{m}C} + \frac{\mathrm{C}-1}{V_\mathrm{m}C} \cdot \frac{P}{P_0} \tag{8.56}$$

の左辺を $P/P_0$ に対してプロットすると，傾きと切片から $V_\mathrm{m}$ と $C$ が決定できる.

# 9 溶液の化学

## 1 はじめに

物質を利用するには，電気的な性質も重要な意義をもっている．液が酸性・アルカリ性の問題や電解質の沈殿や溶解なども物質の電気的性質として扱うことができる．ここでは，高校の化学Ⅱの“溶液”や“化学平衡”を基礎とし，大学の分析化学の“化学平衡”と関連づけながらイオンの性質とその関連する現象について学ぶ．

## 2 電解質

**SBO** C1-(3)-2-3)「平衡と化学ポテンシャルについて説明できる」の基礎

**SBO** C2-(1)-1-1)「酸・塩基平衡を説明できる」の基礎

酸，塩基などは水溶液中で電離してイオンを生じ，電流を流す性質（電気伝導性）がある．電離してイオンを生じる物質を**電解質**（electrolyte）といい，その溶液を**電解質溶液**（electrolyte solution）という．これに対し，溶媒中に溶解しても電離しない物質を**非電解質**という．電解質は通常，塩が水のような溶媒中に溶かされ，個々の溶質の粒子が溶媒分子の力により分散したときに生じる．この，溶液がイオンをばらばらにしたまま保持する力を現す過程を**解離**という．塩は弱いイオン結合で結びついている化合物であり，より強い共有結合をもつ溶媒の存在下では，電気を帯びたイオンに分離する．溶解させた電解質のうち，電離している割合を**電離度** $\alpha$（degree of electrolytic dissociation）という．電解質の $\alpha$ の大小によって，溶液中で完全にイオン化している**強電解質**（strong electrolyte，$\alpha = 1$）と，不完全にしかイオン化していない**弱電解質**（weak electrolyte，$\alpha < 1$）とに分けられる．強電解質には塩化ナトリウム（NaCl），

リン酸一水素ナトリウム（$Na_2HPO_4$），安息香酸ナトリウム（$C_6H_5COONa$）などの塩の他に，水など極性溶液中の強酸や強塩基が含まれる．水溶液中の強塩基としては水酸化ナトリウム（NaOH），水酸化カリウム（KOH），また強酸としては塩酸（HCl），硫酸（$H_2SO_4$），硝酸（$HNO_3$）などが挙げられる．これらの酸は純粋な状態ではイオン化しないが，水と反応して水和した水素イオン（$H_3O^+$，オキソニウムイオン）と陰イオンとを与える．

HClの場合

$$HCl + H_2O \longrightarrow H_3O^+ + Cl^-$$

$H_2SO_4$の場合

$$H_2SO_4 + H_2O \longrightarrow H_3O^+ + HSO_4^-$$

$$HSO_4^- + H_2O \longrightarrow H_3O^+ + SO_4^{2-}$$

このように中性分子がイオンに分離することを電離あるいはイオン化と呼んでいる．また，強電解質の希薄溶液においては$\alpha = 1$であり，電離により生じたカチオンとアニオンとの間の静電気的な引力によって，それぞれイオンの活量が低下する．一方，酢酸（$CH_3COOH$）のような弱電解質（weak electrolyte，$\alpha < 1$）の$\alpha$の大きさはその濃度に依存し，無限に希釈していくほど1に近づく．

生理学上で重要になる電解質のイオンは，ナトリウムイオン（$Na^+$），カリウムイオン（$K^+$），カルシウムイオン（$Ca^{2+}$），マグネシウムイオン（$Mg^{2+}$），塩化物イオン（$Cl^-$），リン酸イオン（$PO_4^{2-}$），および重炭酸イオン（$HCO_3^-$）である．これらのプラスやマイナスで表される電荷は，その物質がもつイオンの性質を表しており，電子配置の不均衡を示している．これは化学的な解離の結果生まれるものである．

高等生物はすべて，細胞の内外で，微妙で複雑な電解質の平衡が必要である．特に，電解質の浸透圧の勾配を維持することが重要である．このような勾配が，人体の給水，血中のpHを制御するのに影響しており，また，神経と筋肉の活動にとって不可欠である．筋組織と神経線維は両方とも，人体で電気的な組織と考えられている．筋肉と神経線維は細胞外体液と細胞内体液の間の電解質の活動によって動作する．電解質は，プラズマ半透膜にあるイオンチャネルと呼ばれる専用のタンパク質構造を経由して，細胞膜を出入りする．例えば，筋肉の収縮は，カルシウム，ナトリウム，カリウムの存在に依存している．こうした主要な電解質が適正なレベルでないと，筋肉は弱くなったり，極端な筋肉の収縮が起こることがある．

電解質バランスは経口，または緊急時にあっては電解質を含む輸液によって維持される．また，ホルモンによって調整されている．一般的には腎臓から余剰分を放出する．ヒトにおいては，電解質の恒常性（ホメオスタシス）は，抗利尿ホルモン，アルドステロン，および副甲状腺ホルモンといったホルモンによって調整されている．脱水や水の過剰摂取のような，極端な電解質の不均衡が起こった場合，心臓や神経に合併症が起こることがあり，速やかに改善されないと医学的緊急事態になる．

診断の一手順として，血液検査や尿検査を通じて電解質の測定が一般的に行われている．これらの検査結果の解釈は，病歴の分析なくしてはしばしば無意味である．また，同時に腎機能を検査しなければ，解釈することは全く不可能である．最も頻繁に測定されるのはナトリウムとカリウムである．血中ガス検査を除いては，塩素レベルを測定することはまれである．これは，塩素レベルはナトリウムのレベルと関連しているためである．尿に対して測定される重要な試験の一つに，電解質の不均衡を発見するための比重測定がある．

経口給水療法においては，運動，過剰な発汗，下痢，嘔吐または飢餓による脱水の後で，体内の水と電解質のレベルを補給するためにナトリウム塩とカリウム塩を含んだ電解液を用いる．こうした人に純水を与えるのは，液体レベルを回復するには最善手ではない．体細胞中の塩類を薄め，その化学的働きを妨げるからである．これは水中毒に至ることもある．

スポーツドリンクは，一般にエネルギーを補給する目的で大量の炭水化物が添加されている．こうした大衆向け飲み物は，栄養学的なニーズに合わせて，アイソトニック（浸透圧が血液のそれに近い），ハイポトニック（浸透圧が低い），およびハイパートニック（浸透圧が高い）といった種類がある．スポーツドリンクは非常に大量の糖分を含んでいるため，子供が日常的に飲むことは推奨できない．むしろ，専用に調合された，市販の電解液が推奨される．また，スポーツドリンクは下痢による体液損失を補うことにも適さない．スポーツドリンクの役割は，電解質の損失を予防することであって，既に発生した電解質の不均衡を回復するにはまったく不足なのである．主要な電解質イオンの補給のためには，医療用の給水パックが用いられる．歯科医は，スポーツドリンクを常用する人は，虫歯予防についての注意書きをよく読むべきであると推奨している．電解液とスポーツドリンクは，適切な比率の砂糖，塩，および水を使って，家庭で調合することもできる．

## 3　活量と活量係数（Debye-Hückel の式）

**SBO**　C1-(3)-2-2）活量と活量係数について説明できる

**SBO**　C1-(3)-2-7）電解質の活量係数の濃度依存性（Debye-Hückel の式）について説明できる

実在溶液は，きわめて希薄な場合を除いて理想溶液として振るまうことはない．特に，前述したように電解質溶液の場合には理想溶液からのずれが著しい（実在気体が希薄な場合でないと理想気体とはいえないという関係に類似）．そこで，実在溶液を理想溶液について展開してきた法則や式の形をそのまま維持し，その式の中で用いられている「濃度」の代わりに，式がそのまま成り立つような量，**活量**（活動度，activity）$a$ を定義して用いることである．溶質Bの活量 $a_B$ は各組成変数に対して次のように定義される．

**モル分率**：$a_{x,B} = f_{x,B}x_B$　(9.1)

**質量モル濃度**：$a_{m,B} = f_{m,B}(m_B/m^\circ)$　(9.2)

**モル濃度**：$a_{c,B} = f_{c,B}(c_B/c^\circ)$　(9.3)

ここで，$m^\circ$，$c^\circ$ は標準組成で，通常 $m^\circ = 1\ \mathrm{mol\ kg^{-1}}$，また $c^\circ = 1\ \mathrm{mol\ L^{-1}}$ である．$f_x$，$f_m$，$f_c$ は**活量係数**（activity coefficient）と呼ばれる．(9.1) 式の意味は，モル分率 $x_B$ のある実在溶液は，モル分率 $\gamma_{x,B}x_B$（$= a_{x,B}$）の理想溶液と同じ性質を示すということである．活量も活量係

数も単位をもたない無次元の数であるが，その値は濃度の表示法によって異なる．また，いずれも濃度の関数であり，溶質の濃度が0に近づくと活量係数は1に収束する．すなわち，活量は濃度の数値と一致してくる．当然，理想溶液の場合には活量は濃度の数値に等しい．ある濃度での活量や活量係数は蒸気圧の測定や，電解質の場合には次章で述べる電池の起電力測定などによって求めることができる．

いままで述べてきた種々の定義や法則を活量を用いて，より正確に記述すると，例えばpHの定義は，$a_{H^+}$ をモル濃度に対応する水素イオンの活量とすれば，

$$\mathrm{pH} = -\log a_{\mathrm{H^+}} \tag{9.4}$$

であり，また $\mathrm{HA} \rightleftharpoons \mathrm{H^+} + \mathrm{A^-}$ の平衡における解離定数は，

$$K = \frac{a_{\mathrm{H^+}} a_{\mathrm{A^-}}}{a_{\mathrm{HA}}} = \frac{[\mathrm{H^+}][\mathrm{A^-}]}{[\mathrm{HA}]} \cdot \frac{1}{c^\circ} \cdot \frac{\gamma_{\mathrm{H^+}} \gamma_{\mathrm{A^-}}}{\gamma_{\mathrm{HA}}} \tag{9.5}$$

となる．

ところで電解質溶液中の個々のイオン種についてその活量を知ることは不可能である．なぜなら，ある物質の活量を知るためには，その濃度を変化させて蒸気圧などのそれに伴う溶液の性質の変化を測定しなければならないが，イオン溶液では電気的中性の原則により，特定の陽イオンまたは陰イオンのみを増減させることは不可能だからである．そのため，測定によって得られるのは陽イオン，陰イオンの平均活量である．いま，1 molの強電解質が解離して $\nu_+$ molの陽イオンと $\nu_-$ molの陰イオンを生じる場合，その電解質の活量を $a$，陽イオンと陰イオンの活量をそれぞれ，$a_+$，$a_-$ とすると，

$$a = a_+^{\nu^+} a_-^{\nu^-} \tag{9.6}$$

と表され，両イオンの平均活量 $a_\pm$ は $\nu = \nu_+ + \nu_-$ とおくと，

$$a_\pm = (a_+^{\nu^+} a_-^{\nu^-})^{1/\nu} = a^{1/\nu} \tag{9.7}$$

また，同様にして平均活量係数も，

$$\gamma_\pm = (\gamma_+^{\nu^+} \gamma_-^{\nu^-})^{1/\nu} \tag{9.8}$$

で定義される．

デバイ（Debye）とヒュッケル（Hückel）は強電解質の水溶液について，イオンの活量係数を理論的に導き，次のように表した．25℃で

$$\log \gamma_+ = -0.509 z^2_+ \sqrt{I/m^\circ} \tag{9.9}$$

$$\log \gamma_- = -0.509 z^2_+ \sqrt{I/m^\circ} \tag{9.10}$$

$$\log \gamma_\pm = -0.509 |z_+ z_-| \sqrt{I/m^\circ} \tag{9.11}$$

ここで，$z_+$，$z_-$ はそれぞれ陽イオン，陰イオンのイオン価である．また，$I$ は**イオン強度**（ionic strength）といい，次のように定義された量である（$m_i$ はイオン種 $i$ の質量モル濃度）．

$$I = \frac{1}{2} \sum m_i z_i^2 \tag{9.12}$$

（9.9）～（9.11）式は**デバイ-ヒュッケルの極限法則**（Debye–Hückel's limiting law）と呼ばれ，希薄溶液（1価－1価の電解質の場合で0.01 mol $\mathrm{L^{-1}}$ 以下）では実測値とよく一致する．

それより，高濃度溶液（1価－1価の電解質の場合で0.1 mol $\mathrm{L^{-1}}$ まで）では，（9.9）～（9.11）式の右辺に $1/(1+\sqrt{I/m^\circ})$ をかけた式が提案されている．

# 4 電解質のモル伝導度の濃度変化

## SBO C1-(3)-2-4) 電解質のモル伝導度の濃度変化について説明できる

電解質溶液とは，水などの溶媒中で物質が陽イオンと陰イオンに電離している溶液である．電解質溶液の電気伝導は金属導体と同様にオームの法則（Ohm's low）が成立する．金属導体では電子，電解質溶液ではイオン移動することにより伝導性が生じる．いま，一定の電位差 $V$〔V〕の下で電気抵抗 $R$〔Ω〕（electrical resistance）の導体中を流れる電流の強さを $I$〔A〕とすれば，(9.13) 式が成立する．

$$V = RI \tag{9.13}$$

電気抵抗 $R$〔Ω〕は，導体の長さ $l$〔m〕に比例し，面積 $A$〔$m^2$〕に反比例するので (9.14) 式の関係が得られる．ここで，比例定数 $\rho$〔Ω m〕は抵抗率（resistivity）と呼ばれる．

$$R = \rho \frac{l}{A} \tag{9.14}$$

電気抵抗の逆数（$1/R$）は，電気の流れやすさを表し，コンダクタンス（conductance）と呼ばれ，そのSI単位はジーメンス〔S〕である．また抵抗率 $\rho$ の逆数は**電気伝導率** $\kappa$（electric conductivity）と呼ばれる．したがって，$\kappa$ は (9.14) 式を変形した (9.15) 式を用いて，電気抵抗 $R$，導体の長さ $l$ と面積 $A$ から算出できる．

$$\kappa = \frac{1}{\rho} = \frac{1}{R} \cdot \frac{l}{A} \tag{9.15}$$

電解質溶液の $\kappa$ は，電解質溶液を測定用セルに入れて計測する．通常，セルの $l/A$ の値[セル定数（cell constant）と呼ばれる]は，あらかじめ電気伝導率 $\kappa$ が求められている標準物質の水溶液（KClなど）をセルに入れ，その抵抗 $R$ を測定して決定する．$l/A$ の値を定めた後，試料の $R$ を測定して $\kappa$ を求める．

電気伝導率 $\kappa$ はイオンの電極への移動（陽イオンは陰極へ，陰イオンは陽極へ）の難易の目安であり電解質の濃度にほぼ比例する（図9.1）．もっと詳しくみるために，電気伝導率 $\kappa$ をその電解質溶液のモル濃度で割った量[(9.16) 式]である**モル伝導率** $\Lambda$（molar conductivity）を導入する．$\Lambda$ の単位は，濃度 $c$ の単位を $mol\ L^{-1}$ から $mol\ m^{-3}$ に換算し，また $\kappa$ の単位は $S\ m^{-1}$ であるので，$S\ m^2\ mol^{-1}$ となる．

$$\Lambda = \frac{\kappa}{c} \tag{9.16}$$

モル伝導率 $\Lambda$ を溶液のモル濃度 $c$ の平方根に対してプロットすると図9.2のようになり，電解質には二つの型があることがわかる．一つは HCl，NaOH，$CH_3COONa$ のような $\Lambda$ が大きく濃度変化が少ないもので，この型の電解質は強電解質（strong electrolyte）と呼ばれる．一方，$CH_3COOH$ のように濃度の高いところでは著しく低い $\Lambda$ の値を示し，濃度が減少すると急激に高い $\Lambda$ の値を示すものは弱電解質（weak electrolyte）と呼ばれる．強電解質では，濃度が増加するにつれ $\Lambda$ の値が徐々に小さくなっている．もし電解液が溶液中で完全に電離しており，溶

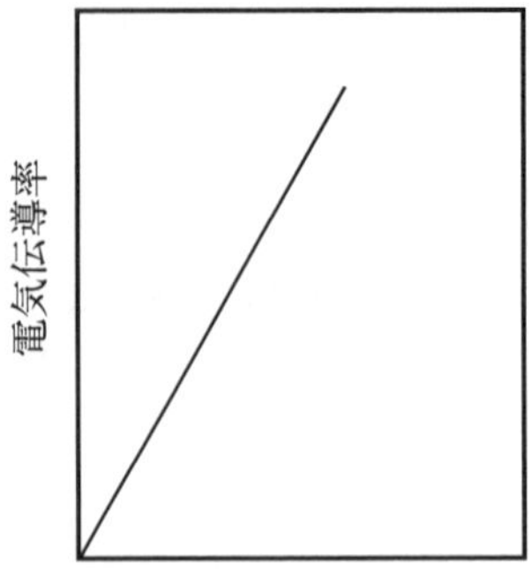


**図 9.1　電解質溶液の電気伝導率と濃度の関係**

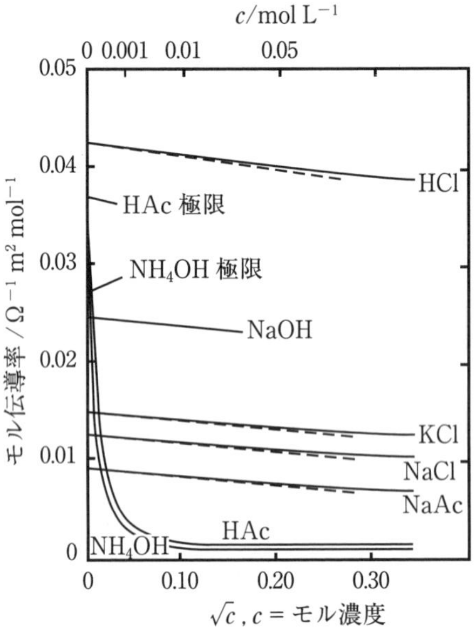


**図 9.2　電解質溶液のモル伝導率と濃度の関係〔25 ℃〕**

（大門，堂免訳：バーロー物理化学　第6版，東京化学同人（1999））

液中で個々のイオンが互いに影響を及ぼし合わずに自由に移動できるならば，$\Lambda$ はモル濃度に関係なく一定となるはずである．しかし，実際には濃度が高くなるにつれて陽イオンと陰イオン間の相互作用が大きくなるために，イオンの働きが妨げられるため小さくなっている．

コールラウシュ（Kohlrausch）は，強電解質の希釈溶液では，$\Lambda$ は濃度 $c$ の平方根に対してほぼ直線的に減少することを実験的に見いだした．

$$\Lambda = \Lambda_0 - B\sqrt{c} \qquad (9.17)$$

$\Lambda_0$ は濃度が 0 に外挿されたとき（無限希釈）のモル伝導率であり，**極限モル伝導率**（limiting molar conductivity）と呼ばれ，無限希釈ではイオン間の相互作用を無視でき，$\Lambda_0$ は構成イオンの寄与の和で表せる．これはコールラウシュのイオン独立移動の法則（Kohlrausch's law of the independent migration of ions）と呼ばれ，

**表 9.1　25 ℃におけるイオンの極限モル伝導率 $\lambda_0$〔$S\ m^2\ mol^{-1}$〕**

| イオン | $\lambda_0 \times 10^4$ |
|---|---|
| $H^+$ | 349.8 |
| $Li^+$ | 38.7 |
| $Na^+$ | 50.1 |
| $K^+$ | 73.5 |
| $OH^-$ | 198.0 |
| $Cl^-$ | 76.3 |
| $Br^-$ | 78.3 |
| $I^-$ | 76.8 |
| $CH_3COO^-$ | 40.9 |

$$\Lambda_0 = \lambda_0{}^+ + \lambda_0{}^- \tag{9.18}$$

で表せる．ここで $\lambda_0{}^+$，$\lambda_0{}^-$ はそれぞれ陽イオン，陰イオンの極限モル伝導率である．$\lambda_0{}^+$，$\lambda_0{}^-$ は輸率の測定から求めることができる．この法則の意味するところは無限希釈下においては陽イオンと陰イオンの間の相互作用が消失するということ，すなわち**理想溶液**として振舞うことを意味している．

表 9.1 に各種イオンの極限モル伝導率の値を示す．この表を見ると，$H^+$（水中では $H_3O^+$）と $OH^-$ が大きな値をもつことが注目される．これらのイオンが大きな値を示す理由は，水素結合の生成と切断を通じてイオン移動が起こるためと考えられている．アルカリ金属イオンでは $Li^+ < Na^+ < K^+$ の順であり，イオン結晶半径が大きいほど値が大きくなっている．通常，小さなイオンほどモル伝導率が大きいと予想されるが，実際には順序が逆になっている．これは同じ電荷をもっていてもイオン自身の大きさが小さいほど，その周囲の電場が強いために，極性をもつ水分子が強く配位[水和（hydration）]して見かけ上大きいイオンとなって移動するためと考えられている．一方，酢酸のような弱電解質の極限モル伝導率は濃度を外挿する方法では求まらない．酢酸の $\Lambda_0$ は，1）$\lambda_0{}^+(H^+) + \lambda_0{}^-(CH_3COO^-)$ あるいは，2）$\Lambda_0(HCl) + \Lambda_0(CH_3COONa) - \Lambda_0{}^-(NaCl)$ から求めることができる．

# 5 弱電解質の解離平衡

**SBO C1-(3)-2-3)「平衡と化学ポテンシャルについて説明できる」の基礎**

**SBO C2-(1)-1-1)「酸・塩基平衡を説明できる」の基礎**

不完全にしかイオン化しないような物質は弱電解質（weak electrolyte）と呼ばれ，弱い酸や塩基もこれに含まれる．弱電解質のイオンの濃度は小さいので，デバイ−ヒュッケルによって記述されるようなイオン間の相互作用はほとんど生じないと考えてよい．

いま，水溶液中で部分的に $A^+$，$B^-$ のイオンに解離する溶質 AB を考えると，次のように表すことができる．

$$AB \rightleftarrows A^+ + B^-$$

ここで，AB の初濃度を $c$（ここではモル濃度で表す），解離度（電離度）を $\alpha$ とすると，平衡状態でのそれぞれの濃度は $[AB] = c\ (1-\alpha)$，$[A^+] = [B^-] = c\alpha$ であるから，この解離平衡に質量作用の法則を適用して，

$$K = \frac{[A^+][B^-]}{[AB]} = \frac{c\alpha^2}{1-\alpha} \qquad (9.19)$$

式 $\alpha = \Lambda/\Lambda_0$ を適用すれば，

$$K = \frac{\Lambda^2 c}{(\Lambda_0 - \Lambda)\ \Lambda_0} \qquad (9.20)$$

これらの関係式はオストワルド（Ostwald）の希釈率（dilution low）と呼ばれ，分析化学において種々のイオン反応の理論，pH の計算，錯体理論等に多く応用されている．解離度 $\alpha$ が小さい場合，(9.19) 式は

$$\alpha \approx \sqrt{K/c} \qquad (9.21)$$

また

$$[A^+] = [B^-] = \sqrt{Kc} \qquad (9.22)$$

(9.21) 式より，弱い電解質は濃度を下げれば下げるほど，解離度は高くなる．AB が弱酸であるとすれば，$K$ は酸解離定数 $K_a$ であり，弱塩基であれば塩基解離定数 $K_b$ である．解離定数は $pK = -\log K$ で定義される解離指数で示すことが多い．古くは，酸，塩基の解離指数はそれぞれ $pK_a$，$pK_b$ と書くことが多かったが，現在は塩基の強度もその共役酸の $K_a$ を用い，$pK_a$ で表すことが多い．この関係は，水の解離を考えることにより容易に理解できる．

水の解離は次のように表される．

$$H_2O \rightleftarrows H^+ + OH^-$$

質量作用の法則より，$K = [H^+]\cdot[OH^-]/[H_2O]$ が成り立っている．ここで分母の水は大量にあって一定とみなせるので，次の式が成り立つ．

$$K_w = [H^+]\cdot[OH^-] \qquad (9.23)$$

$K_w$ を水のイオン積（ionic product）という．この $K_w$ 値は純粋な水の伝導度の測定から計算される．$K_w$ は温度に依存するが，25 ℃での $K_w$ 値は $1.01 \times 10^{-14}$ である．(9.23）式の右辺は，酸解離定数とその酸の共役塩基の解離定数と等しく $K_a \times K_b = K_w$ の関係がある．したがって，$pK_a + pK_b = pK_w$ が得られ，この式で $pK_a$ と $pK_b$ を相互に換算することができる．

次に塩の加水分解を考えてみよう．強酸と強塩基の塩を水に溶かしても，水は何の反応も起こさずその水溶液は中性である．しかし，酢酸ナトリウムのような弱酸と弱塩基から生じた塩の水溶液は弱アルカリ性である．これは溶媒の水と酢酸イオン（かなり強い共役塩基である）が反応するためで，加水分解（hydrolysis）と呼ばれている．弱酸と弱塩基からなる塩を BA と表すと，それが次のように解離すれば，

$$BA \longrightarrow B^+ + A^-$$

酸のみ弱酸であるので水と次のように反応する．

$$A^- + H_2O \rightleftarrows HA + OH^-$$

水の濃度は一定とみなせるから，

$$K_h = \frac{[HA][OH]}{[A^-]} \tag{9.24}$$

となる．この $K_h$ は加水分解定数（hydrolysis constant）と呼ばれている．弱酸 HA の解離は $HA \rightleftarrows H^+ + A^-$ で表され，その解離定数を $K_a$ とすれば，$K_h$ は簡単な $K_h = K_w/K_a$ と表すことができる．

一方，$NH_4Cl$ のような強酸と強塩基からなる塩の水溶液では，加水分解して弱酸性を示す．この場合は上の例とは逆に，$B^+$ のみ水と反応して，$B^+ + H_2O \rightleftarrows H^+ + BOH$ となり，同様の計算により，加水分解定数 $K_h$ は $K_w/K_b$ となる．

弱酸と弱塩基から生じた塩の場合は，反応は $B^+ + A^+ + H_2O \rightleftarrows BOH + HA$ と考えればよく，その加水分解定数は $K_h = K_w/(K_a \cdot K_b)$ となる．

## 6　イオンの輸率と移動度

### SBO　C1-(3)-2-5）イオンの輸率と移動度について説明できる

電解質溶液を電気が通過する時，全電気伝導に対しては，陽イオンの陰極への移動と陰イオンの陽極への移動が寄与する．一般にはこれらの二つの寄与は等しくない．それは，両イオンは異なった速さで移動するからである．全電気量に対して特定のイオンによって運ばれる電気量の割合はその**イオンの輸率**（transport number）と呼ばれている．コールラウシュのイオン独立の法則の式 $\Lambda_0 - \lambda_+ + \lambda_-$ より，陽イオン，陰イオンの輸率 $t_+$，$t_-$ は次のように表される．

$$t_+ = \frac{\lambda_+}{\Lambda_0} \quad t_- = \frac{\lambda_-}{\Lambda_0} \tag{9.25}$$

また

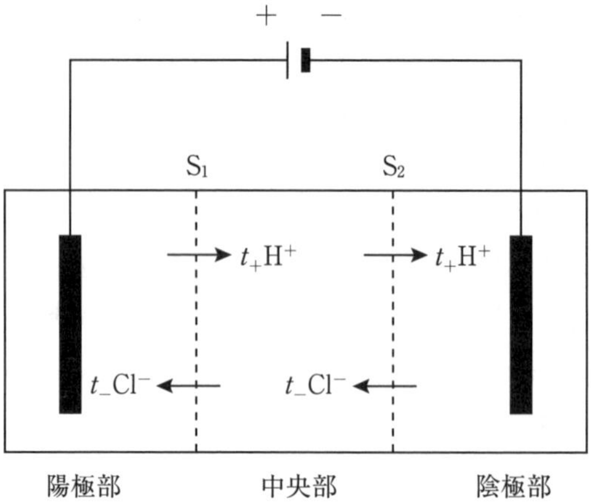


**図 9.3　ヒットルフ法による HCl の輸率測定**

$$t_+ + t_- = 1 \tag{9.26}$$

つまり，陽イオンと陰イオンの電気を運ぶ割合である．例えば，KCl では $t_+ = 0.504$（$t_- = 0.496$）となり，陽イオンと陰イオンがほぼ同じ割合で電気を運んでいる．この値は媒質が水の場合で，一般に媒質が変われば変わる（例えば，イオン交換膜や生体膜）．

輸率の測定にはヒットルフ（Hittorf）の方法，境界移動法，電池電位法などがよく知られているが，ここではヒットルフの方法による HCl の輸率の測定法について説明する．この方法の原理を図 9.3 に示した．

輸率測定セルは図のように陽極部，中央部，陰極部の三つに分かれ，それぞれの部分から溶液を取り出すことのできるような構造になっている．いま図 9.3 において，$n$ ファラデーだけ通電したとき，図のような陽極液の境界断面 $S_1$ および陰極液の境界断面 $S_2$ を横切って，$H^+$ が $nt_+$ 当量右へ，$Cl^-$ が $nt_-$ 当量左へ流れたとする．ファラデーの電解の法則により，セルの電解部分ではそれぞれ 1 ファラデー当たり次の反応が生じている．

陽極上：$H^+ + e^- \longrightarrow 1/2\ H_2$　（反応 1）

陰極上：$Cl^- \longrightarrow 1/2\ Cl_2 + e^-$　（反応 2）

$S_1$ と $S_2$ との間の中央部にある HCl の当量数は変化を受けない程度の通電をすると，陰極液と陽極液の各部分のそれぞれのイオンの当量数の変化は次のようになる．

陰極液の組成変化（反応 1 による電解電流分を含めて）

$H^+$ の変化 $= -n + nt_+ = -nt_-$

$Cl^-$ の変化 $= -nt_-$

陽極液の組成変化（反応 2 による電解電流分を含めて）

$H^+$ の変化 $= -nt_+$

$Cl^-$ の変化 $= -n + nt_- = -nt_+$

ゆえに，$n$ ファラデーの通電によって，陰極部では HCl が $nt_-$ 当量，陽極部では $nt_+$ 当量だけ減少する．この通電ファラデー数と両極液の当量数の変化は正確に比例するので，電流を流す前後のセルの各部分の濃度を分析し，これから各部分の電解質の減少当量数を求めれば，輸率が得られる．(9.26) 式より $t_+ + t_- = 1$ であるから，実際には陽極液か陰極液のどちらかの測定だけでよく，その計算式は次のようである．

$$t_+ = \frac{\text{陰極部で減少した HCl の当量数}}{\text{電解された HCl の当量数}} \tag{9.27}$$

この式の分母は流れた電気量をファラデーの単位で表した値[$Q/F$：$Q$ はセルを通過した電気量，$F$ はファラデー定数 (96,485 $C\cdot mol^{-1}$)]に等しい．陰極部を分析した場合は，(9.27) 式と同じ考え方により $t_-$ が得られる．

次に，溶液中でのイオンの移動の速度について考えてみよう．電荷をもつ粒子，イオンは電場内でその電場の強さに比例した速度で移動する傾向がある．いま，イオンが強さ $E$ の電場の中を速度 $v$ で移動する．このとき $v = -uE$ で，比例定数 $u$ を移動度 (mobility，易動度ともいう) という．電場の強度は電位差を電極間の距離で割った量であり，その SI 単位は $V\cdot m^{-1}$ である．したがって，移動度はイオンの移動速度 ($m\cdot s^{-1}$) を電場の強度 ($V\cdot m^{-1}$) で割った量であり，SI 単位は $m^2\cdot s^{-1}\cdot V^{-1}$ である．単位体積中の電荷 $q$ なるイオンの数を $n$ とすれば，一定断面積を 1 秒間によぎる電気量が比伝導度 $\kappa$ にあたるから $\kappa = nq \times u$ であり，$\lambda_+$ および $\lambda_-$ については次式が成り立つ．

$$\lambda_+ = Le^0u_+ = u_+F \tag{9.28}$$

および

$$\lambda_- = Le^0u_- = u_-F$$

ここで，$L$ はアヴォガドロ数，$e^0$ はイオンの電荷，$F$ はファラデー定数である．したがって，(9.28) 式は次のように書き換えられる．

$$\Lambda_0 = (u_+ + u_-)F \qquad \text{および} \qquad \Lambda = \{(u_+)_0 + (u_-)_0\}F \tag{9.29}$$

ここで，$(u_+)_0$ および $(u_-)_0$ は無限希釈における移動度を示している．

さらに，(9.25) 式と (9.29) 式より，前述のイオンの輸率は次の関係式でも示される．

$$t_+ = \frac{u_+}{u_+ + u_-},\quad t_- = \frac{u_-}{u_+ + u_-} \tag{9.30}$$

表 9.2 に無限希釈におけるイオン当量伝導度と移動度の値を示した．$H^+$ と $OH^-$ の移動度が他のイオンの値に比較して大きい値をもっている．

**表 9.2 無限希釈におけるイオン当量伝導度 $\Lambda_0$ およびイオンの移動度 $u_0$**

| 陽イオン | $\lambda_+/\Omega^{-1}\,m^2\,mol^{-1}$ | $(u_+)_0 \times 10^8/m\,s^{-1}/(V\,m^{-1})$ |
|---|---|---|
| $H^+$ | 0.03498 | 36.3 |
| $Li^+$ | 0.00387 | 4.01 |
| $Na^+$ | 0.00501 | 5.19 |
| $K^+$ | 0.00735 | 7.61 |
| $Ag^+$ | 0.00619 | 6.41 |
| $NH_4^+$ | 0.00734 | 7.60 |
| $Ca^{2+}$ | 0.01190 | 6.16 |
| $Ba^{2+}$ | 0.01273 | 6.60 |
| $La^{2+}$ | 0.02088 | 7.21 |
| 陰イオン | $\lambda_-/\Omega^{-1}\,m^2\,mol^{-1}$ | $(u_-)_0 \times 10^8/m\,s^{-1}/(V\,m^{-1})$ |
| $OH^-$ | 0.01980 | 20.5 |
| $Cl^-$ | 0.00763 | 7.91 |
| $I^-$ | 0.00768 | 7.95 |
| $CH_3COO^-$ | 0.00409 | 4.23 |
| $NO_3^-$ | 0.00714 | 7.41 |
| $SO_4^{2-}$ | 0.0160 | 8.27 |

(D. A. Macinnes：“The Principles of Electrochemistry, Reinhold (1939))

# 7 イオン強度

## SBO C1-(3)-2-6) イオン強度について説明できる

強電解質溶液では，水溶液中で完全に解離していると考えられるにもかかわらず，モル伝導率は濃度の増加とともに小さくなった．これは，溶液中でイオン間に強い相互作用が働き，その影響が出たためである．したがって，電解質溶液でも濃度に代わってイオンの活量を定義する必要がある．溶液中では正負イオンの活量を個別に評価するだけでなく，陽イオンの活量 $a_+$ と陰イオンの活量 $a_-$ を幾何平均した平均活量 $a_\pm$ で表す．この場合，1価－1価型電解質溶液では，$a_\pm = \sqrt{a_+a_-}$ であり，平均活量係数は $\gamma_\pm = \sqrt{\gamma_+\gamma_-}$ で表される．平均活量係数は，その溶液中に含まれる全イオン数に依存する．全イオン数はイオン強度 $I$ を尺度にすれば便利であり，それは (9.31) 式で定義される．

$$I = \frac{1}{2}\sum c_i z_i^2 \qquad (9.31)$$

ここで，$c_i$ はイオン種 $i$ のモル濃度，$z_i$ はそのイオン電荷である．イオン強度は溶液中の静電効果が電荷密度，つまりイオン濃度と電荷の両方に依存することを示す新しい濃度スケールとみることができる．

**表 9.3　$NaNO_3$ 存在下での AgCl の溶解度**

| $NaNO_3$ の濃度（$mol\ L^{-1}$） | AgCl の溶解度 $c_s$（$mol\ L^{-1}$） | $\sqrt{I}$ |
|---|---|---|
| 0 | $1.28 \times 10^{-5}$ | $3.6 \times 10^{-3}$ |
| 0.001 | $1.32 \times 10^{-5}$ | $3.2 \times 10^{-2}$ |
| 0.005 | $1.38 \times 10^{-5}$ | $7.1 \times 10^{-2}$ |
| 0.01 | $1.43 \times 10^{-5}$ | $1.0 \times 10^{-1}$ |

イオン強度が増大すると，上述のように溶液中でイオン間の強い相互作用が働くため，平均活量係数は 1 より小さくなると予想される．それを，$NaNO_3$ 存在下での AgCl の溶解度（表 9.3）から考えてみよう．AgCl の溶解度積 $K_s$ は

$$K_s = a_{Ag^+}a_{Cl^-} = \gamma_\pm{}^2 c_s{}^2 \qquad (9.32)$$

で示される．ここで，$\gamma_\pm$ は $Ag^+$ と $Cl^-$ の平均活量係数，$c_s$ は AgCl の溶解度であり，$c_s = c_{Ag^+} + c_{Cl^-}$ の関係があることを利用している．これより

$$\gamma_\pm = \frac{\sqrt{K_s}}{c_s} \qquad (9.33)$$

の関係が得られる．ここで表 9.3 から $-\log c_s$ を計算して，イオン強度の平方根 $\sqrt{I}$ に対してプロットすると図 9.4 のように示した直線関係が得られる．この直線を外挿すれば，イオン強度 0，すなわち $\gamma_\pm = 1$ のときの $c_s$ を評価でき，(9.33) 式から $K_s$ を決定できる．図 9.4 の直線の $y$ 切片（$-\log c_s = 4.894$）は $c_s = 1.28 \times 10^{-5}$ を与えるので，AgCl の $K_s$ は $1.63 \times 10^{-10}$ となる．$K_s$ がわかれば，任意のイオン強度での $\gamma_\pm$ を，$NaNO_3$ 共在下での AgCl の溶解度 $c_s$ を通じて知ることができる．例えば，0.01 $mol\ L^{-1}$ $NaNO_3$ 存在下では $c_s = 1.43 \times 10^{-5}$〔$mol\ L^{-1}$〕であるので，(9.33) 式から，このイオン強度下での $\gamma_\pm$ は 0.90 となる．

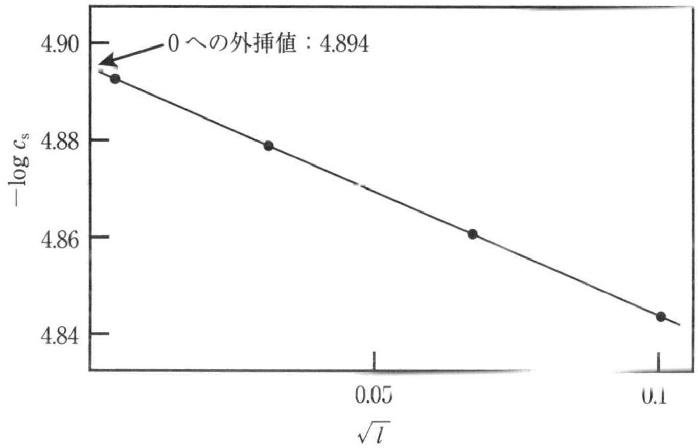


**図 9.4　$\log c_s$ と $\sqrt{I}$ のプロット**

# 10 電気化学

## 1 はじめに

電流を通じることにより電気分解が生じたり，化学変化を利用して電池が作られたりすることも，物質の電気的な性質を利用した重要な意義の1つである．ここでは，高校の化学Iの“酸化還元反応”を基礎として，大学の分析化学の“酸化還元滴定”や“電気滴定”と関連づけながら電極界面におけるイオンに関する現象を学ぶ．

## 2 化学電池

化学反応が電子の移動を伴う反応（酸化還元反応）であるならば，化学反応に伴うギブズエネルギーを電気エネルギーに変換することができ，そのような装置を**化学電池**（electrochemical cell）という．化学電池は，一方の化学種が電子を放出し[**還元**（reduction）]，他方の化学種が電子を受け取る反応[**酸化**（oxidation）]を，空間的に離れた場所で行わせ，その間を取りもつ．電子を運ぶものは，よく電気を通すことができるものでなければならず，一般的には金属が用いられる．

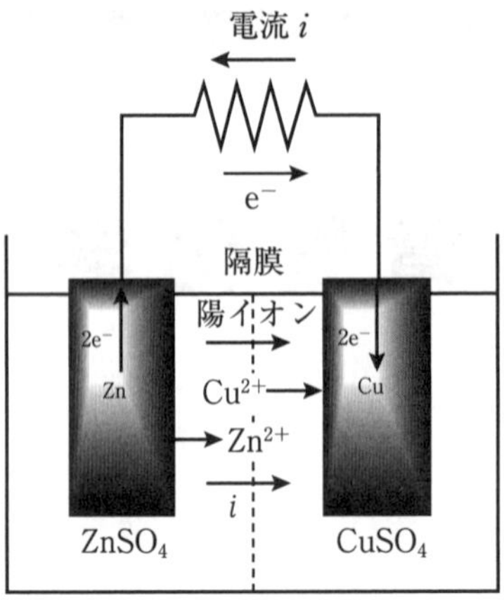


**図 10.1　ダニエル電池の概念図**

電池の典型的な例としてダニエル電池を図 10.1 に示す．この電池は銅電極と硫酸銅溶液，亜鉛電極と硫酸亜鉛溶液，および両溶液を結ぶ**塩橋**（salt bridge）から成っている．塩橋は，細いガラス管に塩化カリウム（KCl），塩化アンモニウム（$NH_4Cl$）などの飽和溶液を入れ寒天やゼラチンで固めたもので，イオンによって電気を運び両溶液間の電位差をなくす働きをする．銅電極と亜鉛電極を導線で結べば電気エネルギーを取り出すことができる．また，電池は一般に2種類の異なる電極を電解質に接触させるだけでも作製できる．イオン化傾向の異なる2種類の金属を，それらの金属が少量でも溶かし込むことのできる溶液（例えば，酸性溶液）に浸しただけで電池として働く．例えば，レモンに銅板と亜鉛板を差し込んでレモン電池を作製できることはよく知られている．

## a　電池図

**SBO　C1-(3)-3-1）代表的な化学電池の種類とその構成について説明できる**

正極，負極，電解質溶液などの電池の構造を次のように書き表したものを**電池図**（cell diagrams）といい，ダニエル電池では次のように表される．

$$Zn|Zn^{2+}\vdots\vdots Cu^{2+}|Cu$$　（ダニエル電池）

ここで縦の実線は相接する異なる相の境界を意味する．1本の縦の破線は異なる水溶液間の境界を意味するが，イオンの通過は可能であって液絡と呼ばれ，液間電位が発生することがある．二重の縦の破線は塩橋であり，これを通って左右にイオンが移動することはなく，液間電位の発生を防ぐことができる．

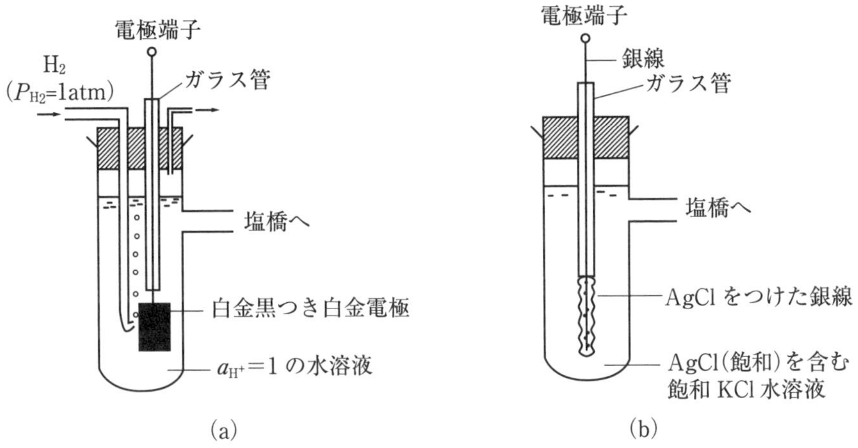


**図 10.2　(a) 水素電極，(b) 銀−塩化銀電極**

(電気化学会編：電気化学測定マニュアル基礎編，丸善 (2002))

## b　半電池

**SBO　C1-(3)-3-1) 代表的な化学電池の種類とその構成について説明できる**

**半電池** (half cell) とは，1本の電極とそれが浸っているイオン溶液の部分を合わせたものをいい，単に電極と呼ばれることもある．電池図で溶液部分を含めた左 (右) 部分がこれにあたる．代表的な半電池には，水素電極や銀−塩化銀電極のような参照電極がある (図 10.2)．

## c　アノードとカソード

**SBO　C1-(3)-3-1) 代表的な化学電池の種類とその構成について説明できる**

### 1)　アノード (anode) (陽極)

酸化反応が起こる電極で，負極とも呼ばれる．すなわち，電極から溶液へ正電荷が移動する，または溶液から電極へ負電荷が移動する (放たれた電子が導線を通って外へ流れ出る，すなわち電流が外から流れ込む) ほうの電極をいう [図 10.3 (a)]．

### 2)　カソード (cathode) (陰極または正極)

還元反応の起こる電極で，正極とも呼ばれる．すなわち，溶液から電極へ正電荷が移動する，または電極から溶液へ負電荷が移動する (導線を通って電子が流れ込む，すなわち電流が外へ流れ出す) ほうの電極をいう [図 10.3 (b)]．

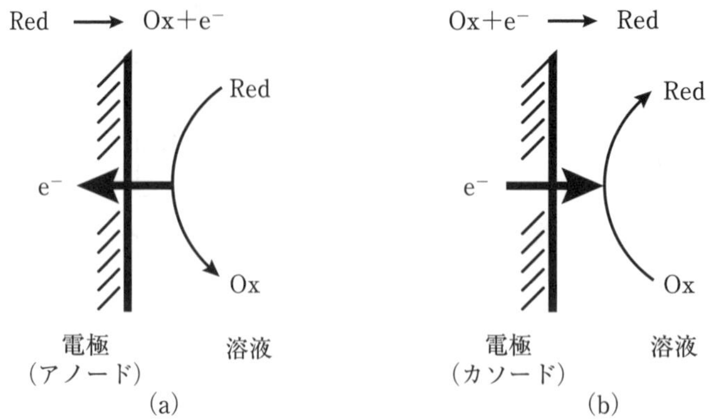


**図 10.3 (a) アノード, (b) カソード**

## d 電極反応

**SBO C1-(3)-3-1) 代表的な化学電池の種類とその構成について説明できる**

アノードおよびカソードのそれぞれで電極物質が電子を放出したり，受け取ったりして自らは酸化・還元を受ける反応を**電極反応**（electrode reaction）という．アノードでの電極反応は電子（$e^-$）を放出する酸化反応，カソードでの反応は $e^-$ を受け取る還元反応である．ダニエル電池ではアノードとカソードで次に示すような電極反応がそれぞれ進行している．

アノード反応：$Zn = Zn^{2+} + 2\,e^-$, $2\,Cl^- = Cl_2 + 2\,e^-$

カソード反応：$Cu^{2+} + 2\,e^- = Cu$, $2\,H^+ + 2\,e^- = H_2$

同じ電極でもアノードである場合とカソードである場合とでは，その電極反応式の左右両辺は逆になる．

## e 電池反応

**SBO C1-(3)-3-1) 代表的な化学電池の種類とその構成について説明できる**

電池内で起こっている酸化還元反応のことを**電池反応**（cell reaction）という．これは，アノードとカソードの各電極反応式の両辺を加え合わせて1つの反応式にまとめたものに相当する．その際（必要なら係数を加減して）$e^-$ の項を消去したものである．電極反応も電池反応も，両辺の電荷の和は左右等しい．

$Zn + Cu^{2+} = Cu + Zn^{2+}$ （ダニエル電池）

## f　電極の種類

**SBO　C1-(3)-3-1）代表的な化学電池の種類とその構成について説明できる**

### 1）金属電極（metal electrode）

金属 M をその金属由来のイオンを含む溶液に浸したもので，電池図と電極反応は次のように表される．

$$M^{n+}|M$$

$$M^{n+} + ne^- = M$$

特に，水銀と他の金属電極を溶解させたものをアマルガム（amalgam）といい，アマルガムを電極としたものを**アマルガム電極**（amalgam electrode）という．例えば，ナトリウム-アマルガム電極は次のように表される．

$$Na^+|Na(Hg)$$

$$Na^+ + e^- = Na(Hg)$$

### 2）気体電極（gas electrode）

電極となる物質は必ずしも金属である必要はなく，気体であっても電極となることができる．ただ，気体だけでは電気伝導性がないため，Pt などの安定な不活性金属に，気体およびその化学種由来のイオンを含む溶液に接触させることにより電極とする．代表的なものに水素電極がある．

$$H^+|H_2|Pt$$

$$2\,H^+ + 2\,e^- = H_2$$

この電極は，気体の吸着能を増すために白金黒をメッキした白金板を $H^+$ を含む水溶液に半分ほど浸し，$H_2$ ガスを通じたものである．特に，水素の圧力が標準圧力（$p^\circ$），水素イオンの活量が 1 であるものを**標準水素電極**（standard hydrogen electrode，SHE）という．

### 3）酸化還元電極（redox electrode）

異なった酸化状態あるいは還元状態をもつ物質を，例えば $Fe^{2+}$ と $Fe^{3+}$，キノンとヒドロキノンなどの組合せを含む水溶液に，Pt などの不活性金属を接触させることにより電極とする．

$$Fe^{2+},\ Fe^{3+}|Pt$$

$$Fe^{3+} + e^- = Fe^{2+}$$

### 4）金属-難溶性塩電極

金属がその金属の難溶性塩（固体）と接触し，さらにその塩がその塩の陰イオンを含む水溶液を接触するという構造をもっている．代表的なものに飽和甘コウ電極［飽和カロメル電極（calomel electrode)］がある．これは水銀上に難溶性の塩化第一水銀と水銀を練り合わせたものをおき，その上にさらに塩化物イオンを含む溶液をおいたものである．

$Cl^- | Hg_2Cl_2 | Hg$

$Hg_2Cl_2 + 2\,e^- = 2\,Hg^+ + 2\,Cl^-$

この電極は中心に金属部分を有しているが，全体としては陰イオン（$Cl^-$）に対応する電極となっている．また，電位が安定していて使いやすいので参照電極として用いられる．

**5） 金属–難溶性酸化物電極**

金属表面がその金属の酸化物の被膜で覆われ，それが電解質溶液に浸されている構造をとっている．代表的なものにアンチモン電極（antimony electrode）がある．

$H^+ | Sb_2O_3 | Sb$

$Sb_2O_3 + 6\,H^+ + 6\,e^- = 2\,Sb + 3\,H_2O$

### g 電極間の電位差

**SBO C1-(3)-3-1) 代表的な化学電池の種類とその構成について説明できる**

電池の両極に同種の導線を取り付け，電池図のカソード側の電極の導線の電位からアノード側の電極の導線の電位を引いた値を電極間の**電位差**という．特に，導線の電流の値が0のときの電位差を，この電池の**起電力**（electromotive force, emf）と定義する．いま，電池反応が可逆反応であって，外部からその起電力と等しい逆向きの電圧を与えたときは電流は流れず，反応も停止し，外部からの電圧がその電池の起電力よりわずかに小さくなると，電流がわずかに流れて電池反応が進行する．逆に外部からの電圧がその電池の起電力よりわずかに大きくなると，逆方向にわずかの電流が流れて電池反応も逆方向に進行する．このような電池を**可逆電池**（reversible cell）という．塩橋を用いたダニエル電池も可逆電池の1つである．

## 3 標準電極電位

**SBO C1-(3)-3-2) 標準電極電位について説明できる**

電池の起電力は，電池を構成する2つの半電池間の相対的な電位差として表され，任意に基準となる半電池を決めてその電位を0とおくことにより，これと組み合わせて電池を構成する個々の半電池の電位［**電極電位**（electrode potential）］を符号を付けて決めることができる．基準となる半電池としては，$H^+$ の活量が1の溶液に1 bar の $H_2$ を吹き込み，そこに白金など安定な電極を浸した水素電極が用いられる．この**標準水素電極**（standard hydrogen electrode, SHE）を左極，電位を決めたい半電池を右極とする電池を組み立て，

$Pt | H_2(g,\ 1\,atm) | H^+(aq,\ a_{H^+} = 1) | X^{n+}(aq) | X$

電極反応に関わるすべての化学種が標準状態（25℃，1 bar，活量1）にあるときの起電力，す

**表 10.1　標準電極電位 $E°$**（25℃，1 bar）

| 電　極 | 電極反応 | $E°$/V |
|---|---|---|
| $Li^+\|Li$ | $Li^+ + e^- = Li$ | − 3.045 |
| $K^+\|K$ | $K^+ + e^- = K$ | − 2.925 |
| $Ba^{2+}\|Ba$ | $Ba^{2+} + 2e^- = Ba$ | − 2.906 |
| $Ca^{2+}\|Ca$ | $Ca^{2+} + 2e^- = Ca$ | − 2.866 |
| $Na^{2+}\|Na$ | $Na^{2+} + 2e^- = Na$ | − 2.714 |
| $Mg^{2+}\|Mg$ | $Mg^{2+} + 2e^- = Mg$ | − 2.363 |
| $Al^{3+}\|Al$ | $Al^{3+} + 3e^- = Al$ | − 1.662 |
| $Zn^{2+}\|Zn$ | $Zn^{2+} + 2e^- = Zn$ | − 0.763 |
| $Fe^{2+}\|Fe$ | $Fe^{2+} + 2e^- = Fe$ | − 0.440 |
| $Cd^{2+}\|Cd$ | $Cd^{2+} + 2e^- = Cd$ | − 0.403 |
| $Ni^{2+}\|Ni$ | $Ni^{2+} + 2e^- = Ni$ | − 0.250 |
| $Sn^{2+}\|Sn$ | $Sn^{2+} + 2e^- = Sn$ | − 0.136 |
| $Pb^{2+}\|Pb$ | $Pb^{2+} + 2e^- = Pb$ | − 0.126 |
| $H^+\|H_2\|Pt$ | $2H^+ + 2e^- = H_2$ | 0 |
| $Sn^{4+}$，$Sn^{2+}\|Pt$ | $Sn^{4+} + 2e^- = Sn^{2+}$ | 0.154 |
| $Cl^-\|AgCl\|Ag$ | $AgCl + e^- = Ag + Cl^-$ | 0.222 |
| $Cl^-\|Hg_2Cl_2\|Hg$ | $Hg_2Cl_2 + 2e^- = 2Hg^+ + 2Cl^-$ | 0.268 |
| $Cu^{2+}\|Cu$ | $Cu^{2+} + 2e^- = Cu$ | 0.337 |
| $I^-\|I_2\|Pt$ | $I_2 + 2e^- = 2I^-$ | 0.536 |
| $Fe^{3+}$，$Fe^{2+}\|Pt$ | $Fe^{3+} + e^- = Fe^{2+}$ | 0.771 |
| $Ag^+\|Ag$ | $Ag^+ + e^- = Ag$ | 0.799 |
| $Br^-\|Br_2\|Pt$ | $Br_2 + 2e^- = 2Br^-$ | 1.065 |
| $Tl^{3+}$，$Tl^+\|Pt$ | $Tl^{3+} + 2e^- = Tl^+$ | 1.25 |
| $Cl^-\|Cl_2\|Pt$ | $Cl_2 + 2e^- = 2Cl^-$ | 1.360 |

なわち標準起電力（electromotive force，emf）を決定する．SHE の電位を 0 としたので，自発的な電池反応が電池図の通り進むときの電池の起電力を正とし，電池図とは逆向きの電池反応が進むときの起電力には負の符号をつけて，これを個々の半電池の標準状態の電極電位，すなわち**標準電極電位**（standard electrode potential，$E°$）とする（表 10.1）．標準電極電位の正の値が大きい半電池ほど還元反応を起こしやすい．

実際には標準水素電極を組み立てるのは不便なので，飽和カロメル電極や銀–塩化銀電極に代表される種々の二次標準電極（参照電極）が使われる（表 10.2）．

**表 10.2　参照電極の電位**（25℃，1 bar）

| | | |
|---|---|---|
| カロメル電極（SCE） | 飽和　KCl | 0.2410 V |
| | 3.5 M KCl | 0.2520 V |
| | 0.1 M KCl | 0.3335 V |
| 銀–塩化銀電極（Ag/AgCl） | HCl（$a = 1$） | 0.2222 V |
| | 0.1 M HCl | 0.289 V |
| | 0.1 M KCl | 0.290 V |

# 4 起電力

## SBO C1-(3)-3-3) 起電力と標準自由エネルギー変化の関係を説明できる

両電極間に電流が流れていない状態での電位差をその電池の**起電力**という．例えば，ダニエル電池で起こる反応，(10.1) 式と (10.2) 式の標準電極電位は，それぞれ − 0.76 V *vs.* SHE と 0.34 V *vs.* SHE である．標準電極でダニエル電池を組めば，これらの差 0.34 − (− 0.76) = 1.10 V が開回路（電流が流れていない）状態の電圧，つまり起電力になる．

$$\mathrm{Zn} \longrightarrow \mathrm{Zn^{2+}} + 2\,\mathrm{e^-} \quad E^\circ = -0.76\ \mathrm{V}\ vs.\ \mathrm{SHE} \tag{10.1}$$

$$\mathrm{Cu^{2+}} + 2\,\mathrm{e^-} \longrightarrow \mathrm{Cu} \quad E^\circ = 0.34\ \mathrm{V}\ vs.\ \mathrm{SHE} \tag{10.2}$$

起電力の測定は定義によって，その電池に電流が流れていない状態で行わなければならない．その方法の原理はポッゲンドルフの補償法（Poggendorf's compensation method）と呼ばれ，この原理に基づく測定装置を電位差計（potentiometer）という（図 10.4）．電流の流れが蓄電池 D と反対向きになるように標準電池 S および起電力未知の電池 X を置く．切り替えスイッチで S または X を選択し，長さ AC の可変抵抗線上の接点 B をスライドさせ，S および X それぞれについて検流計 G の振れが 0 となる点 $B_S$ および $B_X$ を求める．この点は蓄電池の電圧 ($E_e$) と測定される電池の起電力 $E$ が釣り合う点であるから，$(E/E_e)$ = (AB 間の抵抗 /AC 間の抵抗) = $\overline{AB}/\overline{AC}$，すなわち $E = E_e \times (\overline{AB}/\overline{AC})$ の関係が成立する．したがって，電池 X の起電力 $E_X$ は標準電池 S の起電力 $E_e$ が既知であるので次式により求められる．

$$\frac{E_X}{E_S} = \frac{E_e \times (\overline{AB_X})/(\overline{AC})}{E_e \times (\overline{AB_S})/(\overline{AC})} = \frac{\overline{AB_X}}{\overline{AB_S}} \tag{10.3}$$

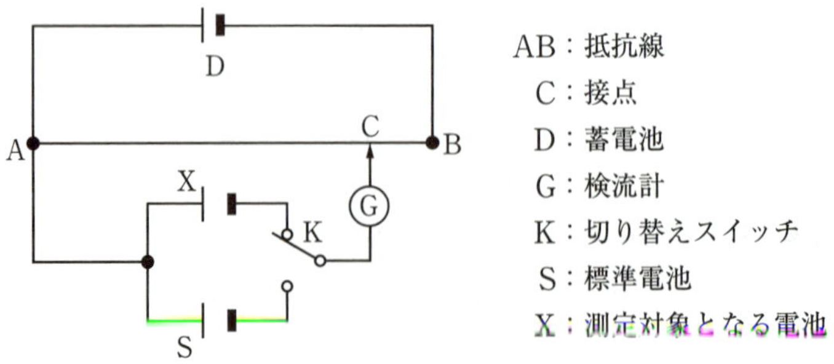


**図 10.4 電位差計による起電力の測定**

## 5 ネルンストの式

**SBO C1-(3)-3-4) Nernst の式が誘導できる**

次のような電池反応があるとする.

$$aA + bB + \cdots\cdots\cdots = xX + yY + \cdots\cdots\cdots$$

A, B, ……… の活量を $a_A$, $a_B$, ……… とするとき,

$$Q = \frac{a_C{}^c\ a_D{}^d}{a_A{}^a\ a_B{}^b}$$

なる $Q$ を反応商と名付ける. この電池反応の中で受け渡しされる電子の数を $n$ とするとき, 次のネルンストの式が成り立つ.

$$E = E^\circ - (RT/nF) \cdot \ln Q \qquad (10.4)$$

ここで気体定数 $R = 8.3145\ \mathrm{J\ K^{-1}\ mol^{-1}}$, ファラデー定数 $F = 96485\ \mathrm{C\ mol^{-1}}$, および $\ln Q = 2.3026 \log Q$ の関係を用いると次式が得られる.

$$E = E^\circ - (1.9842 \times 10^{-4}\ \mathrm{V\ K^{-1}})(T/n) \cdot \log Q \qquad (10.5)$$

特に温度 25 ℃, $T = 298.15$ K の場合は,

$$E = E^\circ - (0.05916\ \mathrm{V}/n) \cdot \log Q \qquad (10.6)$$

となる.

## 6 濃淡電池

同じ種類の半電池を組み合わせた電池でも, 電解質濃度（すなわち活量）を変えるだけで起電力を生じる電池を**濃淡電池**（concentration cell）という.

### a 電極濃淡電池

**SBO C1-(3)-3-5) 濃淡電池について説明できる**

水素電極 2 を組み合わせた場合の電池図は

$$\mathrm{Pt}|\mathrm{H_2}(p_1)|\mathrm{HCl}(a)|\mathrm{H_2}(p_2)|\mathrm{Pt}$$

となり, 電極反応は

$$\text{アノード}: \frac{1}{2}\mathrm{H_2}(p_1) = \mathrm{H^+}(a) + \mathrm{e^-} \qquad \text{カソード}: \mathrm{H^+}(a) + \mathrm{e^-} = \frac{1}{2}\mathrm{H_2}(p_2)$$

したがって, 正味の電池反応は

$$\frac{1}{2}H_2(p_1) = \frac{1}{2}H_2(p_2)$$

この電池に1 F/mol（96485 C）の電気量が流れたとき，水素1/2 molが圧力$p_1$の電極から圧力$p_2$の電極に移動する．このときのギブズの自由エネルギー変化（$\Delta G$）は

$$\Delta G = RT\ln\frac{p_1^{1/2}}{p_2^{1/2}} = \frac{RT}{2}\ln\frac{p_1}{p_2} \tag{10.7}$$

となり，したがってこの電池の起電力は

$$E = -\frac{\Delta G}{F} = -\frac{RT}{2F}\ln\frac{p_1}{p_2} \tag{10.8}$$

## b　イオン濃淡電池

### SBO　C1-(3)-3-5）濃淡電池について説明できる

#### 1）イオンの移動を伴う場合（液絡によって接触している電池）

$$\mathrm{Pt}|\mathrm{H_2(1\ atm)}|\mathrm{H^+}(a_+)_1,\ \mathrm{Cl^-}(a_-)_1|\mathrm{H^+}(a_+)_2,\ \mathrm{Cl^-}(a_-)_2|\mathrm{H_2(1\ atm)}|\mathrm{Pt}$$

1 F/mol（96485 C）の電気量が流れるときの電極反応は

アノード：$\frac{1}{2}\mathrm{H_2(1\ atm)} = \mathrm{H^+}(a_+)_1 + e^-$

カソード：$\mathrm{H^+}(a_+)_2 + e^- = \frac{1}{2}\mathrm{H_2(1\ atm)}$

液絡における$Cl^-$イオンと$H^+$の移動は

$Cl^-$イオン：$t_-\mathrm{Cl^-}(a_-)_2 = t_-\mathrm{Cl^-}(a_-)_1$

$H^+$イオン：$t_+\mathrm{H^+}(a_+)_1 = t_+\mathrm{H^+}(a_+)_2$

ここで，$t_-$, $t_+$はそれぞれ陰イオン，陽イオンの輸率で$t_+ + t_- = 1$の関係がある．したがって，電池反応は

$$t_+\mathrm{H^+}(a_+)_2 + t_-\mathrm{Cl^-}(a_-)_2 = t_+\mathrm{H^+}(a_+)_1 + t_-\mathrm{Cl^-}(a_-)_1$$

となり，起電力$E$は

$$E = -\frac{\Delta G}{F} = -\frac{RT}{F}\ln\frac{[(a_+)_1(a_-)_1]^{t_-}}{[(a_+)_2(a_-)_2]^{t_-}} = -\frac{t_-RT}{F}\ln\frac{(a_\pm)_1^{\,2}}{(a_\pm)_2^{\,2}}$$

$$= -\frac{2t_-RT}{F}\ln\frac{(a_\pm)_1}{(a_\pm)_2} \tag{10.9}$$

#### 2）イオンの移動がない場合（塩橋によって接触している電池）

$$\mathrm{M}|\mathrm{M}^{Z+}(a_+)_1||\mathrm{M}^{Z+}(a_+)_2|\mathrm{M}$$

この電池反応は

$$\mathrm{M}^{Z+}(a_+)_1 = \mathrm{M}^{Z+}(a_+)_2$$

であるから，起電力 $E$ は

$$E = \frac{RT}{ZF} \ln \frac{(a_+)_2}{(a_+)_1} \tag{10.10}$$

## 7 膜電位と能動輸送

**SBO　C1-(3)-3-6) 膜電位と能動輸送について説明できる**

組成の異なる電解質溶液ⅠとⅡをイオンが通過できる膜で隔てると，両液間に電位差が生じる．これを**膜電位** $E_{\mathrm{M}}$ といい，細胞膜によって隔てられた細胞内外液間の電位差もこれに当たる．膜電位の大きさは，電解質のイオン組成とイオンの膜透過性によって決定され，次式で表される．

$$E_{\mathrm{M}} = -RT/F(t_+ \ln \frac{a_+{}^{\mathrm{II}}}{a_+{}^{\mathrm{I}}} - t_- \ln \frac{a_-{}^{\mathrm{II}}}{a_-{}^{\mathrm{I}}}) \tag{10.11}$$

ここで，膜が陰（陽）電荷をもつならば，静電気的相互作用により陰イオン（陽イオン）の透過性が妨げられて，陽イオン（陰イオン）の輸率が選択的となり，極限では $t_+ = 1$（$t_- = 1$）となる．その場合は（10.11）式は

$$E_{\mathrm{M}} = -\frac{RT}{F} \ln \frac{\mathrm{a}_+{}^{\mathrm{II}}}{\mathrm{a}_+{}^{\mathrm{I}}} \quad (t_+ = 1 \text{のとき}) \tag{10.12}$$

または

$$E_{\mathrm{M}} - \frac{RT}{F} \ln \frac{\mathrm{a}_-{}^{\mathrm{II}}}{\mathrm{a}^{\mathrm{I}}} \quad (t_- = 1 \text{のとき}) \tag{10.13}$$

となる．このような膜はイオン選択性電極に利用できる．

生体内では，化学ポテンシャル勾配に逆らって溶質が輸送されることがある．人間の細胞内液の $K^+$ 濃度は157 mmol dm$^{-3}$，$Na^+$ 濃度は14 mmol dm$^{-3}$ であるが，細胞外液の $K^+$ 濃度は5 mmol dm$^{-3}$，$Na^+$ 濃度は140 mmol dm$^{-3}$ である．これらのイオンが不均一な分布状態で存在するのは，化学ポテンシャル勾配に逆らってイオンが輸送されるためである．これを**能動輸送**という．これらイオンの能動輸送は単独で起こり得ないが，それが他の自由エネルギーの減少反応と結合することによって可能となる．$Na^+$ の細胞内液（低濃度）から細胞外液（高濃度）への逆輸送系を**ナトリウムポンプ**とよぶが，これはATPのADPへの加水分解反応による自由エネルギーの減少に伴っているためである．

電流が流れると膜により仕切られた2つの溶液間でイオンが移動する．陽イオンは陰極に，陰イオンは陽極に向かって膜を通過する．この現象を利用したのが，新しい薬物送達システム（ドラッグデリバリーシステム，DDS）として注目されている**脱分極イオンフォレーゼシステム**（ADIS）である．このADISは，電池，陽極パッチおよび陰極パッチから構成される．電極パッチとは薬物を塗布した伝導性フィルムを考えればよい．正電荷をもつ薬物の場合，陽極パッチに塗布する．この陽極パッチの薬物塗布面を皮膚に接着する．陰極パッチも近くの皮膚に同様に接

着する．両極パッチに電池を接続し，痛みを感じない程度に通電する．電流は皮膚内部を通して両極間に流れる．そのとき，陽極パッチ表面の薬物は陰極パッチ側へ移動しようとし，体内に導入される．内服薬，坐薬，貼付薬，注射薬などの，従来の薬物投与方法と比較して，① 痛みを伴わない，② 薬の作用標的に必要量を，必要なときに，最も効果的に送達できる，③ 水溶性薬剤を経皮で投与できる，④ 副作用を軽減できる，⑤ 過剰薬物摂取を防ぐことができる等の特徴を有する．近い将来，薬剤師が服薬指導の中で“電池と電極の貼り方”を指導する時代が来るかもしれない．

# 第3部

# 物質の変化

# 11 反応速度

## 1 はじめに

高校化学では，典型的な化学反応において反応物が活性化状態を経て生成物に変化すること，活性化エネルギー，反応熱などについて学んだ．また化学平衡の単元では，化学反応式の正方向にも逆方向にも反応が進む場合について学習した．ここでは，反応速度と活性化エネルギーや反応熱との関係など定量的な取り扱いかたを習得し，さらにそこから，化学平衡など，より複雑な化学反応について理解していく．反応速度式は非常に簡単な微分で表されているので，これを積分して濃度と時間の関係に変換する操作が含まれる．非常に基本的な積分なので復習しておこう．

## 2 反応速度

### a 質量作用の法則

**SBO C1-(4)-1-1)「反応次数 *n* と速度定数 *k* を説明できる」の基礎**

北欧の化学者グルバリッキ（Guldberg）とヴォーギャ（Waage）は，物質が化学反応するときお互いの分子の間には「親和力のようなもの」が働くと考えた（図 11.1）．

$$\mathrm{A} + \mathrm{B} \underset{k_\mathrm{b}}{\overset{k_\mathrm{f}}{\rightleftarrows}} \mathrm{P} + \mathrm{Q}$$

という可逆反応が起こるとき，反応物側の分子 A が分子 B に接近する度合いは，A の周囲に B がどれくらい存在するか，つまり B の濃度に比例する．反対に B からみれば A の濃度に比例する．これを簡単な比例式で表すと，正反応が進行する度合い $J$ は親和力の係数を $k_\mathrm{f}$ とすれば，

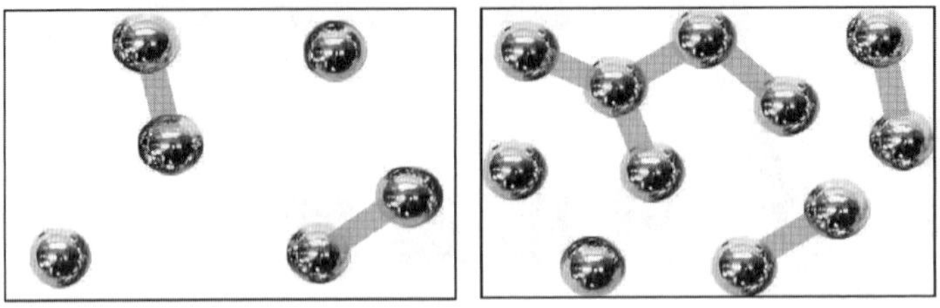

**図 11.1**

分子が接近するときに親和力が働くと仮定すると，その数は濃度が低い（左）と少なく，濃度が高い（右）と多くなるだろう．それなら，化学反応の速度は分子の濃度に比例するはずである．

$$J = k_{\mathrm{f}}[\mathrm{A}][\mathrm{B}] \tag{11.1}$$

のように表される．同様に，逆反応が進行する度合い $J'$ についても生成物側の分子 P と Q の濃度と親和力の係数 $k_{\mathrm{b}}$ を用いれば簡単な比例式，

$$J' = k_{\mathrm{b}}[\mathrm{P}][\mathrm{Q}] \tag{11.2}$$

で表される．

ここで，反応が可逆平衡に達したときには，正逆どちらの反応も静止しているわけではない．平衡状態とは，正反応の進行 $J$ と逆反応の進行 $J'$ が釣り合っている状態である．例えば，体育館ではいろんな学年のいろんなクラスの学生が授業をしている．時間が変われば別のクラスに交代するが，それぞれが 40 人クラスなら休み時間に出て行く人数と入ってくる人数が同じとなり，体育館の中は 1 日じゅう疲れることもなく元気に体育をしている 40 人の学生がいることになる．こうして見かけ上，常に体育館に 40 人の学生が入っているような状態が平衡状態である．そういうわけで平衡状態なら $J = J'$ だから，これにさっきの比例式（11.1）式と（11.2）式を代入して整理する．ここではわかりやすくするため，まず代入した式を示すと，

$$k_{\mathrm{f}}[\mathrm{A}][\mathrm{B}] = k_{\mathrm{b}}[\mathrm{P}][\mathrm{Q}] \tag{11.3}$$

となる．(11.3) 式を変形することで，親和力の係数である $k_{\mathrm{f}}$ と $k_{\mathrm{b}}$ について比を求めると以下のようになる．

$$\frac{[\mathrm{P}][\mathrm{Q}]}{[\mathrm{A}][\mathrm{B}]} = \frac{k_{\mathrm{f}}}{k_{\mathrm{b}}} = K_{\mathrm{eq}} \tag{11.4}$$

すでにお気付きであろうが，(11.4) 式の $K_{\mathrm{eq}}$ は高校化学でも学んだ平衡定数である．一般的にいえば，化学反応式

$$a\mathrm{A} + b\mathrm{B} + c\mathrm{C} + \cdots \rightleftharpoons p\mathrm{P} + q\mathrm{Q} + r\mathrm{R} + \cdots$$

があるとき，平衡定数 $K_{\mathrm{eq}}$ は

$$K_{\mathrm{eq}} = \frac{[\mathrm{P}]^p[\mathrm{Q}]^q[\mathrm{R}]^r}{[\mathrm{A}]^a[\mathrm{B}]^b[\mathrm{C}]^c} \tag{11.5}$$

となる．1864 年に 2 人はこの理論を**質量作用の法則**として発表した．この法則は，高校化学で**化学平衡の法則**としてすでにおなじみである．高校化学では，化学平衡は**ル・シャトリエ**（Le Chatelier）**の原理**に従うものとして学ぶが，本章では，より詳しく反応速度からみた平衡まで理解を進めたい．

## b 化学反応速度論

### SBO C1-(4)-1-1) 反応次数 $n$ と速度定数 $k$ を説明できる

質量作用の法則の発表から20年後，オランダのファント・ホッフ（van't Hoff）は，分子間に働く「親和力」という漠然としたアイデアを整理し，**化学反応速度論**としてまとめあげた．以下にそれを説明する．不可逆反応 A → P について考えてみよう．この反応がどれくらい進行したかを示す反応の進行度をギリシャ文字 ξ（クシー）で表す．反応を開始する時点の反応物 A の量を $[\mathrm{A}]_0$ とすると，反応進行度が ξ になる時点における A の量は，$[\mathrm{A}]_0 - \xi$ である．生成物 P の量は反応の進行に伴って増えるので，$[\mathrm{P}] = \xi$ である．ファント・ホッフは，反応進行度が ξ になっている時間 $t$ において，これから単位時間あたりに反応が進行する度合い $v$ を，

$$v = \frac{d\xi}{dt} \tag{11.6}$$

と決めた．さらに，これを A，P の物質量で表すと，

$$v = \frac{d\xi}{dt} = -\frac{d[\mathrm{A}]}{dt} = \frac{d[\mathrm{P}]}{dt} \tag{11.7}$$

となる．この $v$ を**反応速度**と定義した．ここで注意してほしい．速度とは，速さと方向からなる．反応速度というときには，正反応の方向を正号で，逆反応の方向を負号で区別している．

不可逆反応 A → P で，A が特定の条件で P に変化していくとき，反応速度は A の濃度 [A] に比例する．また，反応機構として A 分子と別の A 分子が化学反応することで P に変化するのならば，質量作用の法則で説明したように，反応速度は $[\mathrm{A}]^2$ に比例する．これを一般的に言えば反応速度は [A] の $n$ 乗に比例すると言えるから，比例定数 $k$ を用いて以下のように表すことができる．

$$v = k[\mathrm{A}]^n \tag{11.8}$$

上記のように，$n$ は反応機構によって，$n = 1$ であったり，$n = 2$ であったり，あるいは $n = 0$ や $n = 0.5$ などということもありうる．この $n$ を**反応次数**という．一般式としては，反応 $a\mathrm{A} + b\mathrm{B} + c\mathrm{C} + \cdots \rightarrow p\mathrm{P} + q\mathrm{Q} + r\mathrm{R} + \cdots\cdots$ において反応次数 $n$ は，

$$v = k[\mathrm{A}]^a[\mathrm{B}]^b[\mathrm{C}]^c \cdots \qquad n = a + b + c \cdots \tag{11.9}$$

のように解釈される．ファント・ホッフは「親和力の定数」といった反応の仕組みに関する考え方とは切り離して，現象としての反応速度を調べることだけに論点を集約し，式のうえでの反応物の濃度と反応速度との間に成立する比例定数 $k$ を**速度定数**と決めたのだった．なお，反応の仕組みは第12章で学ぶ．

# 3 反応次数 $n$ と速度定数 $k$ の決定

様々な化学反応について反応速度論を使って区別し，理解するためには，これまでに述べた反応次数 $n$ と速度定数 $k$ を欠かすことができない．ここでは，それらの決定法として**微分法**，**積分法**，**半減期法**の3つを学ぶ．

## a 微分法

**SBO　C1-(4)-1-2)「微分型速度式を積分型速度式に変換できる」の基礎**

**SBO　C1-(4)-1-3)「代表的な反応次数の決定法を列挙し，説明できる」の基礎**

$n$ 次の反応速度式は（11.8）式に示した．その両辺の対数をとると，以下のように変換される．

$$\log v = \log k + n \log[\mathrm{A}] \qquad (11.10)$$

（11.10）式から，反応物の濃度［A］の対数を横軸に，反応速度 $v$ の対数を縦軸にプロットすれば直線関係となる（【重要】常用対数 $\log_{10}$［A］でも自然対数 $\log_e$［A］でもよい）．直線の傾きから $n$ を読みとることができる（図11.2）．

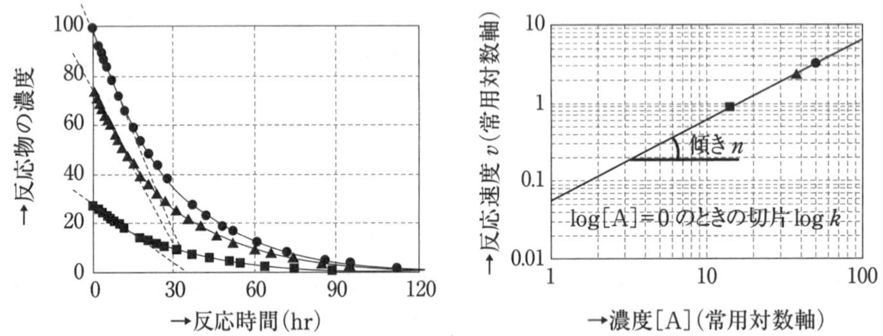


**図11.2　ショ糖のギ酸酸性下における加水分解反応の経時変化（左）と，微分法による濃度～速度両対数プロット（右）**

(Rosanoff, Sibley (1911) *J. Am. Chem. Soc.* **33** 1911-1924)

## b 積分法

**SBO C1-(4)-1-2)「微分型速度式を積分型速度式に変換できる」の基礎**

**SBO C1-(4)-1-3)「代表的な反応次数の決定法を列挙し，説明できる」の基礎**

積分法では，あらかじめ反応次数 $n$ の値を仮定しておき，反応次数 $n$ の数式に実験結果を当てはめることで説明できるかどうか検証する．反応次数 $n$ の反応速度式は，(11.7) 式と (11.8) 式から以下の一般式となる．

$$-\frac{d[\mathrm{A}]}{dt}=k[\mathrm{A}]^n \tag{11.11}$$

これを ***n* 次反応**という．この微分方程式を積分型の式に変換するには，次のコラムのようにする．苦手なら，とりあえずこれを全部覚えてしまおう．少なくとも (11.13) 式は暗記すれば，その後に使い方を説明する．

> 変数を $x$ とおき，$x$ と $t$ を左右両辺に分離（変数分離）して，
>
> $$-\frac{dx}{x^n}=kdt \tag{11.11'}$$
>
> 反応時間には負の値は定義されていない．ここで $t=0$ から $t=t$ までを定積分する．境界条件として，反応開始の $t=0$ のとき $x=[\mathrm{A}]_0$，以後 $x=[\mathrm{A}]$ とする．
>
> $$\int_{[\mathrm{A}]_0}^{[\mathrm{A}]}\frac{1}{x^n}dx=k\int_0^t dt \tag{11.12}$$
>
> これについて積分公式を用いて解く．ただし，ここで $n-1\neq 0$ とする．
>
> $$\frac{1}{n-1}\left|\frac{1}{x^{n-1}}\right|_{[\mathrm{A}]_0}^{[\mathrm{A}]}=k\left|t\right|_0^t \tag{11.12'}$$
>
> それぞれを代入して整理すると，
>
> $$\frac{1}{[\mathrm{A}]^{n-1}}=\frac{1}{[\mathrm{A}]_0^{n-1}}+(n-1)kt \tag{11.13}$$
>
> となる．

微分方程式で表されている (11.11) 式を**微分型反応速度式**といい，積分によって得られた (11.13) 式を**積分型反応速度式**という．積分法では，この積分型速度式において反応次数 $n$ の値を仮定して，実験データが合致しているかどうかを調べる（【重要】$n=1$ の場合は後で取り扱う）．まず，$n=0$ である（**0 次反応**）と仮定するなら，$n=0$ を (11.13) 式に代入し，

$$[\mathrm{A}]=[\mathrm{A}]_0-kt \tag{11.14}$$

という 0 次反応速度式を得る．横軸に反応時間 $t$ を，縦軸に反応物の量 [A] をとると右下がりの直線となるならば，$n=0$ であり，傾きから $k$ を求めることができる [図 11.3 (a)]．直線に

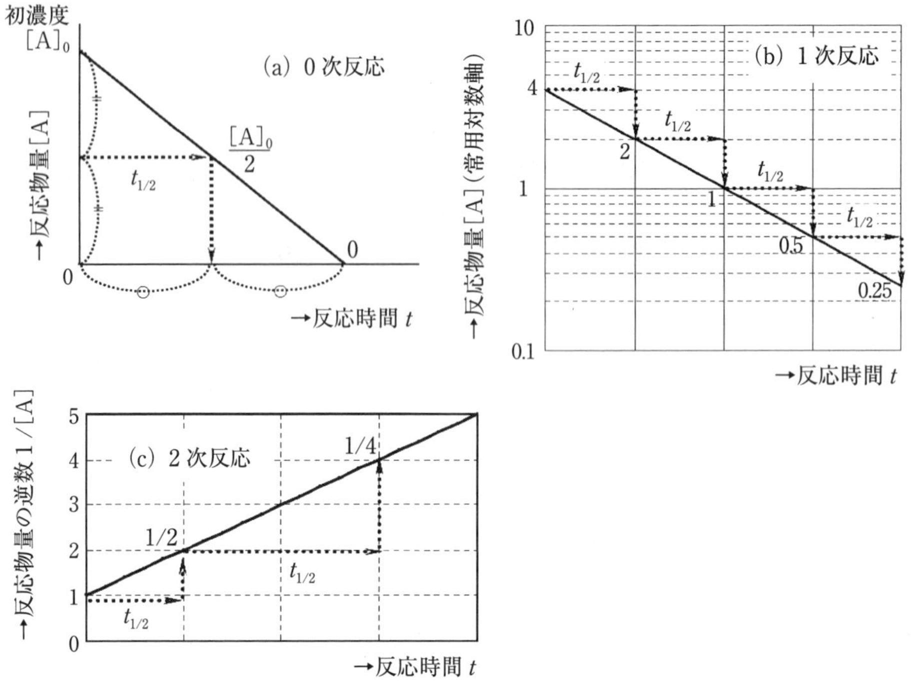


**図 11.3 0次反応（a），1次反応（b），2次反応（c）の時間変化についての直線グラフ解析**

0, 1, 2次反応のグラフの縦軸をそれぞれ実数軸，対数軸，逆数軸としている．1次反応はどの時点でも半減期が同じだが，ほかの反応次数では，そのときの濃度によって半減期は変化する．

ならなければ0次反応ではない．一般に，均一系の反応は0次反応にはならない．金属が酸化によって錆びる反応であるとか，分散系のアスピリンが加水分解する反応のような不均一系の反応において，見かけ上0次反応になることが知られている．

続いて $n = 2$ の場合（**2次反応**）を考える．$n = 2$ を（11.13）式に代入すると，

$$\frac{1}{[\mathrm{A}]} = \frac{1}{[\mathrm{A}]_0} + kt \tag{11.15}$$

という2次反応速度式が得られる．横軸に反応時間 $t$ を，縦軸に反応物の量 [A] の逆数をとったときに右上がりの直線となるならば，$n = 2$ である．傾きから $k$ を求めることができる［図11.3（c）］．

同じように $n = 3$ や $n = 0.5$ のときも，（11.13）式を用いれば積分型反応式が得られる．しかし，$n = 1$ のとき（**1次反応**）には，（11.13）式は成立しない．微分型速度式

$$-\frac{d[\mathrm{A}]}{dt} = k[\mathrm{A}] \tag{11.16}$$

は，（11.11）式から（11.15）式のような手続きでは積分型速度式を導くことができない．（11.16）式をよくみると，時間の関数となる [A] が微分をしても [A] と同じ形（相似形）になる（図11.4）．

これは奇妙な方程式である．「微分しても元の関数と同じ形になる関数はなーんだ？」というなぞなぞに熱中して解くことに成功したのは，18世紀を代表する数学者オイラー（Euler）であ

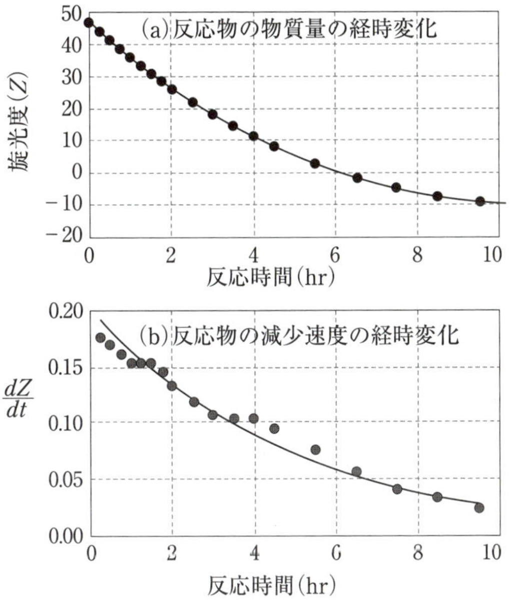


**図 11.4**

硝酸酸性条件下でのショ糖の加水分解反応の進行を旋光度（$Z$）で測定したもの（a）．旋光度 $+66.5°$ のショ糖が加水分解すると旋光度 $+52.5°$ のグルコースと $-132°$ のフルクトースになるので，測定値は負になる．反応物量の変化（$dZ/dt$）の経時変化（b）のグラフは（a）と相似形となる．実験データは，史上初めて速度論解析を発表したウィルヘルミー（Wilhelmy）の論文（1850 年）から引用した．

（Leicester, Klickstein：A Source Book in Chemistry, Harvard Univ. Press（1968））

った．オイラーはネイピア数 $e$（$= 2.718281828459045\cdots$）という無理数を用いて，

$$\frac{d}{dx}e^x = e^x \qquad (11.17)$$

という公式が成り立つことを証明したのである．公式（11.17）式を用いれば（11.16）式が解ける．

$$[\mathrm{A}] = [\mathrm{A}]_0 e^{-kt} \qquad (11.18)$$

ここで覚えるのは（11.18）式だけである．しかし，おなじみの高校数学を使って説明したほうがわかる人のために，積分公式を使った形式算の手続きを以下のコラムに示しておく．

（11.16）式において $k$ は定数であり，変数を $x$ とおいて，$x$ と $t$ を変数分離すると

$$\frac{dx}{x} = -kdt \qquad (11.16')$$

これを $t = 0$ から $t = t$ まで定積分する．反応開始において $x = [\mathrm{A}]_0$ とし，それ以後 $x = [\mathrm{A}]$ とする．

$$\int_{[\mathrm{A}]_0}^{[\mathrm{A}]} \frac{1}{x} dx = -k\int_0^t dt \qquad (11.19)$$

積分公式から（11.19）式を解くと，

$$\left|\ln x\right|_{[A]_0}^{[A]} = -k\left|t\right|_0^t \qquad (11.19')$$

となる．ここで $\ln x$ の表記は自然対数 $\log_e x$ を意味する．(11.19′) 式を解いて整理すると，

$$\ln[A] = \ln[A]_0 - kt \qquad (11.20)$$

となる．

(11.20) 式の自然対数をはらうことで1次反応速度式 (11.18) 式が得られる．(11.20) 式から，横軸に反応時間 $t$ を，縦軸に濃度 [A] の自然対数をとったとき右上がりの直線となるならば，$n=1$ である．傾きから $k$ を求めることができる．縦軸を常用対数にしたときには微分法のときとは異なり，(11.20′) 式のようになる [図 11.3 (b)] (【重要】常用対数のグラフでは傾きを 2.303 で割る)．

$$\log[A] = \log[A]_0 - \frac{k}{2.303}t \qquad (11.20')$$

以上，代表的な $n=0$，1，2 それぞれの場合における積分型反応速度式の導き方をみてきた．積分をいちいちやっていては面倒なので，とにかく (11.13) 式と (11.18) 式を覚えよう．あとは高校1年生の数学で必要な式は導き出せる．

さて，反応の初濃度 $[A]_0$ から反応が進行して，反応物の量 [A] がちょうど初濃度の半分になる時間を**半減期** ($t_{1/2}$ または $t_{0.5}$) という．(11.14) 式，(11.15) 式，(11.20) 式に，$t=t_{1/2}$ と $[A]=\frac{[A]_0}{2}$ を代入すれば，半減期を算出することができる．おさらいの目的で各自計算してみてほしい．0次反応，1次反応，2次反応で順に，$t_{1/2}=\frac{[A]_0}{2k}$，$t_{1/2}=\frac{\ln 2}{k}$，$t_{1/2}=\frac{1}{k[A]_0}$ となる．1次反応の半減期は，初濃度に関係なく一定時間となることがわかる ($\ln 2 = 0.693$)．このことは，医薬品の使用期限を考えたり，体内動態を解析したりするうえで極めて重要である．

## c　半減期法

**SBO　C1-(4)-1-2)「微分型速度式を積分型速度式に変換できる」の基礎**

**SBO　C1-(4)-1-3)「代表的な反応次数の決定法を列挙し，説明できる」の基礎**

(11.13) 式に $t=t_{1/2}$ と $[A]=\frac{[A]_0}{2}$ を代入して，半減期 $t_{1/2}$ について解くと，

$$t_{1/2} = \frac{(2^{n-1}-1)}{(n-1)k[A]_0^{n-1}} \qquad (11.21)$$

となる．そこで，(11.21) 式の左右両辺の自然対数をとって，整理すると，

$$\ln t_{1/2} = (1-n)\ln[A]_0 + \ln\left\{\frac{(2^{n-1}-1)}{(n-1)k}\right\} \qquad (11.22)$$

| 初濃度[A]$_0$ (mol dm$^{-3}$) | 半減期 $t_{1/2}$ (min) |
|---|---|
| 4.625 | 87.17 |
| 1.698 | 240.1 |
| 0.724 | 563.0 |
| 0.288 | 1414.4 |

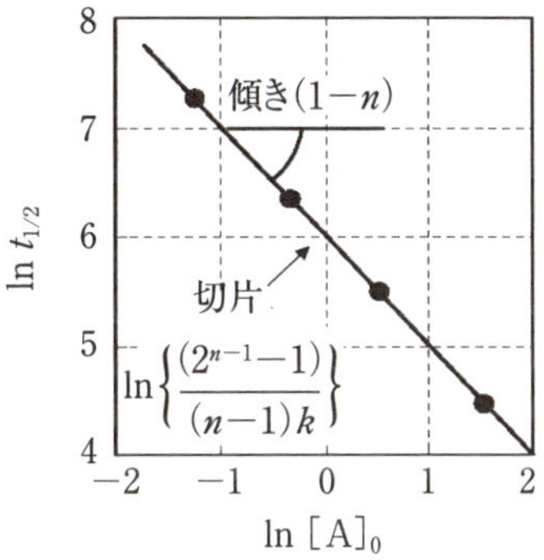


**図 11.5　半減期法による反応次数の決定**

ある医薬品が加水分解するとき，初濃度[A]$_0$ と半減期 $t_{1/2}$ の関係を測定した．
(Florence, Attwood : Physicochemical Principles of Pharmacy, 4th edition, Pharmaceutical Press (2006))

が得られる．したがって，初濃度の対数 ln[A]$_0$ を横軸に，半減期の対数 ln $t_{1/2}$ を縦軸にプロットすると直線になり，その傾きから $n$ の値を決定することができる（図 11.5）.

## d　分離法と擬一次反応

**SBO　C1-(4)-1-2)「微分型速度式を積分型速度式に変換できる」の基礎**

**SBO　C1-(4)-1-4)「代表的な（擬）一次反応の反応速度を測定し，速度定数を求めることができる（技能）」の基礎**

以上 3 つの方法とはカテゴリーが異なるが，それらに関連して**分離法**について説明しておく．

エステルが加水分解するとカルボン酸とアルコールになる．エステルの濃度を[A]とし，初濃度を[A]$_0$ で表す．反応が進行したときエステルの量は[A]$_0$ −[A]だけ減少するが，これといっしょに水分子も同じ量減少する．水の比重は 1 g·cm$^{-3}$，分子量は 18 だから，純水の濃度は $10^3$ (g·dm$^{-3}$) ÷ 18 (g·mol$^{-1}$) = 55.6 (mol·dm$^{-3}$) である．[A]$_0$ = 1 mol·dm$^{-3}$ として反応がすべて進行しても，水の濃度変化は 1/55.6 でほとんど変わらないと見なせる．このように，2 分子反応やそれ以上の分子が反応に関与するとき，特定の 1 成分のみ少量で，他の成分が大過剰に存在する状態で反応させることを，その特定成分に対する分離法という．

エステルの加水分解は，反応次数はエステル 1 分子と水 1 分子が反応するので 2 次反応である．しかし，水分子が大過剰にあるとき，見かけの反応速度はエステル分子の濃度に比例しているだけのように見えるから，反応時間 $t$ とエステル濃度の対数 ln[A] が直線関係となる．このように，見かけ上 1 次反応と見なせるような反応を**擬一次反応**という．反応の進行において量が変化しない触媒を用いた反応も，擬一次反応で近似できる．

さて，エステル加水分解のような 2 分子反応 A + B ⟶ P + Q において，A，B の初濃度を $a$, $b$ とし，反応の進行度を $x$ とすると，微分型反応速度式は

$$\frac{dx}{dt} = k(a-x)(b-x) \tag{11.23}$$

で表される．ここでは解法を省略するが，積分型反応速度式を導出すると

$$\ln\frac{a-x}{b-x} = (a-b)kt + \ln\frac{a}{b} \tag{11.24}$$

となる．ただし，(11.24) 式は $a = b$ のとき成立しない．ここで，$a \ll b$ であるとき，$(b-x)$ の項は実質上一定となり，全反応過程中 $b$ に等しい．すると，(11.24) 式は次のように近似される．

$$\ln(a-x) = -bkt + \ln a \tag{11.25}$$

これが擬一次反応の式に相当するもので，(11.20) 式と比較すると，見かけの反応速度定数は $bk$ であることがわかる．

## 4　反応速度の温度依存性（アーレニウスの式）

**SBO　C1-(4)-1-6）反応速度と温度との関係（Arrhenius の式）を説明できる**

**SBO　C1-(2)-3-8）自由エネルギーと平衡定数の依存性（van't Hoff の式）について説明できる**

本章第2節において，反応速度と平衡定数が深い関係にあることを示した．(11.4) 式，(11.5) 式でみた平衡定数 $K_{eq}$ は，ギブズの標準自由エネルギー $\Delta G^0$ と次の式で関係づけられる（第7章）．

$$\Delta G^0 = -RT\ln K_{eq} \tag{11.26}$$

ここで，$\Delta G^0$ は熱含量 $\Delta H^0$ と温度依存項 $T\Delta S^0$ の線形和で定義される（第7章）．

$$\Delta G^0 = \Delta H^0 - T\Delta S^0 \tag{11.27}$$

(11.26) 式と (11.27) 式の左辺どうしを等号で結ぶと，ファント・ホッフによる平衡式

$$\ln K_{eq} = -\frac{\Delta H^0}{RT} + \frac{\Delta S^0}{R} \tag{11.28}$$

が得られた（第7章）．

平衡定数 $K_{eq}$ は，正反応の速度定数 $k_f$ と逆反応の速度定数 $k_b$ を用いて，

$$K_{eq} = \frac{k_f}{k_b} \tag{11.29}$$

と表される．(11.4) 式と同じ形式のように見えるが，分子間の親和力を表す係数ではなく実験結果として得られる速度定数を用いる．北欧の物理化学者アーレニウス（Arrhenius）は，改めて反応速度定数の物理化学的な意味を研究したいと考え，反応速度定数の温度依存性に関する実

験結果を解析した結果，ファント・ホッフの平衡式より類推して以下の経験式を導いた．

$$k = A\exp\left(-\frac{E_a}{RT}\right) \tag{11.30}$$

$$\ln k = -\frac{E_a}{R}\cdot\frac{1}{T} + \ln A \tag{11.31}$$

これを**アーレニウスの式**という．$E_a$ を反応の**活性化エネルギー**，$A$ を**頻度因子**という．反応速度定数 $k$ の対数を絶対温度 $T$ の逆数に対してプロットすると，右下がりの直線が得られ，傾きが活性化エネルギー $E_a$ となる．反応が進行するための活性化には**エネルギー障壁**があって，これを乗り越えるだけの熱エネルギーを与えてやる必要があることを意味する．このようなグラフを**アーレニウス・プロット**という．(11.30) 式の常用対数をとったときには，傾きが以下のようになる．

$$\log k = -\frac{E_a}{2.303RT}\cdot\frac{1}{T} + \log A \tag{11.31'}$$

図 11.6 に，アーレニウスの仮説に基づく **2 段階反応機構**と**ポテンシャル表面**を模式的に表した．反応物と生成物はそれぞれ固有の自由エネルギーを持っており，反応がどちらに進行するかはファント・ホッフの平衡式の $\Delta H^0$ で判断される．これに対して，アーレニウスは**活性化複合体**という概念を創出した．反応系と活性化複合体とのポテンシャル差 $E_a$ と頻度因子 $A$ は反応の進行しやすさと関係しており，$E_a$ が高すぎるようなエネルギー障壁が大きい場合には反応が起こらない．

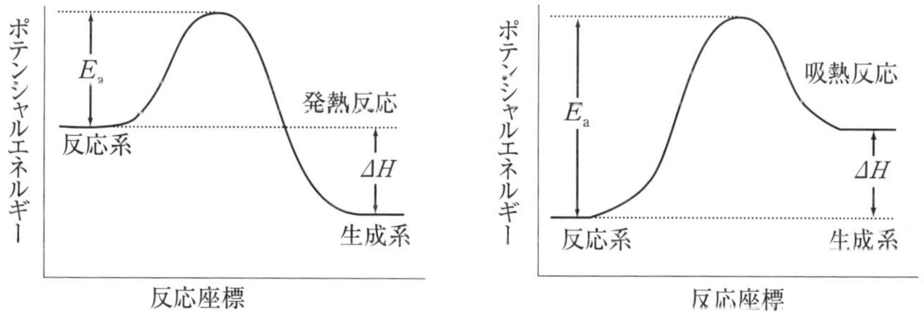


**図 11.6　アーレニウスの 2 段階反応機構**

# 5 複合反応

**SBO　C1-(4)-1-5) 代表的な複合反応の特徴について説明できる**

### 1）平衡反応

ファント・ホッフ・プロットで $\Delta H^0$ の絶対値が大きいときは，反応系か生成系のどちらかに平衡が大きく傾く．しかし，$\Delta H^0$ の絶対値が小さいときはすべての反応系が生成系に変化するわけではなく，平衡状態に達する．このとき，化学反応の反応系と生成系の量比は反応エンタルピー $\Delta H^0$ と温度 $T$ によって決まる．

このような反応を**可逆反応**または**対向反応**という．反応の進行は，反応物 [A] と生成物 [P] の比が $[P]/[A] = K_{eq}$ となったときに平衡に達して，見かけの変化がなくなる．このときのそれぞれの濃度を $[A]_{eq}$，$[P]_{eq}$ とすると，可逆反応のグラフは，反応物の初濃度が（$[A]_0 - [A]_{eq}$）で，最終濃度が0ではなく $[A]_{eq}$ とみなしたときの1次反応と同じグラフになる．これを図11.7にまとめた．

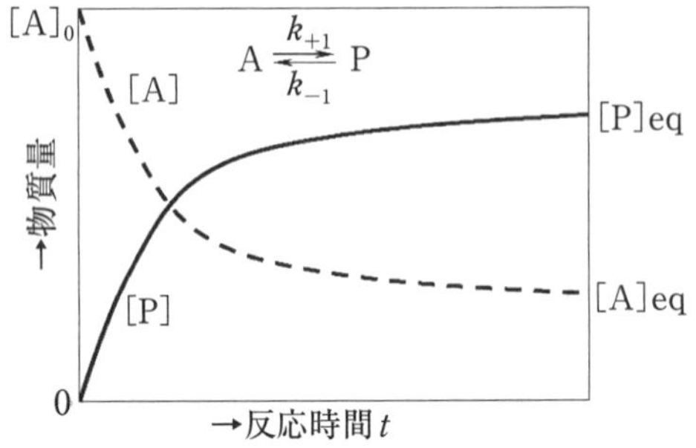


**図11.7　平衡反応における反応物A（破線）と生成物P（実線）の経時変化の模式図**

### 2）連続反応

図11.8のように，アーレニウス・プロットが上に凸の曲線が得られる場合がある．グラフは横軸が $1/T$ だから左側は高温で，高温域では勾配が小さいので $E_a$ が小さいことを意味する．右側の低温では勾配が大きく $E_a$ が大きい．グラフの切片はAの対数にあたるから，高温域ではAが小さく，低温域ではAが大きい．

A→BとB→Cのように2つの反応がバケツリレーのように連続して生じている場合，反応全体として，常にどちらか小さいほうの反応速度よりも速い速度で進行することはない．速度定数が小さいほうの反応が律速段階となる．すると，高温域では $E_a$ と $A$ が小さい反応が律速段階となり，低温域では $E_a$ と $A$ が大きい反応が律速段階となる．これが，上に凸の折れ線としての解釈である．これを**連続反応**または**逐次反応**という．このような挙動は，ショ糖異性化酵素，アセチルコリンエステラーゼ（AChE），アスパラギン酸カルバモイルトランスフェラーゼ（ATCase）など，様々な酵素反応において観測されている．

図11.9は，一次の連続反応の反応物量と生成物量の時間変化を模式的に表したものである．反応 A → B → C の1段階目と2段階目の反応速度定数 $k_1$，$k_2$ について $k_1 \gg k_2$ であって，反応 B → C が律速段階となるときは，[A]の消失は速やかで[B]が増加するが，B → C の進行が遅いので[B]が大きくなって[C]が増加し始めるまでに時間的な遅れ（タイムラグ）が見られる．反対に，$k_1 \ll k_2$ であって，反応 A → B が律速段階となるときは，[B]の消失は速やかである．さらに，$k_2$ が $k_1$ の3桁以上に大きいようなときは，A → B の速度と B → C の速度が動的に釣り合って，[B]は非常に小さい濃度で一定になる．このような現象を**定常状態**という．また仮に $k_1 = k_2$ であるならば，速度論的には B が区別されず，反応は A → C としか見えない．

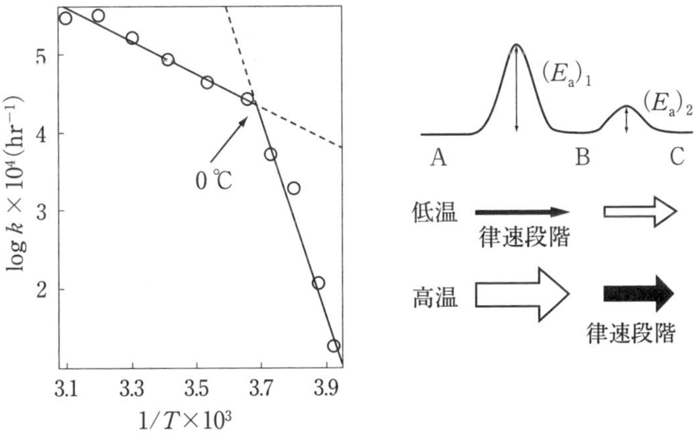


**図11.8　酵素によるショ糖の加水分解反応のアーレニウス・プロット（連続反応型）**

（Kavanau：*J. Gen. Physiol.* 193-209（1950），鍵谷：化学反応の速度論的研究法（上），化学同人（1970））

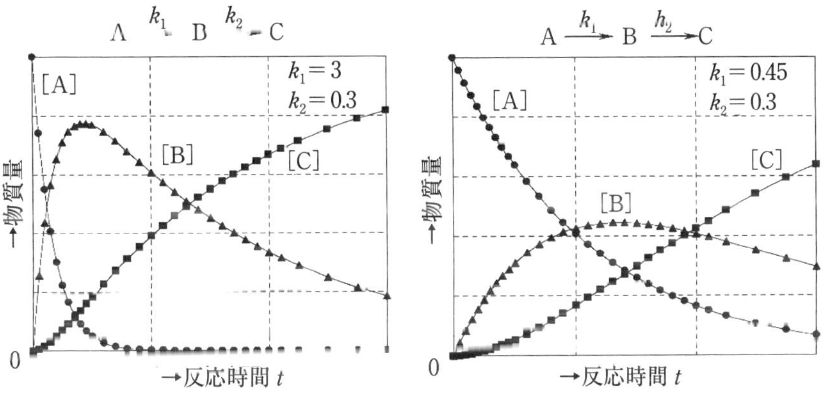


**図11.9　連続反応 A → B → C における[A]，[B]，[C]の経時変化の模擬実験**

### 3） 同時反応

図11.10のように，アーレニウス・プロットが直線ではなく下に凸（上に凹）の曲線が得られる場合がある．グラフは横軸が$1/T$だから左側は高温で，高温域では勾配が大きいので$E_a$が大きいことを意味する．右側の低温では勾配が小さく$E_a$が小さい．グラフの切片は$A$の対数にあたるから，高温域では$A$が大きく，低温域では$A$が小さい．つまり2種類の反応が同時に進行しており，見かけの反応速度定数が$k_{obs} = k_1 + k_2$であると仮定すると，反応速度定数は以下の式

$$k_{obs} = k_1 + k_2 = A_1 \exp\left\{-\frac{(E_a)_1}{RT}\right\} + A_2 \exp\left\{-\frac{(E_a)_2}{RT}\right\} \tag{11.32}$$

になる．活性化エネルギーは$(E_a)_1 > (E_a)_2$の関係があり，頻度因子は$A_1 > A_2$である．

高温域では，$-\frac{(E_a)_1}{RT}$が非常に小さくなるから指数関数部分はほぼ1に近い．したがって，$k_1$と$k_2$の大きさは頻度因子の大きさによって決まるから，$A_1 > A_2$なら$k_1 > k_2$であり，見かけの反応速度定数$k_{obs}$は$k_1$で近似される．

$$k_{obs} \approx k_1 = A_1 \exp\left\{-\frac{(E_a)_1}{RT}\right\} \tag{11.33}$$

一方，低温域では$E_a$が小さいほど指数関数部分が大きくなるので，$k_1$と$k_2$の大きさは活性化エネルギーが小さいほうが大きい．だから，見かけの$k_{obs}$は$k_2$で近似される．

$$k_{obs} \approx k_2 = A_2 \exp\left\{-\frac{(E_a)_2}{RT}\right\} \tag{11.34}$$

以上のことから，アーレニウス・プロットが下に凸の曲線であるならば，低温優先の反応メカニズムと高温優先の反応メカニズムが同時反応になっている可能性があることを意味する．**同時**

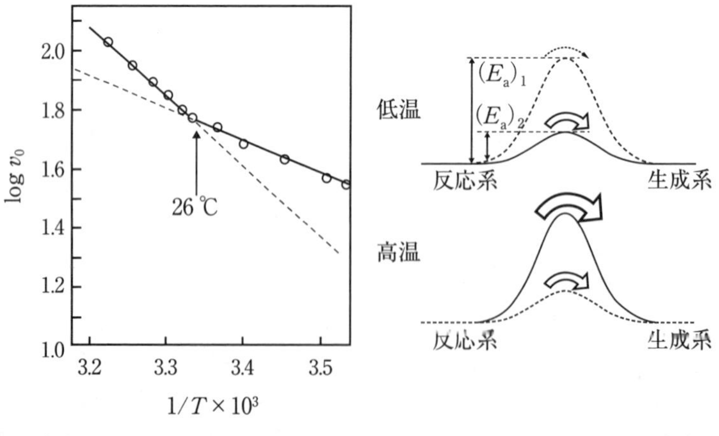


**図11.10　酵素によるフマル酸からマレイン酸への異性化反応のアーレニウス・プロット（同時反応型）**

ここで縦軸に初速度$v_0$をとっているが，同じ初濃度での実験結果なので初速度$v_0$は反応速度定数$k$と比例する．

（Massey : *Biochem. J.* **53**, 72–79 (1953)，鍵谷:化学反応の速度論的研究法（上），化学同人（1970））

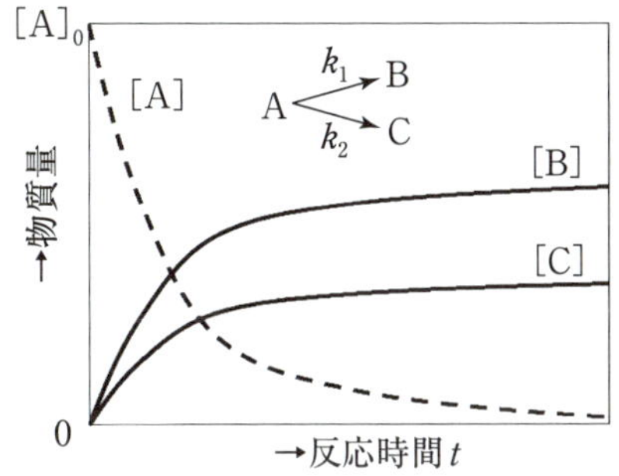


**図 11.11　同時反応における反応物 A（破線），生成物 B, C（実線）の経時変化の模式図**

**反応**の別名として，**平行反応**，**併発反応**，**分岐反応**，**競争反応**なども覚えておきたい．ある酵素によってフマル酸がマレイン酸に異性化する反応は，アルカリ性条件においてこのような挙動をとることが見いだされている．pH 8.14 のとき，26 ℃以上では活性化エネルギーが 12.6 kcal/mol，26 ℃以下では 6.9 kcal/mol であることが報告されている．

図 11.11 は一次の同時反応の反応物量と生成物量の時間変化を示したものである．反応速度定数 $k_1$，$k_2$ が異なっていても，それぞれの生成物の量比が一定になる曲線を描いていることがわかる．このことは，A → B の反応速度定数や半減期を決定するために測定する値が，同時に進行するすべての反応とどのような関係にあるかを吟味する必要があることを意味する．

### 4）　その他の反応

アーレニウス・プロットが極大値のある山型のグラフになっており，左側の高温域では反応速度が著しく低下するものがある．例えば，酵素は生理的温度よりも遙かに高い温度になるとタンパク質が変性することで失活するため，このような挙動をとる．また，金属触媒でも高温条件で反応物の分子運動が激しくなるために表面に吸着しなくなると，触媒効果を失って失活する．
ある温度でほとんど垂直に ln$k$ が上昇し，それよりも左側の高温域では測定されていないグラフとなるときには，この臨界温度で爆発していることを意味する．

グラフが水平になって，測定範囲ではあまり温度依存性がみられない場合もある．分子に電磁波が作用して起こるなら，少々の温度変化は影響を及ぼさない．光化学反応などにこのようなものがある．

### 参考書

1）D. W. Ball 著，田中一義・阿竹徹訳：ボール物理化学（下），化学同人（2004）
2）I. Prigogine, D. Kondepudi 著，妹尾学・岩元和敏訳：現代熱力学　熱機関から散逸構造へ，朝倉書店（2001）
3）米山正信著：化学のドレミファ 4　化学反応はどうしておこるか，黎明書房（1975，1998）
4）K. J. Laidler 著，高石哲男訳：化学反応速度論 I．基礎理論・均一気相反応，産業図書（1965）
5）鍵谷勤著：化学反応の速度論的研究法（上）　機構論との関連において，化学同人（1970）
6）大岩正芳著：反応速度計算法，朝倉書店（1962）
7）日本薬学会編：スタンダード薬学シリーズ 物理系薬学 I．物質の物理的性質，東京化学同人（2005）

# 12 反応機構

## 1 はじめに

現存の医薬品の情報ならば探せば見つかるが，将来登場する新薬やジェネリック医薬品には製造元の公開する情報しかない．相互作用や分解性などの理化学的性質を他の医薬品から類推するためには，化学反応の理解が必要になるだろう．これまで「化学反応はどうして起こるのか」という問題を棚上げにしたが，その一方で導き出されたアーレニウスの式のおかげで私たちは，化学反応を構成する素反応を決定づける速度定数 $k$ が活性化エネルギー $E_a$ と頻度因子 $A$ からなることを学んだ．本章では活性化エネルギー $E_a$ と頻度因子 $A$ の正体について分子レベルで解き明かしたい．本章ではなるべく高校物理などの予備知識なしに読めるようこころがけた．

## 2 衝突理論

**SBO　C1-(4)-1-7)「衝突理論について概説できる」の基礎**

### 1） 分子が衝突するときの運動エネルギー

化学反応が進行するためにはエネルギー障壁を乗り越えなければならない（図 11.6）．その活性化エネルギー $E_a$ はどこから来るのだろうか．**衝突理論**は，分子が衝突するときの運動エネルギーと答える．正体不明の親和力とは違って，衝突エネルギーというとボーリングやビリヤードのような実在感がある．個々の分子の衝突エネルギーで反応が起こるなら，1 秒間に何回衝突しているかを調べることで全体の反応速度を予測できるだろう．そこで衝突の回数を調べてみよう．

分子 A を半径 $r_A$，分子 B を半径 $r_B$ の球体とみなす．両者が衝突した瞬間，分子 B の重心は，分子 A の重心から半径（$r_A + r_B$）の円の上に位置する．この円を衝突円という．分子 A が秒

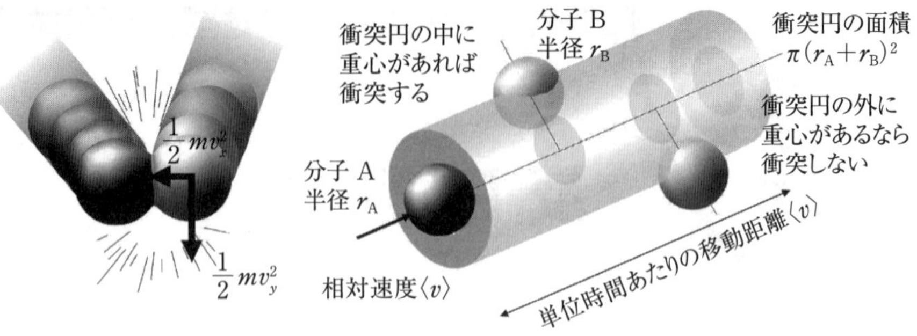


**図 12.1 分子と分子の衝突で利用できる運動エネルギー成分と衝突の頻度**

速 $v$ で移動するとき，前方の衝突円の範囲に分子Bの重心があれば衝突するし，円の外なら衝突しない．つまり，分子Aと分子Bの衝突頻度は，衝突円の面積 $\pi(r_A + r_B)^2$ に1秒で移動する距離 $v$ をかけた円筒（図 12.1）の中に分子Bの重心がある確率と等しい．分子Bの濃度が [B] だったら，この円筒の中にある分子Bの個数は体積×濃度で $\pi(r_A + r_B)^2 v$[B]となる．

もっと現実的に考えると，分子Aが単独ではなく濃度[A]だけあり，分子Bも適当に移動するだろう．そのとき分子Aと分子Bの相対的な速度の平均が $\langle v \rangle$ であるとすると，1秒間で分子Aが分子Bに衝突する頻度 $Z$ は，以下のような体積と濃度の簡単なかけ算で求められる．

$$Z = \pi\ (r_A + r_B)^2 \langle v \rangle [A][B] \tag{12.1}$$

個々の分子の速さは，質量 $m$ と絶対温度 $T$ によって決まるマクスウェル・ボルツマン分布（図 12.2）のように様々な値をとる．それぞれの温度 $T$ で描かれたグラフの曲線下面積を分子の個数で割ると，絶対温度 $T$ での平均の速さ $\langle v \rangle$ が次のように求められる．

$$\langle v \rangle = \sqrt{\frac{8k_BT}{\pi m}} \tag{12.2}$$

ここで，$k_B$ はボルツマン定数で $k_B = \frac{R}{N_A}$，ただし $R$ は気体定数，$N_A$ はアボガドロ数である．

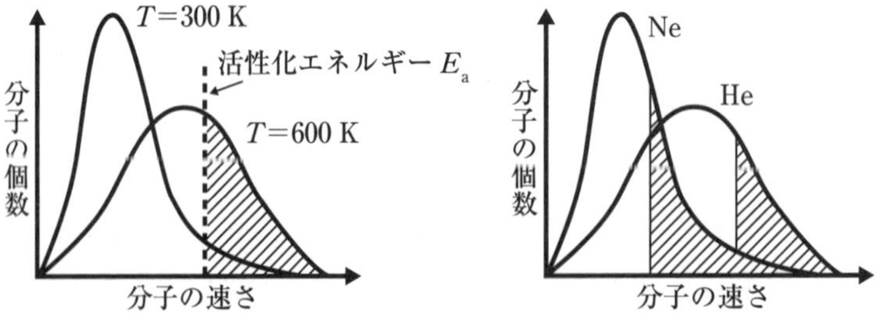


**図 12.2 分子の速さのマクスウェル・ボルツマン分布**

絶対温度 $T$ が高いほどなだらか，分子量 $m$ が小さいほどなだらか．斜線部分は閾値 $E_a$ より大きいエネルギーを持つ範囲．

質量が $m_A$, $m_B$ である分子Aと分子Bの間の相対的な速さの平均は，粒子の質量 $m$ の代わりに換算質量 $\mu_{AB} = \dfrac{m_A m_B}{m_A + m_B}$ を用いて求める．これを（12.1）式の衝突頻度 $Z$ に代入すると，

$$Z = \left\{(r_A + r_B)^2 \sqrt{\frac{8\pi k_B T}{\mu_{AB}}}\right\}[A][B] \tag{12.3}$$

が得られる．以上で分子Aと分子Bが1秒間に衝突する頻度 $Z$ を求めることができた．

衝突理論に基づいてアーレニウスの式を解釈すると，（12.3）式として得られた衝突頻度 $Z$ のうち[A][B]は反応速度式上の濃度と同じなので，この項を除いた部分 $z$ が頻度因子 $A$ に相当する．

$$\ln k = -\frac{E_a}{RT} + \ln z = -\frac{E_a}{RT} + \ln\left\{(r_A + r_B)^2 \sqrt{\frac{8\pi k_B}{\mu_{AB}}}\right\} + \ln T \tag{12.4}$$

（12.4）式によると，絶対温度 $T$ の逆数と反応速度定数 $k$ の対数をプロットしても，$\ln T$ の項が加わるので厳密には直線ではない．けれども，反応速度の実験に用いる絶対温度は300K前後の狭い範囲なのでその対数 $\ln T$ の項の変化は非常に小さく，直線からのずれはほとんど見えない．

一方，活性化エネルギー $E_a$ は分子が衝突するときの運動エネルギーが変換されると考える．図12.2に示したようなある閾値を超える運動エネルギーが得られたとき，その化学反応のエネルギー障壁を乗り越えて活性化複合体になり，化学反応が進むと考えるのが衝突理論である．

### 2）　実験的パラメータ $P$ の導入

水素分子 $H_2$ とヨウ素分子 $I_2$ からヨウ化水素HIを生じる反応を考えると，いずれの分子もシンプルな球形ではないから，衝突円を用いた近似では衝突頻度を正しく見積もることができない．さらに，$H_2$ と $I_2$ がそれぞれ適切な方向で衝突しないことには，HIに化学反応しないだろう．この影響を考慮するために**確率因子**または**立体因子**と呼ばれる実験的なパラメータ $P$ を衝突頻度 $z$ にかけ算する（対数では足す）方法が盛んに試みられた．

$$\ln k = -\frac{E_a}{RT} + \ln z + \ln P \tag{12.5}$$

分子の立体構造を考慮して確率因子 $P$ を理論的に求めることはコンピュータが発達した現在では容易だが，20世紀はじめには困難な作業であった．このため，衝突理論を検証できる例は多くなかった．ただ，酵素反応の解析結果では，確率因子 $P$ が予想されるよりもはるかに大きかった．実験的に得られる $P$ は，ただ衝突の確率や立体的な因子を反映しているだけではなさそうである．

もうひとつ衝突理論には限界がある．2つよりも多くの分子がいっしょに衝突したら，もっと大きなエネルギーを化学反応に使うことができるのだろうか？

# 3 遷移状態理論

## SBO C1-(4)-1-8)「遷移状態理論について概説できる」の基礎

### 1) 活性化複合体の正体は特定の方向を持った振動

**遷移状態理論**は，1935年に量子論に基づいてアイリング（Eyring）が中心となってまとめた．分子Xと分子YZが反応すると，脱離基YがXに転移して分子XYと分子Zになるという反応について考えてみよう．この反応を，アーレニウスの2段階反応機構モデル（図11.6）にあてはめる．

$$X + YZ \underset{}{\overset{K^*}{\rightleftarrows}} (X\text{–}YZ)^* \overset{k^*}{\longrightarrow} XY + Z$$

アーレニウスの2段階反応機構モデルではエネルギー障壁の頂点を仮定し，活性化複合体とした．遷移状態理論では複合体にいくつかの状態があると考える．特に，反応系から生成系に転換していく複合体（X–YZ）の特定の状態を**遷移状態**と定義し，遷移状態（X–YZ)$^*$を経由してから生成系複合体（XY–Z）を形成，分解してXY＋Zになると考える．

アイリングは，分子Xと分子YZがどんな方角から接近すれば，量子論的な化学結合の形成に変化が生じるかを徹底的に調べつくした．反応系分子X＋YZは，それぞれが様々な固有振動を持つ．また，反応後にできる生成系分子XY＋Zもまた，様々な固有振動を持つであろう．

図12.3では，反応系分子X＋YZの2種類の固有振動をマンガで表した．分子Xと分子YZが接近したとき，図12.3（a）のマンガでは横方向の振動が同調して複合体（X–YZ）を形成する．そして，これが遷移状態（X–YZ)$^*$に励起する．遷移状態（X–YZ)$^*$の高エネルギー振動が転換してYZの化学結合が切断されると新たな複合体（XY–Z）となり，その振動が励起状態から基底状態に落下する．続いて，複合体が分解したときXY＋Zを生じる化学反応が完了する．

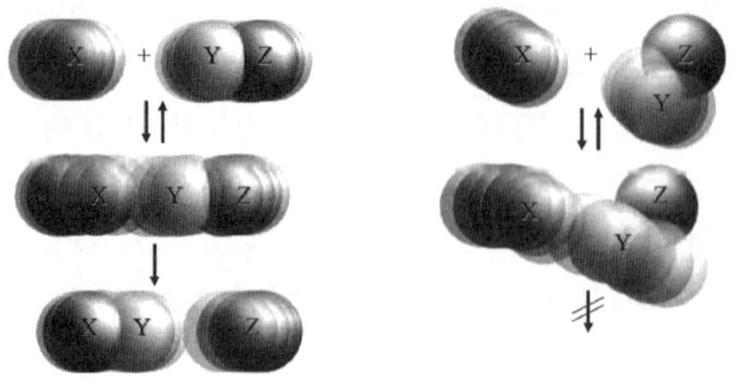


(a) 反応する複合体　(b) 反応しない複合体

**図12.3 化学反応X＋YZ ⟶ XY＋Zにおける分子構造と遷移状態（X–YZ)$^*$の状態**

これに対して，X と YZ が接近する方角が反応を生じるのに適切でない場合には，たとえ衝突しても同調できる振動が分子 YZ の化学結合には影響しない．すると，化学反応が起こらないまま複合体が分解して X + YZ に戻る．図 12.3（b）はその一例を図案化したもので，分子 X の振動が分子 YZ の振り子振動にどれだけ同調しても，Y–Z の結合は切断しないというマンガである．

このように化学反応に直結する振動と，関係のない振動がある．同調できる振動であれば図 12.1 に示した衝突円よりも何倍も遠い距離で，まるで図 11.1 のような親和力が働く組合せがある．このような場合には衝突理論の確率因子 $P$ が 1 よりも大きく見積もられる結果になりうる．

### 2） 化学反応が可能になるのは分子振動のハーモニー

身近な振動の例として音楽の復習をしよう．図 12.4 は「ドミソ」の和音が形成される様子を示した．音階は特定の振動数（周波数）を持ち，ドは 1 秒間に空気が振動する回数が 261.6 周期（Hz），ミは 329.6 周期，ソは 392.0 周期である（これらを根音という）．実際の歌声とか楽器で音階を発声・演奏するときは根音だけを単独で出せるわけではない．倍音とよばれる整数倍の周波数が同時に発生する．声質だとか，楽器の音色というのは，この倍音ごとの音成分について大きさの組合せを意味する．たとえば金管楽器では高い音成分が大きく発音される．

「ドミソ」の根音と倍音を並べたのが図 12.4 で，それぞれの音階の倍音を見比べるとドの 3 倍音とソの 2 倍音がほぼ同じ周波数である．また，ドの 5 倍音とミの 4 倍音がほぼ同じ周波数である．これらを共有倍音という．同じ周波数の音はお互いの音波を強め合う．これを「共鳴」という．ドミソの和音というのは共鳴の組合せを意味する．この理屈は耳でじゅうぶん理解しているだろう．ハーモニー，いわゆるハモるのである．

分子の調和振動子［図 3.5(b)］は図 12.4 の音のハーモニーと似通った挙動をとる．図 12.4 での音成分の強さは，量子論は存在確率の波を扱うから物質の量，すなわち分子の個数に対応する．有機化学や分光学では分子単独での電子のエネルギー準位について説明するから，まるですべての分子が一斉に定常状態から励起状態に励起するのかと誤解しかねない．そうではなく化学反応

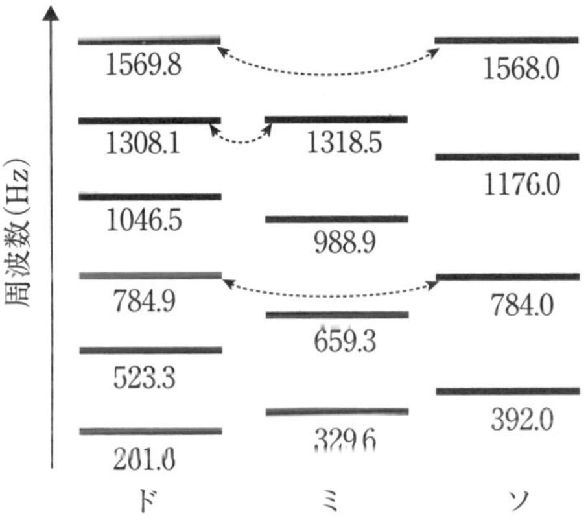


**図 12.4　ドミソの和音**

ドの 3 倍音とソの 2 倍音がほぼ同じ周波数なので共鳴する．

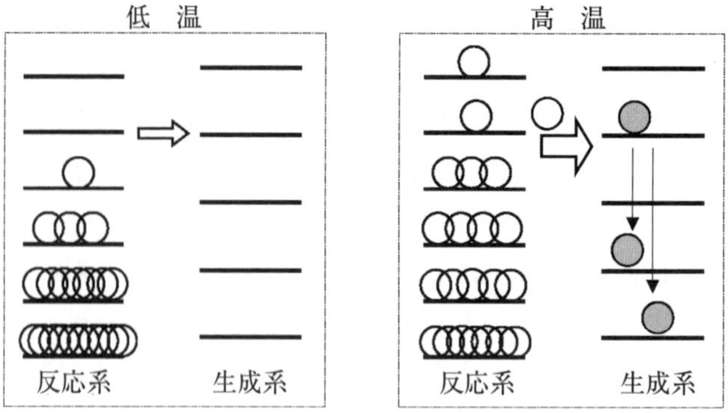


**図 12.5 化学反応の前後での反応系と生成系の調和振動子と共鳴**

や光学現象は励起状態にある分子の個数がたくさん分布してくることによって左右される．

励起状態をとる分子の個数は，分子集団全体の温度に対応する．温度と振動エネルギーの関係を模式的に示したのが図 12.5 である．ここでは基底状態の分子振動を一番下の線分で表し，遷移状態に相当する振動エネルギー準位を，音階ドとミの共鳴になぞらえて基底状態から 5 番目の線分とする．それぞれのエネルギー準位に円で表した分子が何個か乗っている．

図 12.5 の左に示した低温では，遷移状態のエネルギー準位まで励起した複合体（X–YZ)* がほとんどないので，生成系に転換しない．一方，右の図のように高温になると遷移状態のエネルギー準位に何個かの複合体（X–YZ)* が分布する．すると，隣に描いた生成系の下から 4 番目のエネルギー準位と同じ振動数となって構造が転換する．すなわち，(X–YZ)* 状態が（XY–Z)* 状態と共鳴して転換する．複合体（XY–Z）が基底状態に落下すると分子構造は変化している．

図 12.5 では，生成系と反応系のエネルギー準位で表したが，これらを図 3.5(b) に描いたバネ関数で書き換えると，図 12.6 のようになる．これは図 11.6 のアーレニウスの 2 段階反応機構に相当する．

図 12.6 では反応系の分子 X と YZ がそれぞれ孤立した状態での振動している状態を I′ で表す．

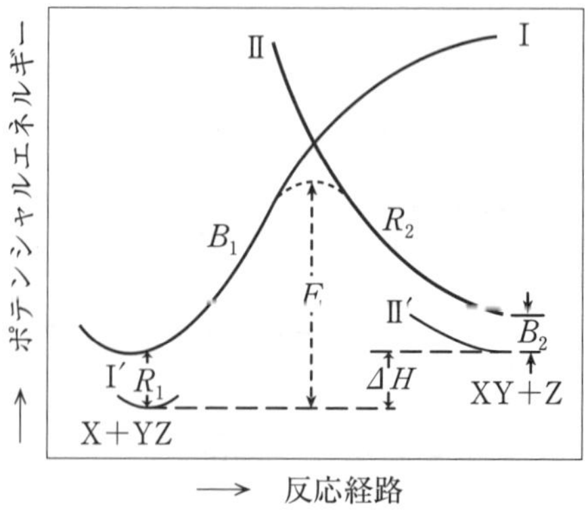


**図 12.6 遷移状態理論をふまえたアーレニウスの 2 段階反応機構モデル**

空中ブランコで隣のブランコに飛び移るのに似ている．

(Eyring ら：絶対反応速度論（上)，吉岡書店（1964))

複合体 (X–YZ) を形成すると最低エネルギーは $R_1$ だけ高くなる．この複合体の調和振動子のバネ関数をⅠとする．一方，生成系の分子 XY と Z が孤立した状態での振動がⅡ′，複合体 (XY–Z) の調和振動子のバネ関数がⅡで，その差は $B_2$ である．複合体の状態は振動Ⅰから振動Ⅱへ破線にそって共鳴して転換する．これを遷移状態とする．Ⅰ′から破線までの高低差 $E$ が活性化エネルギーで，反応系のⅠ′と生成系のⅡ′との高低差がファント・ホッフの反応エントロピー差 $\varDelta H$ である．

アインシュタインの光電効果で，原子は一度に1個の光量子しか受け取ることができないとされた．分子が接近して振動エネルギーが授受されるときも1組の反応系の間で振動エネルギー1個だけが受け渡しされる．ここに，質量作用の法則の親和力でも，衝突理論の運動エネルギーでも説明できなかった，1体1でしか反応しないという，量子論に独特な行儀のよさを生み出す選択性の理由がある．

### 3） アーレニウス式の頻度因子 $A$ の実像と衝突理論の確率因子 $P$

遷移状態 (X–YZ)* は X と YZ が互いに孤立した状態に逆戻りすれば解消する．遷移状態の形成は可逆的である．X + YZ から (X–YZ)* が形成される可逆反応の平衡定数を $K^*$ とする．

$$K^* = \frac{[(\mathrm{X \cdot YZ})^*]}{[\mathrm{X}][\mathrm{YZ}]} \tag{12.6}$$

分子の固有振動の振動数を $\nu$ で表す．図12.5で反応系の調和振動子の中で遷移状態の振動を $\nu_s$ とする．その振動エネルギー $h\nu_s$ は分子1個あたりに換算した熱エネルギー $k_BT$ と等しいから，振動数 $\nu_s$ は以下の式で求められる．

$$\nu_s = \frac{k_BT}{h} \tag{12.7}$$

遷移状態 (X–YZ)* を経て生成系に移行する反応速度定数を $k^*$ とした．$k^*$ は振動数 $\nu_s$ と単位が同じ $\mathrm{s}^{-1}$ で，この振動速度で遷移状態から生成系側に移行すれば，あとは速やかに生成系 XY + Z になるとみなす．すると速度式は以下になり，これに (12.7) 式と (12.6) 式を代入すると，

$$\frac{d[\mathrm{XY}]}{dt} = k^*[(\mathrm{X \cdot YZ})^*] = \nu_s[(\mathrm{X \cdot YZ})^*] = \frac{k_BT}{h}K^*[\mathrm{X}][\mathrm{YZ}] \tag{12.8}$$

となる．(12.8) 式で最終的に得られた[X][YZ]の係数が，反応全体の速度定数 $k$ にあたる．そこで，遷移状態を形成するときの平衡定数 $K^*$ における自由エネルギー差 $\varDelta G^* = -RT\ln K^*$ を代入すると，反応速度定数 $k$ の対数について次式が得られる．

$$\ln k = \ln\left(\frac{k_BT}{h}\right) + \ln K^* = \ln\left(\frac{k_BT}{h}\right) - \frac{\varDelta G^*}{RT} \tag{12.9}$$

さらに，活性化エンタルピーと活性化エントロピーの式 $\varDelta G^* = \varDelta H^* - T\varDelta S^*$ を代入すると，次の関係が得られる．

$$\ln k = \ln\left(\frac{k_BT}{h}\right) + \frac{\varDelta S^*}{R} - \frac{\varDelta H^*}{RT} \tag{12.10}$$

これをアーレニウスの (11.31) 式と比較すると，活性化エネルギー $E_a$ は遷移状態を形成するために要する活性化エンタルピー $\varDelta H^*$ に対応する．一方，頻度因子 $A$ は以下のように比定される．

$$\ln A \approx \ln\left(\frac{k_B T}{h}\right) + \frac{\Delta S^*}{R} \qquad (12.11)$$

X + YZ から（X-YZ）* に変化することで分子内のエントロピー変化が生じる．

衝突理論で実験的に得られた確率因子 $P$ には，この分子内エントロピー変化も反映していた．なかでも酵素反応では，酵素タンパク質は極めて自由度が高い．基質分子と特定の部位で結合すると，酵素タンパク質は非常に大きな分子内エントロピー変化を生じる．このようなタンパク質の分子内運動性の変化という動的な性質が繰り込まれているために，酵素実験での実験的パラメータ $P$ は非常に大きな値になる疑問が遷移状態理論に至ってようやく解消された．

# 4　代表的な触媒反応

**SBO　C1-(4)-1-9）代表的な触媒反応（酸・塩基触媒反応など）について説明できる**

ライターやカイロはオイルがしみこむガラス繊維の芯に白金などが巻き込まれており，これがオイルの燃焼，つまり酸素との発熱反応を触媒している．由来は1823年にデベライネル（Döbereiner）が発明した水素ライターで，水素と酸素から水蒸気を生ずる反応を白金が制御する．デベライネルと共同研究した近代化学の祖ベルツェリウスが，1835年にはじめて**触媒**の名称を用いた．

ファント・ホッフ，アーレニウスとともに物理化学の基礎を創始したとされるドイツのノーベル化学賞（1909）受賞者オストヴァルト（Ostwald）は化学反応速度論に基づいて，触媒とは“反応の最終産物には現れず，化学反応速度を変化させる物質”と定義し，その効果は反応速度のうえで定量化されるべきだと考えた．ここでは触媒反応の速度論について考察する．

## 1）　酸・塩基触媒反応と医薬品の加水分解反応

薄手のゴブレット（足付きグラス，図12.7写真）の縁をぬれた指先でなぞると“フィーン”と可憐な音色を奏でる．いわゆるグラスハープというもので，指でなぞった振動に共鳴するゴブレットの縁の円周で生じた定常波の固有周波数と，これを根音とした倍音が音色を織りなしている．

ゴブレットに水を注ぐと音階が低くなり，固有周波数は小さくなる．グラスハープは笛のように内容積の空気を振動させているのではなく，ガラスそのものの変形振動によって発音しているからである．水で押さえつけられるとガラスを振動が伝わる速さが減速するので，ゴブレットの縁を周回する定常波の時間あたりの回数（周波数）が少なくなるために聞こえる音階は低くなる．触媒をたとえていえば，グラスハープに注いだ水と同じ役割を果たす．

触媒反応では，まず反応系Rと触媒Zとの可逆的な複合体ZRが形成されて平衡状態となる．複合体ZRでは分子Rの振動特性が変化し，活性化エネルギーが小さくて済む（図12.7）．続いて連続反応で複合体ZRから生成系P + Zを生じる．ここで触媒Zはふたたび反応系Rとの複合体形成に利用される．オストヴァルトの定義どおり触媒Zは最終産物であるPには現れない．

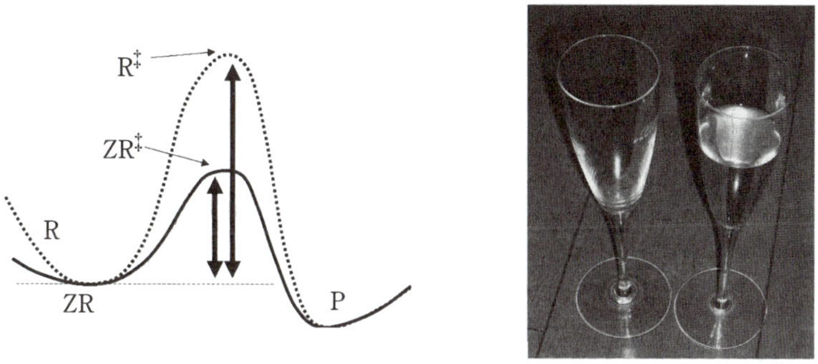


**図 12.7**

反応物 R は触媒 Z と複合体 ZR を形成することで活性化エネルギーが小さくなる．写真はゴブレットで，これに水を注ぐと固有周波数が低下して低い音になる．

$$\mathrm{R + Z} \underset{k_{-1}}{\overset{k_{+1}}{\rightleftarrows}} \mathrm{ZR} \xrightarrow{k_2} \mathrm{P + Z}$$

このような触媒の例としてカルボン酸エステルの加水分解において，オキソニウムカチオン $H_3O^+$ やヒドロキシドアニオン $OH^-$ が反応に影響を及ぼす特性について論議したい．第一に，これら酸・塩基触媒が存在しない場合，エステルの加水分解反応は水分子と結合し，以下のような遷移状態を経由して進行すると考えられる．この反応は極めて遅い．

$$\mathrm{RCOOR' + H_2O \longrightarrow RCOOH + R'OH}$$

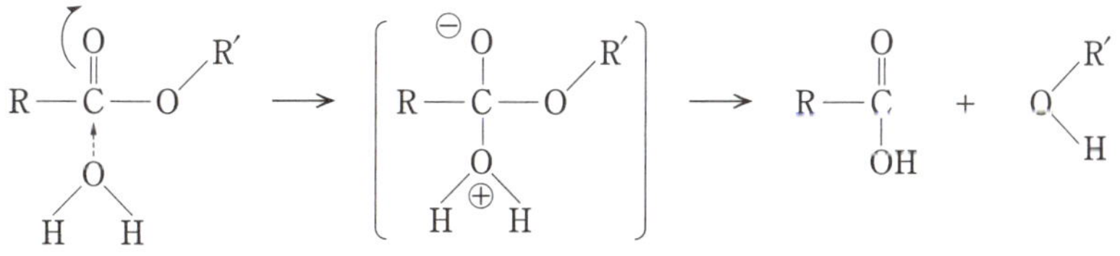

第二に酸性条件下では，オキソニウムカチオン $H_3O^+$ からプロトン移行し，これが水分子と遅い結合プロセスを経て，加水分解反応が進行する

$$\mathrm{RCOOR' + H^+ + H_2O \longrightarrow RCOORH^+ + H_2O \longrightarrow RCOOH_2{}^+ + R'OH \longrightarrow RCOOH + R'OH + H^+}$$

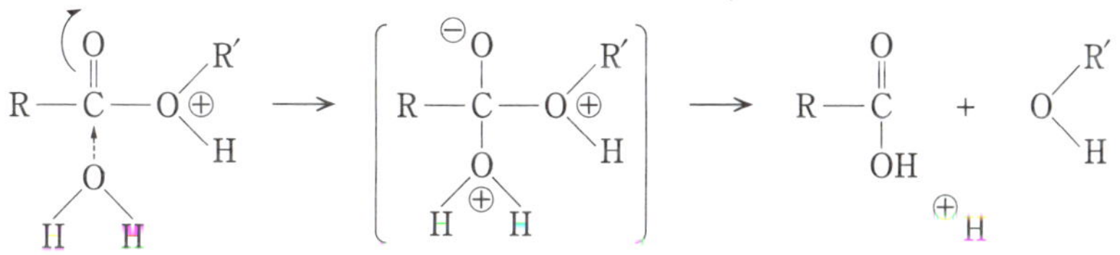

第三にアルカリ性条件下では，ヒドロキシドアニオン $OH^-$ がエステルに結合して形成される遷移状態を経て，速やかに加水分解反応が進行する．

$$\mathrm{RCOOR' + H_2O + OH^- \longrightarrow RCOOH + R'OH + OH^-}$$

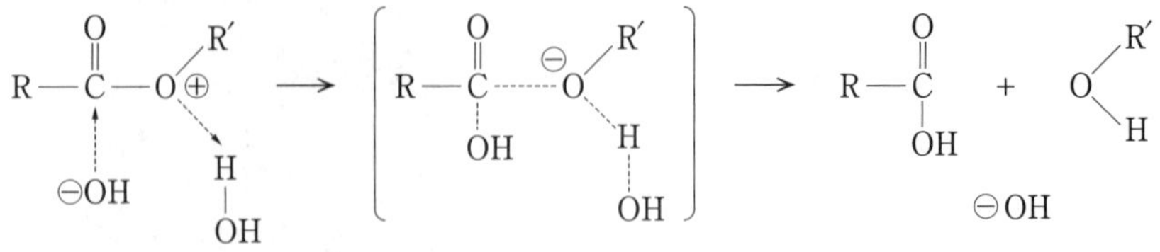

この3つの反応が同時反応となるから足し算で，エステルAの反応速度式は以下のようになる．

$$\frac{d[\mathrm{A}]}{dt} = k_0[\mathrm{A}] + k_\mathrm{H}[\mathrm{H}^+][\mathrm{A}] + k_\mathrm{OH}[\mathrm{OH}^-][\mathrm{A}] \tag{12.12}$$

したがって，[A]に対するみかけの反応速度定数 $k_{obs}$ は，

$$k_{obs} = k_0 + \mathrm{k_H}[\mathrm{H}^+] + k_\mathrm{OH}[\mathrm{OH}^-] \tag{12.13}$$

となる．これら酸性条件下やアルカリ性条件下における見かけの反応速度定数 $k_{obs}$ は，カルボン酸やアルコールなど加水分解する部分構造にて複合体を形成すれば非常に大きくなるだろうが，他の部分と複合体を形成するほうが優先されるのなら触媒効果は期待できず，$k_0$ と変わらないという物質もある．種々の化合物でその効果はさまざまである．それぞれのケースでの反応速度定数とpHの関係はやや込み入っているから，模式的なグラフを使って説明する．

酸・塩基触媒の反応速度定数が，$k_\mathrm{H} \gg k_\mathrm{OH}$ である場合，$k_\mathrm{H}$ と $k_\mathrm{OH}$ が同程度である場合，$k_\mathrm{H} \ll k_\mathrm{OH}$ の場合の3種類に分類する．これら酸・塩基触媒存在下の反応速度に対して，$k_0$ が小さい場合と大きい場合が考えられるから，合計6種類のグループがある．図12.8では，それぞれのグループについてのpHに対する $\log k_{obs}$ の変化を模式的に示した．酸性領域では，$k_\mathrm{H}[\mathrm{H}^+]$ の項がオキソニウムカチオン $H_3O^+$ 濃度の上昇とともに大きくなり，左上がり45°の直線を描く．一方，アルカリ性領域では，$k_\mathrm{OH}[\mathrm{OH}^-]$ の項がヒドロキシドアニオン $OH^-$ 濃度の増大とともに大きくなり，右上がり45°の直線を描く．それで，$k_0$ が大きいものである場合には図12.8の（d）～（f）のように中性を中心に水平な領域が出現する．

アトロピンやペニシリンGの加水分解反応では $k_\mathrm{H}$ と $k_\mathrm{OH}$ が同じ程度であり，中性では安定で $k_0$ は本来極めて小さいと解釈され，どのpH領域でも酸・塩基触媒作用が見られる．このような薬物の加水分解反応は図12.8（b）のようなV字底のパターンとなる．

セファロチンやコデイン硫酸塩の加水分解反応でも，$k_\mathrm{H}$ と $k_\mathrm{OH}$ は同じ程度であるが，これらは $k_0$ が大きいために中性領域ではpHの変化を受けないで水平になって，酸性領域とアルカリ性領域においてのみ酸・塩基触媒作用が突出するようになる．このような薬物の加水分解反応は図12.8（e）のような平底鍋のパターンとなる．

クロロブタノールの加水分解反応では $k_\mathrm{OH}$ と $k_0$ が大きく，$k_\mathrm{H}$ は小さいので酸性～中性では反応速度定数が一定で，アルカリ性側で酸・塩基触媒作用が見られる．このような薬物の加水分解反応は，図12.8（f）のようなパターンになる．さらに，アスピリン，塩酸チアミン，アンピシリン，メシリナムなどは薬物が酸解離するので興味深いグラフを描くことが知られている．紙幅の都合で詳細は物理薬剤学にゆずる．

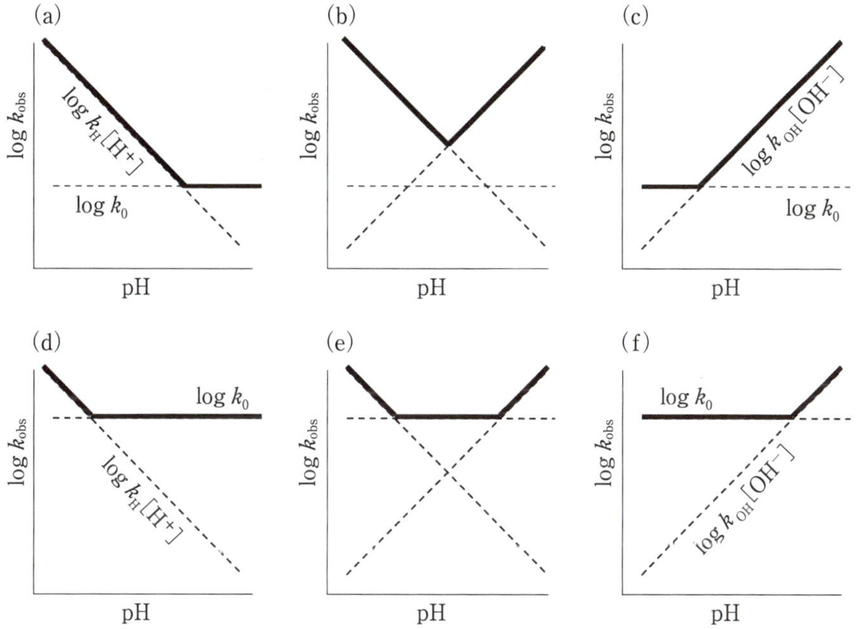


**図 12.8　エステル加水分解反応でのみかけの反応速度定数 $k_{obs}$ に対する pH の影響**

酸触媒のオキソニウムカチオン $H_3O^+$ や塩基触媒のヒドロキシドアニオン $OH^-$ を**特殊酸・塩基触媒**という．これに対し，$HX \longrightarrow H^+ + X^-$ の電離で生じる $X^-$ のような共役酸・共役塩基のなかにも触媒作用を示すものがある．このように pH によって影響を受ける触媒を総称して**一般酸・塩基触媒**という．緩衝液の成分の選び方によっては，共役酸・共役塩基による触媒作用が出てしまうことがあるので注意を要する．

### 2）　不均一触媒の吸着平衡と定常状態近似

酸触媒の $H_3O^+$ や塩基触媒の $OH^-$，一般酸・塩基触媒などのように反応物と触媒が均質に混合するものを**均一触媒**という．これに対して固体金属粉末やコロイドのような触媒の表面に反応物が接して初めて機能するものを**不均一触媒**という．不均一触媒の場合には反応系分子が触媒表面に移動し，結合する過程が化学反応の進行よりも遅いので律速段階となる．逆にいうと，均一触媒は酸解離のように，$Z + R \longrightarrow ZR$ の平衡過程が圧倒的に速い．

不均一系での結合の過程は吸着平衡による．米国のノーベル化学賞（1932）受賞者ラングミュア（Langmuir）は，ｉ）吸着は単分子層を越えて進行することができない，ⅱ）すべての吸着は等価である，ⅲ）近隣の吸着の有無には無関係に吸着・脱着できる，という条件の下での吸着現象を反応速度論に基づいて次のように考えた．ここでサイトとは物質 R が結合することができる場所を意味する．

物質 R が界面に吸着するとき，R が触媒の結合サイトを占める割合を $\theta$ とする．すると，新たな吸着によって占有しているサイトの割合 $\theta$ が増加する速度は R の物質量[R]とサイトが空の割合（$1-\theta$）に比例（会合速度定数，$k_{+1}$）し，結合サイト上の R が脱着することによって $\theta$ が減少する速度は占有しているサイトの割合 $\theta$ に比例（解離速度定数，$k_{-1}$）するから，

$$\frac{d\theta}{dt} = k_{+1}[\mathrm{R}](1-\theta) - k_{-1}\theta \tag{12.14}$$

である．ここで平衡状態に到達するとき，吸着速度と脱着速度は動的に釣り合った平衡状態になるので（12.14）式は0となる．そこで，$\theta$ について解くと，

$$\theta = \frac{k_{+1}[\mathrm{R}]}{k_{-1}+k_{+1}[\mathrm{R}]} = \frac{\dfrac{k_{+1}}{k_{-1}}[\mathrm{R}]}{1+\dfrac{k_{+1}}{k_{-1}}[\mathrm{R}]} = \frac{K_{\mathrm{eq}}[\mathrm{R}]}{1+K_{\mathrm{eq}}[\mathrm{R}]} \tag{12.15}$$

が得られる．$K_{\mathrm{eq}}$ は（11.29）式と同等でRとZの会合平衡定数にあたる．$K_{\mathrm{eq}}$ は温度に依存するので温度一定という第iv番目の条件を追加し，これを**ラングミュアの吸着等温式**という．

不均一触媒を考える場合，結合サイト上から反応物Rが脱着する以外にRが生成物Pに化学変化し，Pが結合サイトから離脱する．そこで吸着量が減少する速度 $k_2\theta$ を追加すると，(12.14)式は，

$$\frac{d\theta}{dt} = k_{+1}[\mathrm{R}](1-\theta) - (k_{-1}+k_2)\theta \tag{12.16}$$

となる．このとき，ZR ⟶ P + Z 反応に対して吸着過程は遅いと考えられるから $k_{+1}, k_{-1} \ll k_2$ である．この反応は $k_2$ が十分大きいとき連続反応（図11.9）とよく似ていて，平衡反応で生じた複合体ZRが速やかにPに変化して消費されるのでここでも定常状態となる．さらに，もし $k_2$ のほうが遅いときにはZR ⟶ P + Z 反応によってZの結合サイトが回復することが律速段階になるから，この場合は[ZR]が高い濃度で見かけ上一定となるので定常状態となる．これらの定常状態が成立するとき，正反応速度と逆反応速度が釣り合った状態において $\theta$ が一定と考え，微分型速度式を解く方法を**定常状態近似**という．これによって（12.14）式と同じ手続きで $\theta$ について解くと，

$$\theta = \frac{k_{+1}[\mathrm{R}]}{(k_{-1}+k_2)+k_{+1}[\mathrm{R}]} = \frac{[\mathrm{R}]}{\dfrac{k_{-1}+k_2}{k_{+1}}+[\mathrm{R}]} = \frac{[\mathrm{R}]}{K_{\mathrm{m}}+[\mathrm{R}]} \tag{12.17}$$

が得られる．ここで $K_{\mathrm{m}}$ は便宜上導入したもので $K_{\mathrm{m}} = \dfrac{k_{-1}+k_2}{k_{+1}}$ とする（$K_{\mathrm{m}}$ は，[ZR]の消失に関係する）．

触媒量を重量濃度 $[\mathrm{Z}]_{\mathrm{w}}$ で表し，その触媒の単位重量あたりの結合サイト数を $\eta$（イータ）とする．金属触媒の場合，同じグラム数でも粒子の直径の自乗に反比例して $\eta$ も大きくなる．これを用いると反応系中の結合サイトの単位体積当たりの総数は $\eta[\mathrm{Z}]_{\mathrm{w}}$ で表される．定常状態において吸着で占有されている割合を $\theta$ としたのだから，反応速度式は以下のようになる．

$$v = k_2[\mathrm{ZR}] = k_2\eta[\mathrm{Z}]_{\mathrm{w}}\theta = \frac{k_2\eta[\mathrm{Z}]_{\mathrm{w}}[\mathrm{R}]}{K_{\mathrm{m}}+[\mathrm{R}]} \tag{12.18}$$

（12.18）式は図12.9左のグラフのようになる．$[\mathrm{Z}]_{\mathrm{w}}$ が一定で実験したとき，[R]が小さくなると分母が $K_{\mathrm{m}}+[\mathrm{R}] \fallingdotseq K_{\mathrm{m}}$ と近似できるので，$v$ は[R]と比例する．一方で，[R]が大きくなると分母が $K_{\mathrm{m}}+[\mathrm{R}] \fallingdotseq [\mathrm{R}]$ と近似できるので $v = k_2\eta[\mathrm{Z}]_{\mathrm{w}}$ となって，最大反応速度に接近す

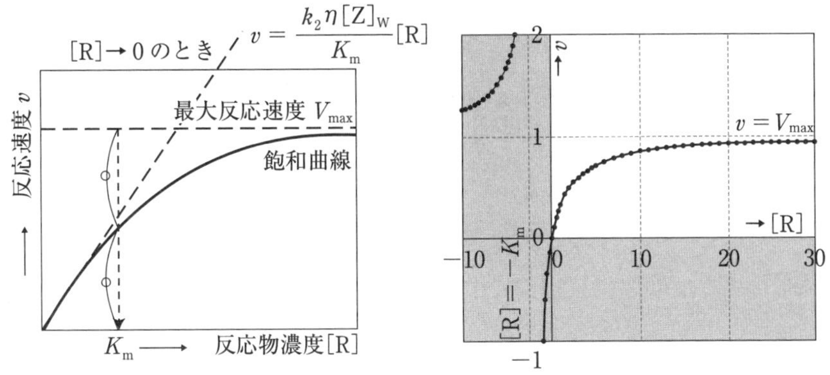


**図 12.9　式(12.18)および式(12.19′)を元にして描いた非均一触媒の反応速度のグラフ**

る．この最大反応速度を $V_{max}$ と置く．すると，$K_\mathrm{m}$ の実験的な意味として反応速度が $V_{max}$ の半分になるときの[R]の値に等しい．このような曲線を飽和曲線という．(12.18) 式に $V_{max}$ を代入し，飽和曲線の特徴を明らかにするために，これを次のように変形すると (12.19′) 式が得られる．

$$v = \frac{V_{max}[\mathrm{R}]}{K_\mathrm{m} + [\mathrm{R}]} \qquad (12.19)$$

$$v\,(K_\mathrm{m} + [\mathrm{R}]) = V_{max}[\mathrm{R}] = V_{max}\,(K_\mathrm{m} + [\mathrm{R}]) - V_{max}K_\mathrm{m}$$

$$(v - V_{max})(K_\mathrm{m} + [\mathrm{R}]) = -V_{max}K_\mathrm{m} \qquad (12.19')$$

(12.19′) 式は，図 12.9 右に示すように，$v = V_{max}$, $[\mathrm{R}] = -K_\mathrm{m}$ を漸近線とした反比例の双曲線になる．実験で得られるのは網掛け部分を除いた正の部分にあたることがわかる．

## 5　酵素反応機構と阻害剤の作用機構

**SBO　C1 (4)-1-10) 酵素反応，およびその拮抗阻害と非拮抗阻害の機構について説明できる**

### 1)　ミカエリス・メンテン式とラインウィーヴァー・バークのプロット

代表的な不均一触媒として**酵素**がある．酵素反応速度論では触媒となる酵素をEと表し，反応物を**基質**といいSと表すが，化学反応式は前節の触媒反応と全く同じものである．

$$\mathrm{S} + \mathrm{E} \underset{k_{-1}}{\overset{k_{+1}}{\rightleftarrows}} \mathrm{ES} \xrightarrow{k_2} \mathrm{P} + \mathrm{E}$$

したがって，(12.17) 式をそのまま適用できる．酵素タンパク質の特徴として，一般に基質分子と吸着して反応を触媒する結合サイトは1分子当たりに1個だけある．したがって，基質濃度[S]も酵素の初濃度$[\mathrm{E}]_0$もモル濃度で表しておけば，$[\mathrm{ES}] = [\mathrm{E}]_0\theta$ になる．さらに前節と同じように最大速度 $V_{max} = k_2[\mathrm{E}]_0$ とおくと，酵素反応速度式は以下になる．

$$v = k_2[\mathrm{ES}] = k_2[\mathrm{E}]_0\theta = \frac{k_2[\mathrm{E}]_0[\mathrm{S}]}{K_\mathrm{m} + [\mathrm{S}]} = \frac{V_\mathrm{max}[\mathrm{S}]}{K_\mathrm{m} + [\mathrm{S}]} \tag{12.20}$$

酵素反応速度論ではこれを**ミカエリス・メンテン（Michaelis-Menten）の式**といい，$K_\mathrm{m}$を**ミカエリス定数**とよぶ．$K_\mathrm{m}$は$V_\mathrm{max}$の半分の反応速度を与える[S]にあたるので個々の酵素の性質を特定するパラメータとなる．また，$k_2$は酵素濃度[E]と最大速度$V_\mathrm{max}$の比例定数になる．定常状態で$k_2$が小さいと[ES]は微量で，$k_2$が大きいと$[\mathrm{ES}] \fallingdotseq [\mathrm{E}]_0$となる．この$k_2$を酵素の**ターンオーバー**といい，$k_\mathrm{cat}$と表記することもある．これもそれぞれの酵素固有のパラメータとなる．

(12.20) 式で$v$と最後の右辺について両方逆数としても等式は成り立つので，以下になる．

$$\frac{1}{v} = \frac{1}{V_\mathrm{max}} + \frac{K_\mathrm{m}}{V_\mathrm{max}} \cdot \frac{1}{[\mathrm{S}]} \tag{12.21}$$

だから，[S]と$v$を両方とも逆数にしたグラフにすると直線になる．このグラフの傾きと勾配を読みとると$K_\mathrm{m}$と$V_\mathrm{max}$を決めることができる．この両逆数グラフ解析を**ラインウィーヴァー・バーク（Lineweaver-Burk）のプロット**という（解析では，この両辺に[S]をかけた式に基づいて，[S]を横軸，$[\mathrm{S}]/v$を縦軸にプロットしたグラフから$K_\mathrm{m}$, $V_\mathrm{max}$を読みとるほうが実験誤差の影響を受けにくい）．

### 2） 拮抗阻害剤，非拮抗阻害剤，反拮抗阻害剤

酵素は特定の基質分子における特定の反応のみ触媒する．酵素の結合サイトは基質分子がちょうどはまり込む形状を持ち，“鍵と鍵穴”にたとえられる．この立体構造の相補性のおかげで少しでも構造の異なる分子は結合できず，触媒反応は起こらない．これを「特異性」，「選択性」という．

タンパク質を基質とし，そのペプチド結合を加水分解する酵素がプロテアーゼである．基質と同じ分子構造で，切断されるべき -CO-NH- 結合部分を-CO-$CH_2$- など立体構造だけよく似ている化学構造（バイオアイソスター）に交換した物質は，プロテアーゼの基質結合サイトに結合するけれども，切断されない．つまり基質にはならない．このように理論的に開発したとされる医薬品が，アンジオテンシン転換酵素（ACE）阻害剤タイプの血圧降下薬カプトプリルである．

**阻害剤**とは酵素の触媒作用を抑制する物質を意味する．**自殺基質**ともいう．

阻害剤のうち，上記のように酵素分子上で基質が結合するサイトに結合しても阻害剤自身は化学変化を受けず，基質の化学変化の進行を抑制するものを**拮抗阻害剤**といい，このような阻害反応機構を**拮抗作用**または**競合作用**という．

酵素基質Sと拮抗阻害剤Iは以下のような2つの反応の同時反応となる．

$$\mathrm{S} + \mathrm{E} \underset{k_{-1}}{\overset{k_{+1}}{\rightleftarrows}} \mathrm{ES} \xrightarrow{k_2} \mathrm{P} + \mathrm{E}$$

$$\mathrm{I} + \mathrm{E} \underset{k_{-3}}{\overset{k_{+3}}{\rightleftarrows}} \mathrm{EI}$$

ここでも定常状態近似による速度論的な導出方法を用いる．酵素の結合サイトの総数に対して，基質 S が結合する割合を$\theta$，阻害剤が結合する割合を$\alpha$とすると，残る空の結合サイトの割合

は（$1-\theta-\alpha$）となる．すると，$\theta$ の変化は定常状態式（12.16）式から，$\alpha$ の変化は平衡状態式（12.14）式からそれぞれ以下のように導かれる．

$$\frac{d\theta}{dt}=k_{+1}[\mathrm{S}](1-\theta-\alpha)-(k_{-1}+k_2)\theta \tag{12.22}$$

$$\frac{d\theta}{dt}=k_{+3}[\mathrm{I}](1-\theta-\alpha)-k_{-3}\alpha \tag{12.23}$$

ここで（12.23）式を 0 とし，$K_{\mathrm{I}}=\dfrac{k_{-3}}{k_{+3}}$を代入して $\alpha$ について解くと，

$$\alpha=\frac{k_{+3}[\mathrm{I}]}{k_{-3}+k_{+3}[\mathrm{I}]}(1-\theta)=\frac{[\mathrm{I}]}{K_{\mathrm{I}}+[\mathrm{I}]}(1-\theta) \tag{12.23′}$$

これを（12.22）式に代入したものを定常状態近似で 0 とし，$K_{\mathrm{m}}=\dfrac{k_{-1}+k_2}{k_{+1}}$とおいて整理すると，

$$\theta=\frac{\left(1-\dfrac{[\mathrm{I}]}{K_{\mathrm{I}}+[\mathrm{I}]}\right)[\mathrm{S}]}{K_{\mathrm{m}}+\left(1-\dfrac{[\mathrm{I}]}{K_{\mathrm{I}}+[\mathrm{I}]}\right)[\mathrm{S}]}=\frac{[\mathrm{S}]}{K_{\mathrm{m}}\left(1+\dfrac{[\mathrm{I}]}{K_{\mathrm{I}}}\right)+[\mathrm{S}]} \tag{12.22′}$$

したがって，ミカエリス・メンテンの式（12.20）式と同様にして反応速度を求めると以下になる．

$$v=k_2[\mathrm{ES}]=k_2[\mathrm{E}]_0\theta=\frac{V_{\mathrm{max}}[\mathrm{S}]}{K_{\mathrm{m}}\left(1+\dfrac{[\mathrm{I}]}{K_{\mathrm{I}}}\right)+[\mathrm{S}]} \tag{12.24}$$

これが阻害定数 $K_{\mathrm{I}}$ の拮抗阻害剤 I 存在下での酵素反応速度式で，見かけの $K_{\mathrm{m}}$ が大きく見える．見かけの $K_{\mathrm{m}}$ がちょうど 2 倍になるとき $[\mathrm{I}]=K_{\mathrm{I}}$ となる．ラインウィーヴァー・バークのプロットでの変化を見るために，（12.24）式の両辺の逆数をとると，

$$\frac{1}{v}=\frac{1}{V_{\mathrm{max}}}+\frac{K_{\mathrm{m}}}{V_{\mathrm{max}}}\left(1+\frac{[\mathrm{I}]}{K_{\mathrm{I}}}\right)\frac{1}{[\mathrm{S}]} \tag{12.25}$$

が得られる．[S]と $v$ の両逆数プロットの直線は，[I]が大きくなると縦軸切片が一定のままで傾きだけが大きくなり，逆に[I] = 0 に近づくと（12.20）式に一致する．このプロットでは $[\mathrm{I}]=K_{\mathrm{I}}$ のとき，傾きは$[\mathrm{I}]=0$ のときの 2 倍になる．（12.25）式の右辺を[I]について整理すると以下のようになる．

$$\frac{1}{v}=\frac{1}{V_{\mathrm{max}}}\left(1+\frac{K_{\mathrm{m}}}{[\mathrm{S}]}\right)+\frac{K_{\mathrm{m}}}{V_{\mathrm{max}}[\mathrm{S}]}\cdot\frac{[\mathrm{I}]}{K_{\mathrm{I}}} \tag{12.25′}$$

そこで，基質濃度[S]を一定にし，阻害剤濃度[I]を横軸に，$v$ の逆数を縦軸にとってグラフにすると直線になる．これを**ディクソン（Dixon）のプロット**といい，$K_{\mathrm{I}}$ を決定するのに用いる．

神経伝達物質アセチルコリンを分解する酵素コリンエステラーゼに対する拮抗阻害剤で，塩酸トネペンル，ネオスチグミン，エドロホニウムなど医薬品に用いられているものは，結合サイトに可逆的に結合して拮抗阻害する．しかし，有機リン系の殺虫剤や毒物（パラチオン，メタミドホス，サリン）などは基質サイトに結合する点は同じだが，不可逆的に結合して酵素を失活する．その場合，前提となる（12.23）式の平衡が成立しない．むしろ，酵素の初濃度$[\mathrm{E}]_0$が減少する

ことと同じことになるので，(12.21) 式で見かけ上 $V_{max} = k_2[E]_0$ が低下して見えるだろう．

阻害剤のうち，基質との結合の有無にかかわらず酵素の機能を妨害するものを**非拮抗阻害剤**という．この場合，$V_{max} = k_2[E]_0$ が見かけ上低下するから不可逆的阻害剤との区別は難しい．

コラゲナーゼはコラーゲンのペプチド結合の切断反応に亜鉛イオンを利用する．このような酵素を金属酵素といい，人工酵素分子設計のターゲットとして注目されている．金属酵素は，EDTA や EGTA などの金属キレート剤によって失活する．金属キレート剤には基質結合サイトでの競合作用はなく，酵素タンパク質の別の場所にある金属イオンに作用する非拮抗阻害剤である．

また，酵素タンパク質の構造を変化させる界面活性剤，SH 基架橋剤，凝集物質，カオトロピックイオンなども非拮抗阻害剤として振る舞う．

一方，基質と結合していない酵素 E とは結合せず，基質と結合した酵素 ES だけと結合する阻害剤を**反拮抗阻害剤**または**不拮抗阻害剤**という．遷移金属の $Ag^+$ や $Hg^{2+}$ などがある．

## 参考書


1）D. W. Ball 著，田中一義・阿竹徹訳：ボール物理化学（下），化学同人（2004）

2）米山正信著：化学のドレミファ4　化学反応はどうしておこるか，黎明書房（1975, 1998）

3）S. Glasstone, K. J. Laidler, H. E. Eyring 著，長谷川繁夫・平井西夫・後藤春雄訳：物理学叢書 23 絶対反応速度論（上）(下)，吉岡書店（1964，POD 版 2000）

4）E. Zeffren, P. L. Hall 著，田伏岩夫訳：酵素反応機構，学会出版センター（1977）

5）中村隆雄著：酵素キネティクス，学会出版センター（1993）

# 13 物質の移動

## 1 はじめに

この章では固体から溶液中への分子の移動，すなわち溶解現象について取り扱う．また，重力や遠心力がかかっている場合や電場の中で，分子がどのように振る舞い，どれくらいの速さで動くのかについて学ぶ．分子の動きを測定すると，その分子が大きいのか小さいのか，硬いのか柔らかいのか，密になっているのか広がっているのかを知ることができる．さらに，流体の粘性測定から，分子が互いにどれくらい相互作用しているかを知ることができる．

## 2 溶　解

**溶解**（dissolution）とは，液体（溶媒 solvent または媒質）に他の物質（溶質 solute）が分子やイオンの形で均一に分散することをいい，溶解によって生じる均一な混合物を溶液（solution）という．例えば NaCl が水に溶けるとき，水分子が結晶表面に存在する $Na^{+}$ や $Cl^{-}$ を取り囲むようにして結晶から引き離し，水中に分散させていく．このように溶媒が溶質分子またはイオンを取り囲むことを**溶媒和**（solvation）といい，溶媒が水のときは**水和**（hydration）という．

経口投与された薬物（内服薬）は消化管内で溶解後，体内に吸収されるため，溶けにくい薬物は十分に吸収されず，薬効が期待できないといった問題が生じる．

## a 溶解度

**SBO** C1-(4)-2-1）拡散および溶解速度について説明できる

**SBO** C2-(1)-2-2）沈殿平衡（溶解度と溶解度積）について説明できる

**SBO** C16-(1)-1-2）物質の溶解とその速度について説明できる

一定温度で一定量の溶媒に溶ける溶質の最大量を**溶解度**（solubility）といい，通常溶媒100 gに溶ける溶質の質量で表す．日本薬局方では溶質1 gまたは1 mLを溶かすのに必要な溶媒の量で「極めて溶けやすい」から「ほとんど溶けない」まで7段階に溶解性が区分されている．ここでは，一般的な固体の液体に対する溶解度について考える．過剰量の固体の溶質を溶媒と接触させると飽和するまで溶け込むが，飽和したということは，溶けていない固体状態の溶質と溶けた溶質が平衡状態（溶解平衡，図13.1）にあり，それぞれの化学ポテンシャルは等しい．溶液が理想溶液であると仮定すれば次式が得られる．

$$\ln x = -\frac{\Delta_{\mathrm{fus}} H}{R}\left(\frac{1}{T}-\frac{1}{T_{\mathrm{m}}}\right) = -\frac{\Delta_{\mathrm{fus}} H}{R}\cdot\frac{1}{T}+C$$

$$\text{ただし，}\ C = \frac{\Delta_{\mathrm{fus}} H}{R}\cdot\frac{1}{T_{\mathrm{m}}} \qquad (13.1)$$

ここで，$x$は溶質の溶液中のモル分率であり，溶解度に比例する．$R$は気体定数，$\Delta_{\mathrm{fus}} H$は溶質の融解エンタルピー，$T_{\mathrm{m}}$は溶質の融点，$T$は系の温度，$C$は溶質固有の定数である．固体の溶解度を取り扱うということは，融点以下の温度域について論じているのだから，(13.1) 式は図13.2のようなグラフになる．温度が上がる（$1/T$が下がる）と$\ln x$が大きくなる（溶解度が大きくなる）．また，融点が低い物質ほど溶解度が大きく，融解エンタルピーが小さい物質ほど溶解度が大きい．ただし，(13.1) 式には溶媒に関するパラメーターは何もなく，どのような溶媒でも溶解度が同じという奇妙な式である．融解エンタルピーを，溶媒和に伴う熱の出入りも含めた溶解エンタルピー$\Delta_{\mathrm{solv}} H$に代えれば，より正確に取り扱える．

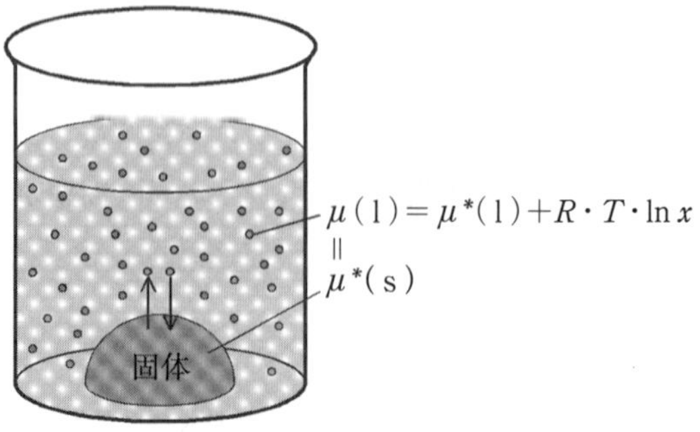


**図13.1　溶解平衡**

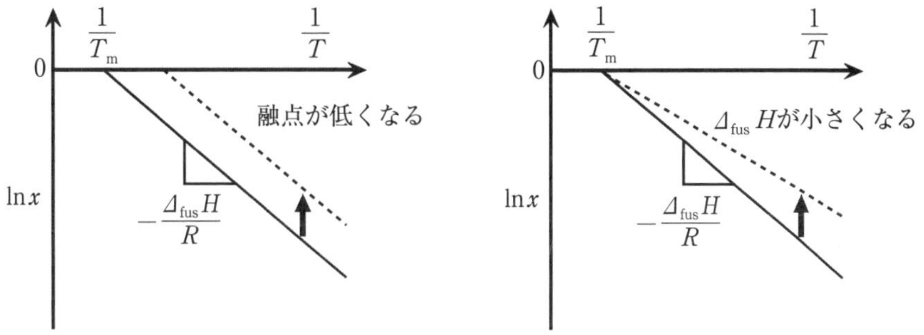


**図 13.2　モル分率で表した溶解度と温度の関係**

$$\ln x = -\frac{\Delta_{solv}H}{R} \cdot \frac{1}{T} + C \tag{13.2}$$

## b　溶解度積

**SBO　C1-(4)-2-1）拡散および溶解速度について説明できる**

**SBO　C2-(1)-2-2）沈殿平衡（溶解度と溶解度積）について説明できる**

**SBO　C16-(1)-1-2）物質の溶解とその速度について説明できる**

難溶性の塩 MX それ自体は水に溶解しないが，電離によって生じるイオンは水に溶けると仮定すれば，次の平衡（沈殿平衡）が成り立つ．

$$\mathrm{MX(s)} \rightleftarrows \mathrm{M^+(aq)} + \mathrm{X^-(aq)} \tag{13.3}$$

ここで，固体 MX は純物質であるので活量を 1 とし，イオンの活量係数を 1 と近似すれば，平衡定数は

$$K_{sp} = \frac{a_{M^+} \cdot a_{X^-}}{a_{MX}} = a_{M^+} \cdot a_{X^-} \approx [M^+] \cdot [X^-] = S^2 \tag{13.4}$$

となる．ここで，$K_{sp}$ を**溶解度積**（solubility product，**溶解度定数**）という．$S$ は溶解度であるが，このときの $S$ はモル濃度（$\mathrm{mol \cdot L^{-1}}$）で表される．$MX_2$ の場合は同様に

$$\mathrm{MX_2(s)} \rightleftarrows \mathrm{M^{2+}(aq)} + 2\mathrm{X^-(aq)} \tag{13.5}$$

$$K_{sp} = a_{M^{2+}} \cdot a_{X^-}{}^2 \approx [M^{2+}] \cdot [X^-]^2 = S \times (2S)^2 = 4S^3 \tag{13.6}$$

となる．

## c　溶解度に影響を与える因子

**SBO　C1-(4)-2-1）拡散および溶解速度について説明できる**

**SBO　C2-(1)-2-2）沈殿平衡（溶解度と溶解度積）について説明できる**

**SBO　C16-(1)-1-2）物質の溶解とその速度について説明できる**

### 1）　結晶形の違い

化学構造が同じであっても，分子が規則正しく並んでできた結晶形の固体とバラバラに分子が集まってできた固体（無晶粉末）とでは溶解度が異なり，無晶粉末は溶解度が高くなる．また，結晶構造の異なる結晶多形が存在する場合，準安定形の結晶は安定形に比べ，融点が低く，融解エンタルピーが小さいため溶解度が高くなる．それ以外にも，無水物は水和物に比べ一般的に不安定であるため，無水物の溶解度は水和物に比べ高くなる．溶解現象が固体状態の分子集合体の表面から分子またはイオンを引き離し，溶媒中に分散させていく過程であることから，集合体からこれらの粒子を引き離しやすいものほど溶解性が高い．逆に安定な集合体を形成しているものほど粒子を引き離しにくく，溶解性が低いと考えればよい．組み上ったジグソーパズルから一つのピースだけを指一本で動かすことは難しいが，バラバラの状態であれば，難なく動かすことができるのと同じである．

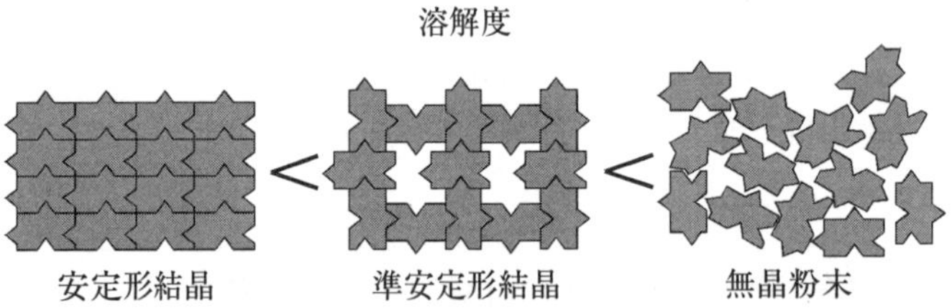


**図 13.3　溶解度と結晶形**

### 2）　誘電率の影響

ある二つの電荷（$q_1, q_2$）が誘電率 $\varepsilon$（epsilon）の媒質中で，距離 $r$ だけ離れているときに働く電気的な力（クーロン力）は

$$F = \frac{q_1 \cdot q_2}{4 \cdot \pi \cdot \varepsilon \cdot r^2} \tag{13.7}$$

という大きさをもつ．これを電解質の溶解に当てはめて考えると，誘電率 $\varepsilon$ の大きい溶媒を用いれば陽–陰イオン間に働くクーロン力を低下させ，結晶からイオンが電離しやすくなる，すな

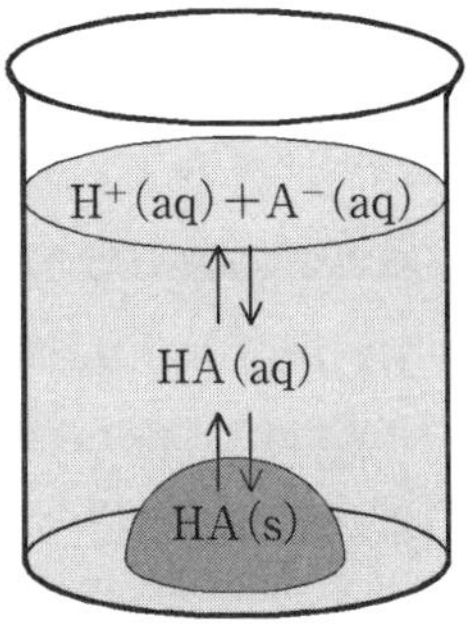


図 13.4　弱酸性物質の溶解平衡

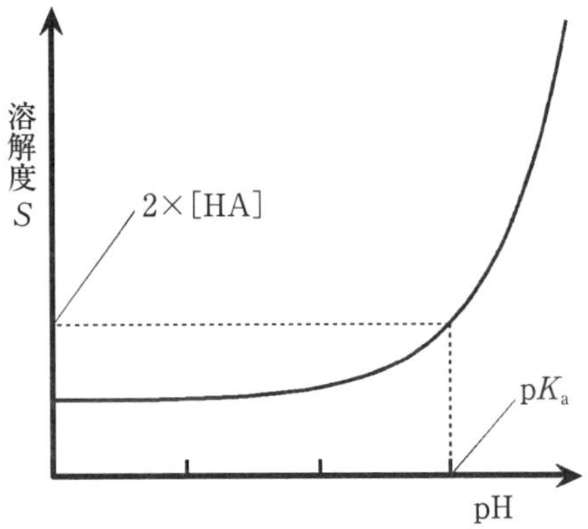


図 13.5　弱酸性物質の pH による溶解度の変化

わち溶解しやすくなることを意味する．例えば，25 ℃におけるエタノールの比誘電率は 24.3（真空の誘電率の 24.3 倍），水は 78.54 なので，イオン間のクーロン力は真空中に比べ，エタノール中では 1/24 に，水中では 1/78 に減少する．水中ではイオン間の相互作用は非常に小さくなる．

### 3） pH の影響

溶質が弱酸または弱塩基の場合，電離によって生じるイオンは水への溶解度が高いため，その溶解度は pH の影響を受ける．図 13.4 のような弱酸性物質 HA の飽和溶液を考える場合，その溶解度 $S$ は分子型 HA として溶解しているものとイオン型 $A^-$ として溶解しているものの和として表される．

$$S = [HA] + [A^-] \tag{13.8}$$

弱酸の酸解離定数から

$$K_a = \frac{[H^+][A^-]}{[HA]} = \frac{[H^+]\cdot(S - [HA])}{[HA]} \tag{13.9}$$

となり，両辺の対数をとると，

$$pH = pK_a + \log\frac{(S - [HA])}{[HA]} \tag{13.10}$$

と変形できる．分子型 HA の溶解度が pH によらず一定であると仮定すれば，この（13.10）式から溶解度は図 13.5 のようになり，pH ＝ p$K_a$ では溶解度 $S$ は分子型 HA の溶解度の 2 倍となる．pH 変化による溶解度の低下は，その薬物の析出や混濁の原因となるので注意しなければならない．pH 低下による溶解度低下での薬物の析出，混濁の例として，チアミン塩化物塩酸塩によるデヒドロコール酸の析出などがある．

### 4） 溶解補助剤の効果

水に難溶性の薬物を可溶化させる目的で**界面活性剤**（surfactant）が用いられる．界面活性剤は分子内に疎水性の炭化水素基と親水基をもち，水中では一定濃度以上で疎水性の部分を内側にして水中に細かく分散する．これを**ミセル**（micelle）といい，ミセルができ始める濃度を**臨界**

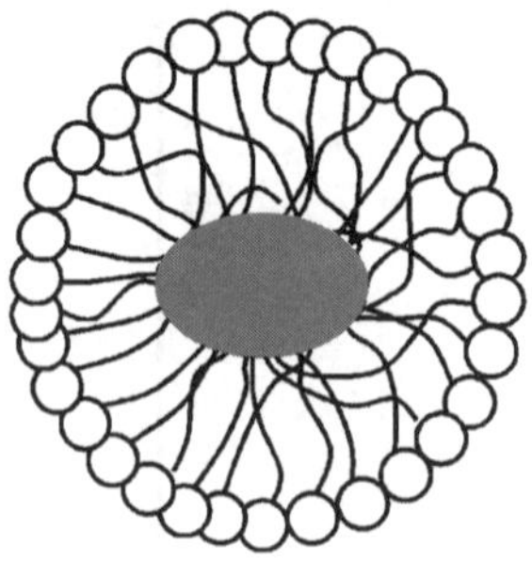

図 13.6 ミセル

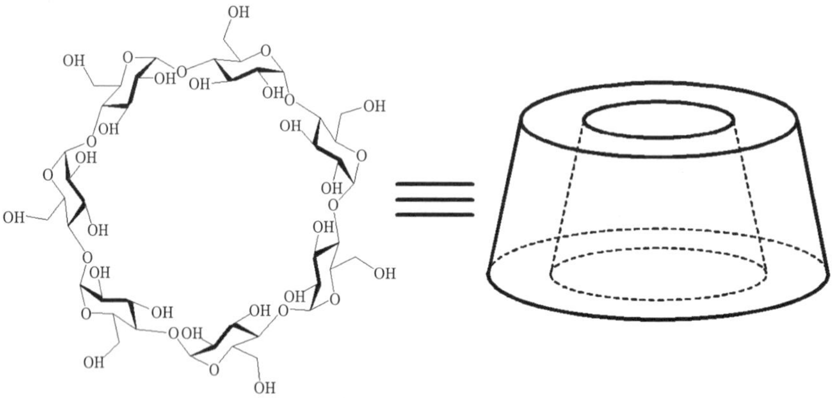


図 13.7 β-シクロデキストリン

**ミセル濃度**（critical micelle concentration, cmc）と呼ぶ．ミセル内部は疎水性なので，疎水性の薬物を取り囲んで，水に分散させることができる．これを**可溶化**（solubilization）と呼び，油汚れを洗剤により，水中に分散させるのと同じである．

**シクロデキストリン**（cyclodextrin，サイクロデキストリン）は6～8分子のD-グルコースが$\alpha$-1,4グルコシド結合によって結合したドーナツのような形をした環状オリゴ糖の一種である．グルコースの数により，$\alpha$(6)，$\beta$(7)，$\gamma$(8)-シクロデキストリンと呼ばれる．筒の内側は水素原子で覆われているため疎水的だが，筒の上下に親水性の水酸基があり水に溶ける．内孔の大きさに応じ（サイズフィットと呼び，指輪と同じで小さすぎれば入らず，大きすぎれば抜けてしまう）様々な物質を疎水性相互作用により取り込み，**包接化合物**（clathrate compound）を形成する．シクロデキストリンは溶解性を向上させる以外に，不安定で分解しやすい医薬品を安定化するためにも用いられており，アルプロスタジルアルファデクスは，プロスタグランジン$E_1$と$\alpha$-シクロデキストリンからなる包接化合物である．

これら以外にも溶解補助剤として，エチレンジアミン（テオフィリン），安息香酸ナトリウム（カフェイン水和物），サリチル酸ナトリウム（テオブロミン）などが用いられている．

## d 溶解速度

**SBO C1-(4)-2-1) 拡散および溶解速度について説明できる**

**SBO C2-(1)-2-2) 沈殿平衡（溶解度と溶解度積）について説明できる**

**SBO C16-(1)-1-2) 物質の溶解とその速度について説明できる**

固体物質の溶解過程は，固体表面から分子またはイオンを引き離す過程（界面反応）と，溶媒中にこれらの粒子を分散（拡散）させていく過程とに分けることができる．界面反応が拡散速度に比べてはるかに速い場合，固体表面からの溶解は拡散過程が律速となる．図 13.8 に示すように，拡散律速の溶解では，固体の周りに非常に濃度の高い溶質の層とその外側に一定濃度の溶質の層がある．図 13.9 にネルンスト (Nernst) により提唱された拡散層モデルを示す．このモデルでは，固体表面には飽和層（濃度 $c_s$）が形成され，そこから，厚み $h$ の濃度勾配が一定の層（拡散層）が存在し，さらにその外側に濃度が一定（濃度 $c$）となったバルク層（溶液内部）があると考える．このような拡散律速の溶解速度（バルク層での濃度変化）は，**ネルンスト-ノイエス-ホイットニー**（Nernst-Noyes-Whitney）**の式**で表される．

$$\frac{dc}{dt} = \frac{A \cdot D}{V} \times \frac{c_s - c}{h} \tag{13.11}$$

ここで，$D$ は溶質の拡散係数，$A$ は固体の表面積，$V$ は溶液の体積である．撹拌することによって溶解速度は速くなるが，これは撹拌により固体表面に近いところまで溶質濃度が一定となるため，すなわち，拡散層の厚み $h$ が減少し濃度勾配が大きくなるためである．風が吹けば洗濯物がよく乾くのと同じである．また，(13.11) 式から溶解速度を高めるには，① 固体の表面積 $A$ を大きく，すなわち，粒子を細かくし，② 溶液の体積 $V$ を小さくすればよいことがわかる．拡散については後の節で論じる．

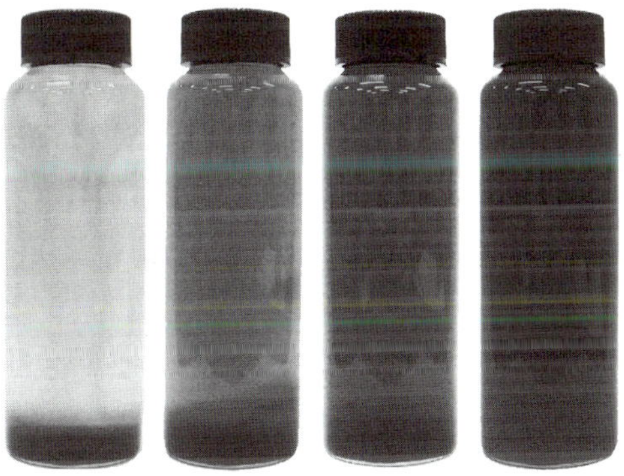

**図 13.8　拡散律速の溶解の様子**

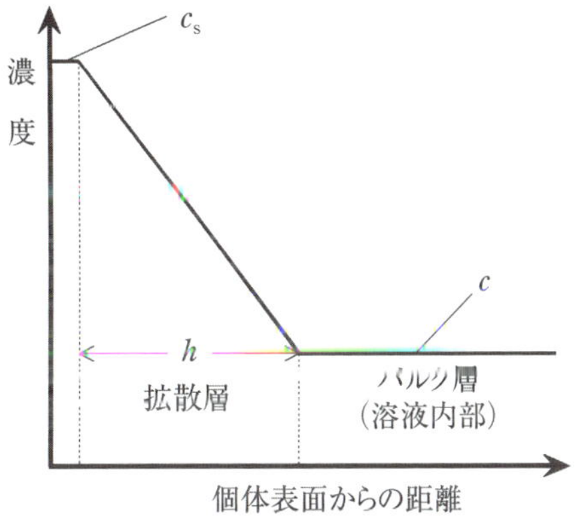


**図 13.9　ネルンストの拡散層モデル**

# 3 拡　散

**SBO** C1-(4)-2-1) 拡散および溶解速度について説明できる

**SBO** C13-(4)-1-3) 受動拡散（単純拡散），促進拡散の特徴を説明できる

**SBO** C16-(1)-1-3) 溶解した物質の膜透過速度について説明できる

分子やイオンなどの粒子が液体や気体中を乱雑な熱運動により移動していく過程を**拡散**（diffusion）という．例えば，お風呂に液体の入浴剤を加えると，かき混ぜなくても入浴剤はお風呂全体広がり，均一になる（待っている間にお湯が冷めてしまうので，普通はかき混ぜてしまうが…）．我々が匂いを感じ取ることができるのも，匂い分子が発生源（例えば香水の瓶）から空気中に拡散することによるものである．このように容器内（系内）に物質濃度の差があると，拡散により濃度が均一になる．この拡散現象が医薬品の溶解速度に関係していることは先にふれたが，それ以外にも，薬物の吸収，組織への移行といった現象も拡散によって説明される．細胞は生体膜により外部環境と内部空間が仕切られているため，投与された薬物が薬効を発揮するためには，薬物は生体膜を透過しなければならない．これには種々の機構があるが，最も単純なのは，膜両側における薬物の濃度勾配がある場合で，濃度の高い側から低い側へ拡散によって薬物が移動する（受動拡散 passive transport）．濃度が一定になった後でも分子は乱雑な運動により移動しているが，この場合は濃度変化といった性質は測定できなくなる．そこで，濃度差によって生じる分子の動きをみていく．

### 1） フィックの第一法則

簡単にするため，図 13.10 のように左から右に向かって減少する濃度勾配が生じており，溶質分子が $x$ 軸方向にのみ移動する一次元の拡散を考える．さらに，仮想的に窓で仕切られた濃度一定の小さな区画があるとする．今は左右方向だけの移動を考えているので，どの区画に存在する粒子も確率的に半分は左側に，残り半分は右側に移動する．左側の区画内に存在する粒子数が多い状況では，窓を左から右へ通過する粒子数が逆方向よりも多く，粒子は全体として左（高濃度）から右（低濃度）へ移動すると見なせる．この窓を横切った正味の粒子数を**流束**（flux）と呼び，記号 $J$ を用いる．通過する粒子数 $\Delta n$ は窓の大きさや観測している時間の長さに依存するので，様々な物質を比較するためには窓の面積 $A$ と時間 $\Delta t$ で割ればよい．例えば，1 秒間当たりに 1 $\mathrm{cm}^2$ の窓を通過する粒子数（モル数）と考えればよく，この場合，単位は $\mathrm{mol \cdot cm^{-2} \cdot s^{-1}}$ となる．

$$\text{流束}\quad J = \frac{\text{窓を通り抜ける粒子数}(\Delta n)}{\text{窓の面積}(A) \times \text{時間}(\Delta t)} \qquad (13.12)$$

このモデルから，左右の区画に存在する粒子数の差（濃度差）が大きいほど，流束は大きくなる

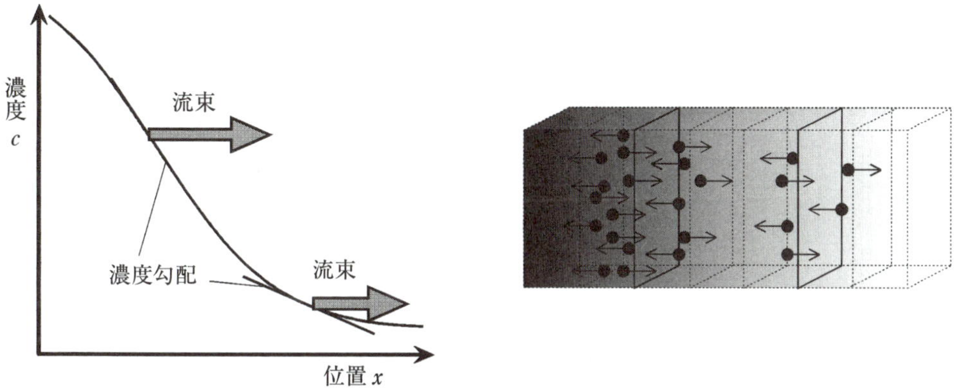


**図 13.10　濃度勾配と流束**

ことがわかる．区画を無限に小さくすれば，この濃度差は濃度勾配 $dc/dx$ で表されるので，ある比例定数を用いれば，

$$J = -D\frac{dc}{dx} \tag{13.13}$$

とかける．ある瞬間の流束が溶質の濃度勾配 $dc/dx$ に比例するというこの関係式を**フィック（Fick）の第一法則**といい，$D$ は**拡散係数**（diffusion coefficient）と呼ばれ SI 単位では $m^2 \cdot s^{-1}$ となる．マイナスの符号は，図 13.10 にあるように，濃度勾配が負であれば（左から右に向かって減少），流束が正である（溶質が左から右へ移動する）ことを示している．このフィックの第一法則から，濃度勾配を（$c - c_s$）/$h$，窓の面積を固体の表面積と考えれば，先ほどのネルンスト–ノイエス–ホイットニーの式を導くことができる．

### 2）　フィックの第二法則

フィックの第一法則から，ある小さな区画に単位時間当たりに高濃度側から流入してくる粒子数と，低濃度側に流出していく粒子数を見積もることができ，その差から区画内の濃度がどのように変化するのか知ることができる．数式では

$$\frac{\partial c}{\partial t} = D \cdot \frac{\partial^2 c}{\partial x^2} \tag{13.14}$$

と表される．これは，ある区画における濃度の変化する速度が，拡散係数とその区画での濃度の曲率をかけたものであることを示しており，**フィックの第二法則**あるいは**拡散方程式**と呼ばれる．図 13.11 の実線が濃度を表しており，点線はその傾き $\partial c/\partial x$ を示している．$\partial^2 c/\partial x^2$ はさらにその点線の傾きをとったものであり，$\partial c/\partial x$ の曲線が左上がり部分では濃度が減少し，右上がりの部分では濃度が増加することを述べている．簡単に言えば，溶液の中で濃度の凸凹があると，それが自然に平らになる様子を表すものである．

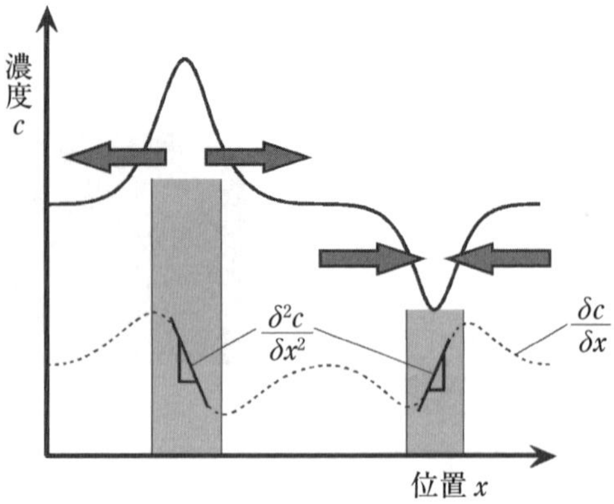


**図 13.11**
濃度勾配とその曲率凸部では粒子が周りに流出し，凹部では周りから粒子が流入してくる．

### 3） ランダム歩行

気体分子は高速（25 ℃の窒素ガスで約 500 m・s$^{-1}$）で動いているが，すぐに他の分子と衝突し方向を変えてしまうため，1 秒経っても数百 m 先まで到達できるわけではない．図 13.12 は二次元（例えば生体膜中の脂質）での移動経路を模式的に表したものであるが，他の分子と衝突しながら，でたらめな方向に短いジャンプをしているように見ることができる．これを**ランダム歩行**（random walk）という．酔っぱらいが前後左右の区別が付かず，他人にぶつかりながら歩いているのに似ているので，**酔歩**（drunkard walk）とも呼ばれる．コロイド粒子の場合，溶媒が不均一にコロイド粒子に衝突することにより，ランダムに動いており**ブラウン運動**（Brownian motion）と呼ばれるが，これもランダム歩行の一種である．このように液体や気体中を乱雑に押し合う運動により移動していく過程が拡散の本質である．

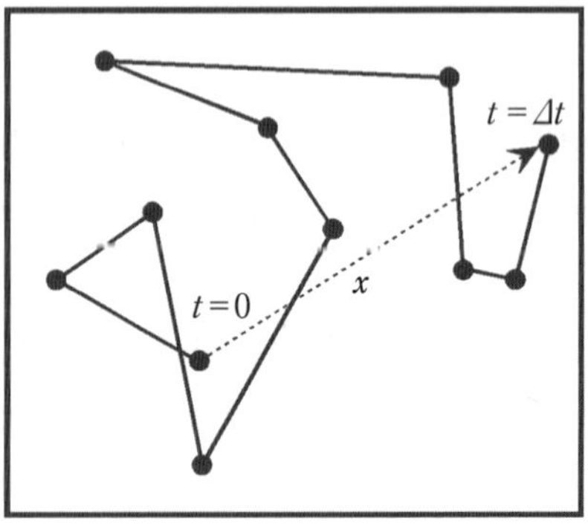


**図 13.12　ランダム歩行**

### 4）熱力学的な考え方

理想溶液における溶質の化学ポテンシャルは

$$\mu = \mu^{\ominus} + R \cdot T \cdot \ln a \approx \mu^{\ominus} + R \cdot T \cdot \ln c \qquad (13.15)$$

と表される．ここで $\mu^{\ominus}$ は標準化学ポテンシャルであり，溶質濃度が $1\ \mathrm{mol \cdot L^{-1}}$ のときの化学ポテンシャルである．溶液内部に濃度差がある場合，高濃度の領域ほど溶質の化学ポテンシャルが高く，低濃度の領域では化学ポテンシャルが低いことを示している．この化学ポテンシャルの差が駆動力となり，溶質分子は化学ポテンシャルの高いところ（高濃度領域）から化学ポテンシャルの低いところ（低濃度領域）へ移動し，最終的に濃度が均一になっていく．溶媒は溶質高濃度側の化学ポテンシャルが低く，低濃度側が高いので溶質とは逆向きに移動する．

バネによる位置エネルギー $U(x) = \dfrac{1}{2}kx^2$ を距離 $x$ で微分するとバネによる復元力 $F = -kx$ が得られるように，化学ポテンシャルを距離で微分すると濃度勾配によって生じる駆動力が得られる．化学ポテンシャルは1 mol当たりのエネルギーであるから，その勾配は1 molの溶質分子に働く力 $F_\mathrm{m}$ となる．

$$F_\mathrm{m} = -\frac{d\mu}{dx} = -R \cdot T \cdot \frac{d \ln c}{dx} \qquad (13.16)$$

ここで，$\displaystyle\int \frac{dc}{c} = \ln c \longrightarrow \frac{dc}{c} = d \ln c$ を用いて

$$-R \cdot T \cdot \frac{d \ln c}{dx} = -\frac{R \cdot T}{c} \cdot \frac{dc}{dx}$$

これをアボガドロ定数 $N_\mathrm{A}$ で割れば，溶質分子1個に働く力 $F$ が得られる．

$$F = -\frac{R \cdot T}{N_\mathrm{A} \cdot c} \cdot \frac{dc}{dx} = -\frac{k \cdot T}{c} \cdot \frac{dc}{dx} \qquad (13.17)$$

ここで，$k$ はボルツマン定数である．ニュートン（Newton）の運動の第二法則（$F = m \cdot a$, $m$ は物質の質量，$a$ は加速度）から，この力は溶質分子の運動を加速する作用をもつが，溶質分子が溶媒中を移動するとき溶媒分子と衝突するため，これが摩擦力となる．摩擦力は溶質分子の速度 $v$ の増加と共に大きくなり，向きは逆である（摩擦力 $= -f \cdot v$）．ここで，$f$ を**摩擦係数**（frictional coefficient）という．溶質分子は摩擦力が駆動力と釣り合うまで速度が増し，それ以後は加速度が0となる．すなわち，速度一定となる．$F = f \cdot v$ という関係から**拡散速度**（diffusion velocity）$v_\mathrm{d}$ が求まる．

$$\text{拡散速度} \quad v_\mathrm{d} = \frac{F\,(\text{駆動力})}{f\,(\text{摩擦係数})} = -\frac{k \cdot T}{f \cdot c} \cdot \frac{dc}{dx} \qquad (13.18)$$

これに濃度 $c$ をかければ溶質粒子の流れ，すなわち流束 $J$ が得られる．

$$J = -\frac{k \cdot T}{f \cdot c} \cdot \frac{dc}{dx} \times c = -\frac{k \cdot T}{f} \cdot \frac{dc}{dx} \qquad (13.19)$$

ここで，

$$D=\frac{k\cdot T}{f} \tag{13.20}$$

とおけば，フィックの第一法則が得られる．(13.20) 式は実験によって測定される巨視的な拡散係数 $D$ と分子の物性値である微視的な摩擦係数 $f$ を結びつける重要な式であり，**アインシュタイン–ストークス**（Einstein-Stokes）の式と呼ばれる．摩擦係数 $f$ から，分子の大きさと形状，および周囲の媒質との相互作用について知ることができる．ストークスにより，溶質粒子が半径 $r$ の球状分子である場合，

$$f=6\cdot\pi\cdot\eta\cdot r \tag{13.21}$$

という関係式が見いだされている．ここで，$\eta$ (eta) は媒質の粘度である．粘度については後の節で論じる．

## 4　沈降現象

**SBO**　C1-(4)-2-2) 沈降現象について説明できる

**SBO**　C2-(3)-2-4) 電気泳動法の原理を説明し，実施できる

**SBO**　C16-(1)-2-5) 分散粒子の沈降現象について説明できる

地球上などの重力が働いている環境（重力場）では，重い粒子は**沈降**（sedimentation）という過程によって，溶液の底に沈もうとする．沈降速度は重力場の強さに依存し，また，粒子の質量と形に依存する．例えば，パチンコ玉と100円硬貨はほぼ同じ重さであるが，形が違うため水の中に入れたときにパチンコ玉のほうが早く沈む．このように球状の分子は，棒状分子や大きく広がった分子よりも速く沈降する．分子レベルでの沈降は非常に遅いが，超遠心機を用い大きな力（遠心力）を発生させることにより，短時間での測定が可能となる．沈降法はタンパク質，核酸，多糖類といった高分子の分離，精製，モル質量測定，あるいは粉体粒子の粒子径測定などに利用されている．沈降はこのような高分子や分子集合体の溶液，いわゆるコロイド分散系や粗大分散系を対象とする．

### 1）平均モル質量

多くのタンパク質は単一の決まったモル質量をもつが，天然多糖類や合成高分子は鎖長がまちまちの分子の混合物である．こういった混合物のモル質量は測定方法によって，いろいろなタイプの平均値が得られる．**数平均モル質量**（number average molar mass）$\overline{M}_{\mathrm{n}}$（数平均分子量）は，各分子のモル質量に試料中に存在する分子の数で重みをつけて得られる値である．

$$\overline{M}_{\mathrm{n}}=\sum_i\left(\frac{N_i}{N}\cdot M_i\right)=\sum_i(x_i\cdot M_i) \tag{13.22}$$

ここで，$N$ は全分子の数，$N_i$ はモル質量 $M_i$ をもつ分子の数である．数平均モル質量 $\overline{M}_\mathrm{n}$ は各分子のモル質量にモル分率 $x_i$ をかけたものの総和であり，浸透圧，凝固点降下などの束一的性質の測定から求められる．**重量平均モル質量**（weight average molar mass，重量平均分子量）$\overline{M}_\mathrm{W}$ は，各分子のモル質量に試料中に存在する分子の質量で重みをつけて得られる値であり，光散乱，沈降平衡などによって決定できる．

$$\overline{M}_\mathrm{W} = \sum_i \left( \frac{m_i}{m} \cdot M_i \right) = \sum_i (w_i \cdot M_i) \tag{13.23}$$

この式で，$m_i$ はモル質量 $M_i$ の分子の総質量で，$m$ は試料の総質量である．重量平均モル質量 $\overline{M}_\mathrm{W}$ は各分子のモル質量に質量分率 $w_i$ を掛けたものの総和であり，大きな分子のモル質量への寄与を重視したものである．ここで，$\overline{M}_\mathrm{W}/\overline{M}_\mathrm{n}$ は不均一度指数と呼ばれ，モル質量分布の広さの基準となり，1.1 より小さければ単分散，それ以上では多分散と呼ばれる．例えば，90 kg の父親，60 kg の母親，20 kg の双子に 10 kg の子供といった総体重 200 kg の 5 人家族であれば，数平均と重量平均の体重はそれぞれ

$$\overline{M}_\mathrm{n} = \frac{1}{5} \times 90 + \frac{1}{5} \times 60 + \frac{2}{5} \times 20 + \frac{1}{5} \times 10 = 40\,(\mathrm{kg})$$

$$\overline{M}_\mathrm{W} = \frac{90}{200} \times 90 + \frac{60}{200} \times 60 + \frac{40}{200} \times 20 + \frac{10}{200} \times 10 = 63\,(\mathrm{kg})$$

となり，異なった値となることがわかる．

### 2）　沈降速度

先ほどの拡散速度と同様に考えればよい．半径 $r$ の球形粒子が粘度 $\eta$ の溶媒中を自由落下する際，その駆動力は重力と媒質による浮力の差であるから，粒子の密度を $\rho$（rho），溶媒の密度を $\rho_0$，重力加速度を $g$ とすると，

$$F = \frac{4}{3} \cdot \pi \cdot r^3 \cdot (\rho - \rho_0) \cdot g \tag{13.24}$$

と表せる．これが摩擦力と釣り合うところで**沈降速度**（sedimentation velocity）$v_\mathrm{s}$ が一定になる．同様に摩擦係数を $f$ とすれば，ストークスの法則から $f = 6 \cdot \pi \cdot \eta \cdot r$ なので，

$$v_\mathrm{s} = \frac{F}{f} = \frac{\frac{4}{3} \cdot \pi \cdot r^3 \cdot (\rho - \rho_0) \cdot g}{6 \cdot \pi \cdot \eta \cdot r} = \frac{2r^2 \cdot (\rho - \rho_0) \cdot g}{9 \cdot \eta} \tag{13.25}$$

となる．これを**ストークス（Stokes）の式**といい，沈降速度から粒子径を決定できる．ストークスの式から，粒子の沈降を抑えるには，① 粒子径を小さくする，② 粒子と溶媒の密度差を小さくする，③ 溶媒の粘度を上げる，などの工夫をすればよいことがわかる．

粉体粒子の場合，粒子径は一定ではなくばらつきがある．このような粒子径の異なる粒子を一斉に沈降させると，大きな粒子ほど先に沈降する．均一に分散した状態で沈降させれば，最後には粒子径の小さなものが残ることになる．この原理を用いて粒子径の測定に使用されるのが，沈降はかりやアンドレアゼンピペット（Andreasen pipette，図 13.13）である．最近では，セルを上下方向に移動させながら，経時的に光散乱や透過光を測定することによって，粒子の移動速

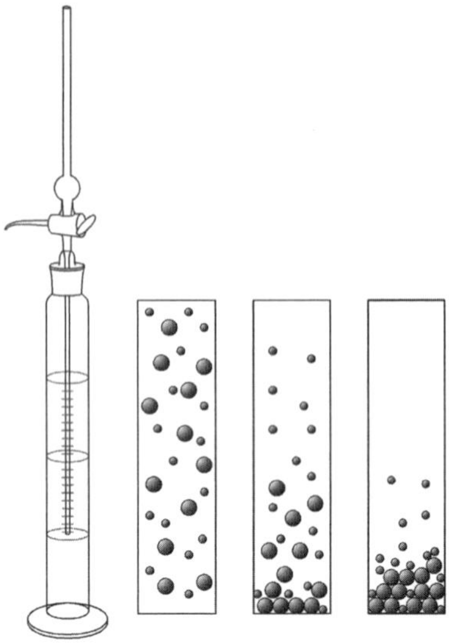

**図 13.13 アンドレアゼンピペットと，懸濁状態から粒子が沈降する様子**

度を検出する装置も用いられている．

### 3） 摩擦係数と分子の形

拡散速度や沈降速度の測定から，摩擦係数$f$が計算できるが，球状でない巨大分子は，同じ体積をもつ球状分子よりも摩擦係数が大きい．これは同じ体積であれば，球状からのずれが大きくなるほど溶媒と接触している表面積が増すからである．

### 4） 沈降平衡

遠心機を用い，溶液をそれほど大きくはない回転数で回転させると，沈降効果により溶質分子は管の底部に集まり濃度勾配ができる．その結果，拡散の効果が発生する．沈降と拡散は反対方向に作用するので，長時間後には沈降と拡散による分子の移動が釣り合い，平衡状態となる．これを**沈降平衡**（sedimentation equilibrium）という．拡散速度と沈降速度の向きが逆で大きさが等しいという関係を用いれば

$$\overline{M}_{\mathrm{W}} = \frac{2 \cdot R \cdot T}{({x_2}^2 - {x_1}^2) \cdot (1 - \rho_0 \cdot v_{\mathrm{sp}}) \cdot \omega^2} \cdot \ln \frac{c_2}{c_1} \tag{13.26}$$

という式が得られる．この式から遠心機の二つの半径の異なるところでの溶質濃度比，溶媒の密度，溶質の部分比容を求めれば，モル質量（高分子の場合は重量平均モル質量となる）が求められる．

### 5） 電気泳動

多くの高分子，特にタンパク質等の生体高分子は電荷をもっているので，電場内で移動する．正味の電荷（実効電荷）が正の粒子は負極に向かい，実効電荷が負の粒子は正極に向かう．この運動を**電気泳動**（electrophoresis）と呼び，沈降における重力場を電場に置き換えたものとみ

ればよい．電場の大きさを$E$，分子の実効電荷を$Z \cdot e$とすると，駆動力（電気泳動力）$F$は，$F = Z \cdot e \cdot E$と表されるので，移動速度$v_e$は次式のようになる．

$$v_e = \frac{F}{f} = \frac{Z \cdot e \cdot E}{f} \tag{13.27}$$

ここで，$Z$は電荷数，$e$はプロトンの電荷を示し，$e = 1.6022 \times 10^{-19}$ C（クーロン）である．単位電場当たりの移動速度は，（電気泳動）移動度$u$と呼ばれ，沈降係数に対応するものである．

$$u = \frac{v_e}{E} = \frac{Z \cdot e}{f} \tag{13.28}$$

タンパク質の実効電荷はpHに依存するので，移動速度はpHによって変化する．pHが十分に低いとタンパク質のカルボキシル基は解離しておらず（$-COOH$），アミノ基は正に荷電している（$-NH_3^+$）ので，全体としては正に荷電している．逆にpHが十分に高ければタンパク質は負に荷電している．この中間のどこかのpHでは個々の電荷が中和され実効電荷が0になり，移動度が0となるpHが存在する．このpHをタンパク質の**等電点**（isoelectric point）と呼ぶ．

帯電した高分子は対イオンや緩衝塩などのイオンに囲まれた状況（**イオン雰囲気** ionic atmosphere）にあるので，電気泳動を正しく解釈することは非常に難しいが，高分子の分離のために**ゲル電気泳動**（gel electrophoresis）や**キャピラリー電気泳動**（capillary electrophoresis）といった方法で応用されている．

## 5 流動現象と粘度

医薬品には，水剤や注射剤のようにさらさらと流れて体内に速やかに分布するものや，軟膏やクリームのように塗布する際に形を変え，長時間患部に留まり薬効を発揮するものがある．剤形に適した流動性を与えることは薬効を最大限にし，また，患者のQOL（Quality of Life）を向上させる上でも重要なことである．この物質の変形と流動に関する学問分野を**レイロジー**（rheology）という．我々はものに触れたときに，硬いとか，軟らかいと感じるが，レオロジーはどの位の力を加えたときに，どの位の時間で，どの程度変形するかといった，我々が手で触ったときの感覚を定量的に表したものである．

### a 変　形

**SBO　C1-(4)-2-3) 流動現象および粘度について説明できる**

物質はそれを構成する分子，原子，イオン等の間に作用する凝集力（内力）によって形を保持している．物質に外から力（外力）を加えると，力は物質の内部に伝わり，物質の各部分が移動して変形する．軟膏を塗布する場合は，図13.14のようなトランプを重ねてずらすモデルを考えるとよい．物質の層がずれることにより新たな内力が発生するが，この外力の作用で生じた内力

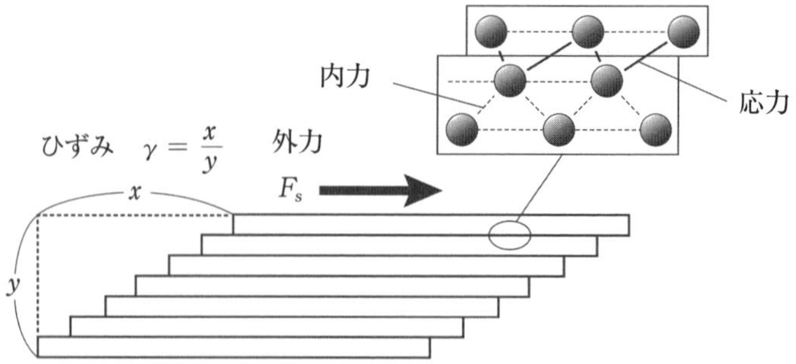


**図 13.14　せん断ひずみとトランプモデル**

を**応力**（stress）$\sigma$（sigma）という（図 13.14）．これは全体としてはある断面が隣接する断面から受ける力であるから，単位面積当たりの力としておけば物質間の比較がしやすい．そこで，応力の単位は $N \cdot m^{-2}$ すなわちパスカル Pa が用いられる．

分子の配置が決まっている固体の場合, 応力は復元力（弾性）となる．液体では分子は常に移動しているため，力を加えて配置を乱しても速やかに新たな平衡状態となるため応力は元に戻す力にはならないが，連続的な変形に対しては抵抗力（**粘性** viscosity）となる．このように，弾性・粘性というのは分子間力や分子の動きを巨視的にとらえたものであり，液体の場合，一般に大きな分子ほど分子間力が強く，また分子運動が遅いため粘性は大きくなる．

上述のトランプを重ねてずらす変形は，特に**せん断ひずみ**（shear strain，**ずりひずみ**）と呼ばれ，このときの変形量（ひずみ strain）$\gamma$ は $\gamma = x/y$ で定義される．また，せん断ひずみを時間で除したもの，すなわち１秒間当たりのひずみは**せん断速度**（shear rate，**ずり速度**）と呼ばれ，せん断ひずみによって生じた応力は**せん断応力**（shear stress，**ずり応力**）と呼ばれる．

## b　粘度測定法

### SBO　C1-(4)-2-3）流動現象および粘度について説明できる

レオロジー測定の基本は変形（流動）–応力–時間の関係を求めることであり，回転粘度計，毛細管粘度計，落球粘度計などを用いて測定される．

#### 1）　回転粘度計

回転粘度計の代表的なブルックフィールド（Brookfield）型粘度計（B 型粘度計, 図 13.18）は，流体中でモーターにより円筒（スピンドル）を一定方向に回転させ，流体にせん断速度を与える．このとき流体の粘性のために回転に対する抵抗が生じるが，この抵抗は流体のせん断応力に比例している．これをトルクとして測定することにより粘度を求めることができる．簡単に言えば，ティーカップの中の流体をスプーンでかき混ぜながら，その時に必要な力を測定しているのである．回転速度（せん断速度）を変化させながらトルク（せん断応力）を測定すると，**レオグラム**（rheogram，**流動曲線**）というグラフが得られる（図 13.16）．

図 13.15　ブルックフィールド型回転粘度計

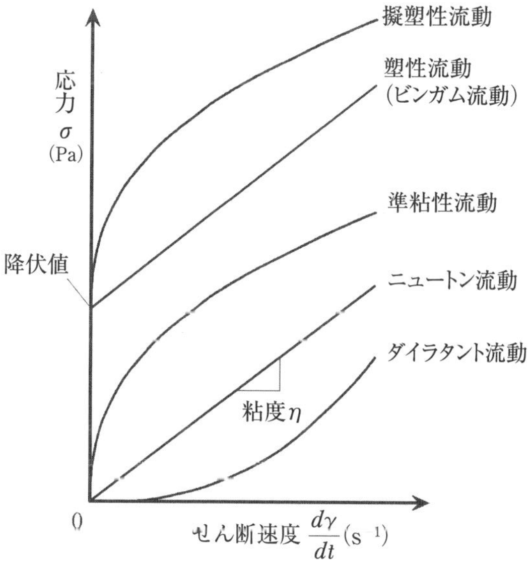


図 13.16　レオグラム

## c　ニュートン流動

**SBO　C1-(4)-2-3)　流動現象および粘度について説明できる**

せん断応力がせん断速度に比例する流動をニュートン流動（Newtonian flow）と呼び，原点を通る直線になることから，次式の**ニュートンの粘性の法則**（Newton's law of viscosity）が成り立つ．

$$\sigma = \eta \cdot \frac{d\gamma}{dt} \qquad 応力[\mathrm{Pa}] = 粘度[\mathrm{Pa{\cdot}s}] \times せん断速度[\mathrm{s^{-1}}] \qquad (13.29)$$

ここで，$\eta$ は直線の傾きを表し，物質固有の定数で**粘度**（viscosity）と呼ばれ，単位はパスカル秒 Pa·s となる．通常はミリパスカル秒 mPa·s が用いられ，20 ℃の水の粘度が約 1 mPa·s である．水の他にエタノール，アセトン，ベンゼン，グリセリンなどの低分子の液体はニュートン流動を示す．

## d 非ニュートン流動

**SBO C1-(4)-2-3）流動現象および粘度について説明できる**

ニュートン流動以外の流動は総称して，非ニュートン流動（non-Newtonian flow）と呼ばれる（図 13.17）．

### 1） 塑性流動（plastic flow）（ビンガム流動 Bingham flow）

応力がある値（**降伏値** yield stress）をすぎるまで流動せず，降伏値以上の応力ではニュートン流動と同じようにせん断速度に比例した流動を示す．レオグラム上では原点を通らない直線で表される．流動を引き起こすにはある一定の力（降伏値）が必要で，降伏値以下では固体のように弾性を示すので塑性流動と呼ばれる．

### 2） 準粘性流動（quasi-viscous flow）

ひずみ速度の増加により粘度が減少して流れやすくなる流動である．鎖状高分子の 1～2 % 水溶液にみられ，分子の長軸が流動方向に整列し，流れに対する摩擦抵抗が減少することによる．

### 3） ダイラタント流動（dilatant flow）

デンプンのような微細粒子の 50 % 以上の濃厚な懸濁液にみられる現象で，ひずみ速度の増加に伴い粘度が増加する流動をいう．これは静止状態では粒子が密に充填しており，ひずみ速度が小さい場合にはその配列が維持されるが，ひずみ速度の増加に伴い，最密構造が崩れ体積が膨張（ダイラタンシー dilatancy）し，溶媒が不足するために固化した粒子同士の摩擦が増加するためである．片栗粉にちょうど浸るくらいの少量の水を入れてみるとよい．容器を傾けるとゆっくりと流れ出すが，箸でかき回そうとすると強い抵抗を感じるはずである．

### 4） 擬塑性流動（pseud-plastic flow）

塑性流動と同じように降伏値を持ち，降伏値以上で流動が起こり，粘度はひずみ速度の増加とともに減少する．原点を通らない曲線で表され，塑性流動に似ているので擬塑性流動という．鎖状高分子などの数パーセント溶液にみられる．ゲル形成能をもつ多糖類は水溶液中で網目構造をとるため，ある応力までは構造を維持するが，降伏値を超えると網目構造が破壊され，ひずみ速度の増加に伴い，流動方向に分子がそろい流動抵抗が減少する．

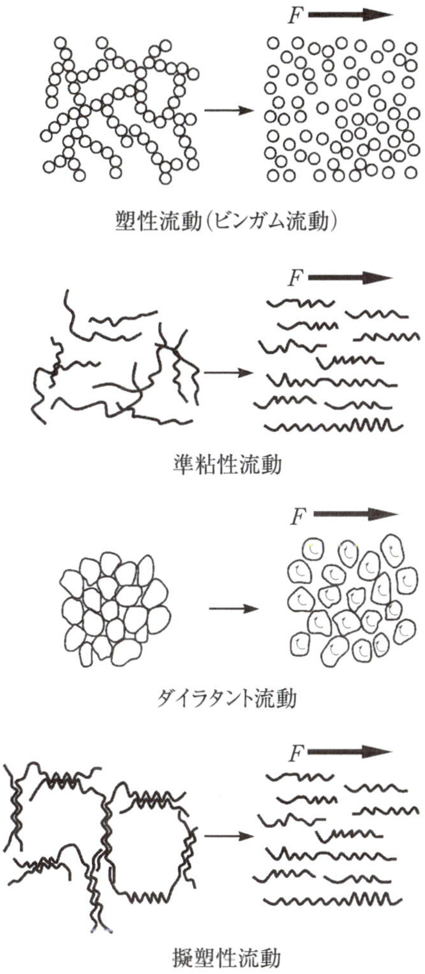


**図 13.17　非ニュートン流体の流動モデル**

## e　チキソトロピー

**SBO　C1-(4)-2-3）流動現象および粘度について説明できる**

せん断応力により粘度の低下が生じるが，放置すると穏やかに粘度が回復する現象を**チキソトロピー**（thixotropy）という．回転粘度計を用いてせん断速度を徐々に増加し，その後，せん断速度を減少させながら粘度測定を行うと，チキソトロピー性を有する流体は同じせん断速度を与えた場合でも，上昇時と下降時の粘度が一致せず，図 13.18 のような閉曲線が得られる．これを**ヒステリシスループ**（hysteresis loop）といい，マヨネーズなどがこのような曲線を描く．直訳すれば履歴の輪となるが，それまでに経てきたせん断過程（履歴）に粘度が依存する．チキソトロピーはせん断による構造破壊と応力が取り除かれたときの構造回復に時間を要するために起こる．ボールペンのインクは粘度が高く，ペンを持っているだけではインクは出てこないが，

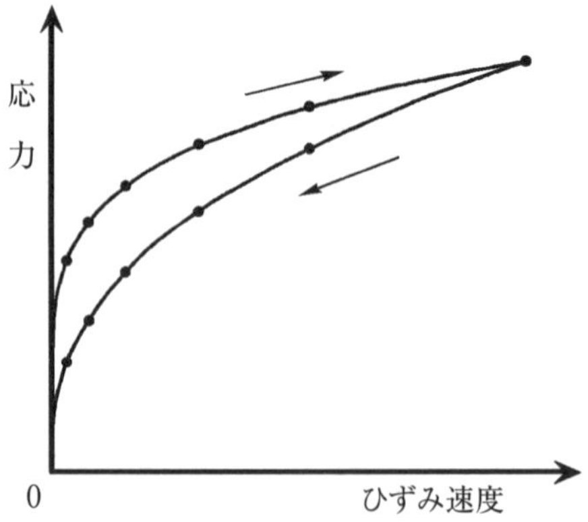


**図 13.18　ヒステリシスループ**

筆記を開始するとペン先のボールが回転し，インクにずり応力を与え粘度が低下するため，さらさらと書ける．また，紙面に転写されたインクは，元の高粘度に戻ろうとするため滲まずに書ける．

## f　粘度の温度依存性

**SBO　C1-(4)-2-3）流動現象および粘度について説明できる**

多くの流体の粘度は，温度上昇に伴い減少する．粘度と温度の関係は**アンドレード（Andrade）の式**で表される．

$$\eta = A \cdot e^{\left(\frac{E}{R \cdot T}\right)} \tag{13.30}$$

ここで，$A$ および $E$ は流体に固有の比例定数であり，$E$ はアレニウスの式と同様に活性化エネルギーと呼ばれる．反応速度定数 $k$ はアレニウスの式では $k = A \cdot e^{\left(-\frac{E}{R \cdot T}\right)}$ と表されるが，(13.30) 式はアレニウスの式の $-E$ が $+E$ に変わっただけである．ハチミツを湯煎するとさらさら流れるように，温度が高いほど分子の動きが速くなり，粘度が低下する（図 13.19）．

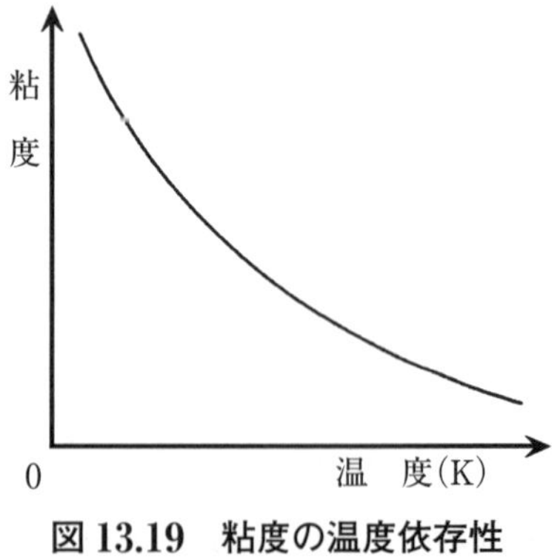


**図 13.19　粘度の温度依存性**

## g 毛細管粘度計

### SBO C1-(4)-2-3) 流動現象および粘度について説明できる

ニュートン流体では，**ハーゲン–ポアズイユ**（Hagen–Poiseuille）**の式**を用いた毛細管粘度計法により粘度を求めることができる．

$$\eta = \frac{\pi \cdot r^4}{8 \cdot l} \times \frac{\Delta p}{Q} \tag{13.31}$$

ここで，$r$ は毛細管の半径，$l$ は毛細管の長さ，$\Delta p$ は両端の圧力差，$Q$ は毛細管を通過する流量である（図 13.20）．この法則は圧力差 $\Delta p$ が一定であれば，さらさらの低粘度の流体ほど流量が大きくなり，ドロドロの高粘度の流体ほど流量が小さくなることを示している．非ニュートン流体では粘度がひずみ速度に依存するため，この方法は適用できない．

実際には，**ウベローデ**（Ubbelohde）**型**，**オストワルド**（Ostwald）**型**等の毛細管粘度計（図 13.20）を用いて，標線の間を流体が通過する時間から粘度を測定する．ある一定体積 $V$ の液量が流れるのに要する時間を $t$ とすれば，流量 $Q = V/t$ となる．この間，液柱の高さ $h$ はほとんど変化しないとすれば，$\Delta p = \rho \cdot g \cdot h$ となるので，

$$\eta = \frac{\pi \cdot r^4}{8 \cdot l} \times \frac{\Delta p}{Q} = \frac{\pi \cdot r^4}{8 \cdot l} \times \frac{\rho \cdot g \cdot h}{V/t} = \frac{\pi \cdot r^4 \cdot g \cdot h}{8 \cdot l \cdot V} \times \rho \cdot t$$

$$= K \cdot \rho \cdot t \tag{13.32}$$

と変形できる．ここで，$K$ は粘度計固有の定数であるので，通過時間 $t$，密度 $\rho$ から粘度を求めることができる．

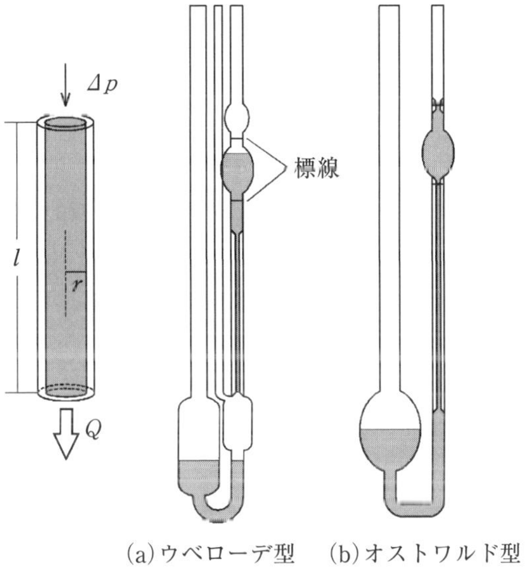


**図 13.20　ハーゲン–ポアズイユの法則と毛細管粘度計**

## h 毛細管粘度計による高分子溶液の粘度測定

### SBO C1-(4)-2-3) 流動現象および粘度について説明できる

分子は大きくなるにつれ，その動きが遅くなる．俊敏に動けるスポーツカーばかりであれば高速道路は渋滞せず，スムーズに移動することができるだろうが，そこに動きの遅い大型のトレーラーが入ってきたらどうなるだろうか．大型トレーラーのせいで渋滞が起こり，すべての車の動きが遅くなり，移動に時間がかかるようになるだろう．これと同じように，溶媒のみのときと比べ，高分子の溶液は毛細管の中を通過するのに時間がかかるようになる．高分子溶液の粘度 $\eta$ と溶媒の粘度 $\eta_0$ の比（$\eta/\eta_0$）を**相対粘度**（relative viscosity）$\eta_{rel}$ と呼び，相対粘度から1を引いたものを**比粘度**（specific viscosity）$\eta_{sp}$ と呼ぶ．比粘度は分散質（高分子）による粘度の増加率を示す．高分子溶液を毛細管粘度計で測定した場合，相対粘度は次式で表される．

$$\eta_{rel} = \frac{\eta}{\eta_0} = \frac{K \cdot t \cdot \rho}{K \cdot t_0 \cdot \rho_0} = \frac{t \cdot \rho}{t_0 \cdot \rho_0} \qquad (13.33)$$

ここで，$t$ と $t_0$ は溶液，溶媒の流速時間，$\rho$ と $\rho_0$ は溶液，溶媒の密度である．希薄な溶液であれば $\rho = \rho_0$ と近似できるので，相対粘度，比粘度はそれぞれ

$$\eta_{rel} = \frac{t}{t_0} \qquad (13.34)$$

$$\eta_{sp} = \eta_{rel} - 1 = \frac{t}{t_0} - 1 = \frac{t - t_0}{t_0} \qquad (13.35)$$

となる．すなわち，相対粘度は流下時間の比から求められる．溶液の粘度は高分子の濃度に依存するので，比粘度を高分子の濃度で割れば，高分子の単位濃度当たりの粘度増加率になる．これを**還元粘度**（reduced viscosity）$\eta_{red}$ といい，次式で表される．

$$\eta_{red} = \frac{\eta_{sp}}{c} \qquad (13.36)$$

ここで濃度 $c$ は高分子の質量濃度（g/mL）を表すが，日本薬局方では100 mL中の溶質のグラム数（g/100 mL）が用いられる．還元粘度には分子間の相互作用の効果が含まれているので，還元粘度を濃度に対してプロット（図13.21，**ハギンズプロット**（Huggins plot）と呼ぶ）し，得られた直線の濃度を0に外挿する（測定したデータの範囲外に直線を延ばす）と，高分子1分子の性質を反映した値が得られる．これが**固有粘度**（intrinsic viscosity，または**極限粘度** limiting viscosity）$[\eta]$ である．

$$[\eta] = \lim_{c \to 0} \eta_{red} = \lim_{c \to 0} \frac{\eta_{sp}}{c} \qquad (13.37)$$

ここで，$[\eta]$ は固有粘度という名称で呼ばれているが，本来の意味の粘度ではない．固有粘度は粘度の単位ではなく，濃度の逆数の単位（例えばmL/g）を持つ．固有粘度 $[\eta]$ から高分子の大きさと形に関する情報が得られる．

希薄高分子溶液の粘度の濃度依存性は一般に次式（ハギンズの式）で表される．

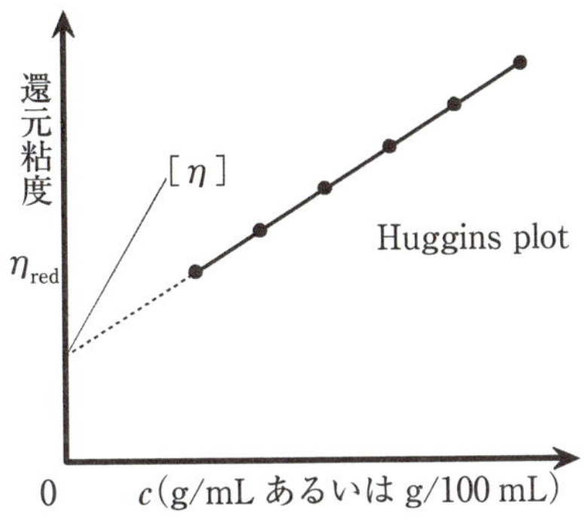


**図 13.21　ハギンズプロットと固有粘度**

$$\eta_{red} = \frac{\eta_{sp}}{c} = [\eta] + k_H \cdot [\eta]^2 \cdot c \qquad (13.38)$$

ここで $k_H$ は高分子鎖間の相互作用を示し，**ハギンズ定数**と呼ばれる．また，多くの高分子について，固有粘度 $[\eta]$ とモル質量 $M$ との間に

$$[\eta] = k \cdot M^{\alpha} \qquad (13.39)$$

なる関係（**マーク-ハウインク**（Mark-Houwink）**の式**）が見出されている．$k$ と $\alpha$ は経験的定数であり，指数 $\alpha$ は溶質高分子の形状によって異なり，球状では 0.5〜0.8，棒状に近くなると 1 程度という値が多く報告されている．光散乱法などで求めたモル質量の値を用いて，これらの定数を決めておけば，固有粘度から簡単にモル質量を求めることができる．この粘度測定から得られるモル質量は**粘度平均モル質量**（viscosity average molar mass）と呼ばれる．

## i　粘弾性

**SBO　C1-(4)-2-3）流動現象および粘度について説明できる**

我々が日常使用している物質は，粘性と弾性の両方の特性を併せもつような場合が多く，このような性質を**粘弾性**（viscoelasticity）という．粘弾性は，フックの法則（$\sigma = G \cdot \gamma$）に従う**バネ**（spring，弾性，弾性率 $G$）とニュートンの粘性の法則（$\sigma = \eta \cdot \frac{d\gamma}{dt}$）に従う**ダッシュポット**（dashpot，粘性，粘度 $\eta$）を組み合わせて表すことができる．バネは力を加えると瞬時にひずみが起こり，力を取り除くと元の状態に戻る．一方，ダッシュポットは一定の力を加えると，徐々にひずみが起こり，力を取り除いても元には戻らない．ダッシュポットは空のシリンジをイメージするとよい．最も簡単な粘弾性モデルは，バネとダッシュポットを直列に結合した**マクスウェルモデル**（Maxwell model）と両者を並列に結合した**フォークトモデル**（Voigt model）である．

### 1）マクスウェルモデルの応力緩和

マクスウェルモデルは図 13.22 に示すように，バネとダッシュポットを直列に結合したものである．時間 $t = 0$ で急激に一定のひずみを与えると，ダッシュポットはまったくひずまず，バネのみが瞬時にひずみ，バネによる応力が発生する．時間経過とともに，バネのひずみがダッシュポットのひずみによって徐々に置き換えられるため，応力は指数関数的に減少し，無限時間後には零になる．このような現象を**応力緩和**（stress relaxation）という．バネのひずみとダッシュポットのひずみの和が全体のひずみであり，ひずみが一定という条件から，応力は

$$\sigma(t) = G \cdot \gamma_0 \cdot e^{\left(-\frac{t}{\tau}\right)} \tag{13.40}$$

で表される．ここで $\tau$（tau）は，

$$\tau = \frac{\eta}{G} \tag{13.41}$$

で与えられ，時間の次元をもち，緩和時間と呼ばれる．

### 2）フォークトモデルのクリープ

フォークトモデルは図 13.23 に示すように，バネとダッシュポットを並列に結合したものである．このモデルに一定の応力を加えると，ひずみが時間とともに増加し，$t = \infty$（無限大）でダッシュポットがなく，バネだけがあった場合の平衡値 $\sigma_0/G$ に漸近する．このように一定応力下でひずみが時間とともに増加する現象を**クリープ**（creep）という．“creep”とはゆっくりした動きという意味であるが，オートマチック車のクリープ現象を思い浮かべれば覚えやすいだろう．

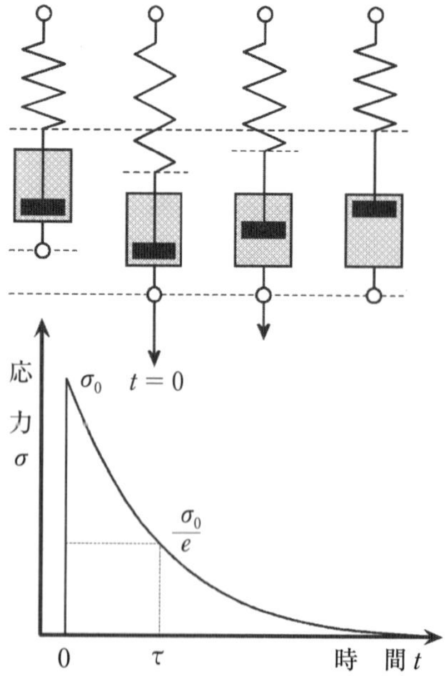


**図 13.22　マクスウェルモデルの応力緩和**

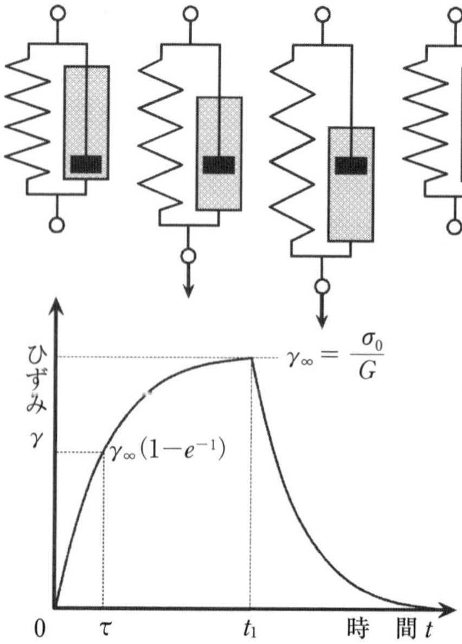


**図 13.23　フォークトモデルのクリープ**

バネの応力とダッシュポットの応力の和が全体の応力であり，それが一定の外力と釣り合っているという条件と，バネとダッシュポットのひずみが等しいという条件から，ひずみは

$$\gamma = \frac{\sigma_0}{G} \cdot \left[ 1 - e^{\left(-\frac{t}{\tau}\right)} \right] \tag{13.42}$$

で与えられる．フォークトモデルのクリープ現象において，ひずみがほぼ平衡値に達した後（$t_1$），応力を取り除くと，バネの応力により，ひずみは次式に従って回復する．この現象をクリープ回復という．

$$\gamma(t) = \gamma(t_1) \cdot e^{\left(-\frac{t-t_1}{\tau}\right)} \tag{13.43}$$

## 参考書

1）日本薬学会編：物理系薬学 I．物質の物理的性質，東京化学同人（2005）
2）P. W. Atkins 著，千原秀昭，中村亘男訳：アトキンス物理化学　第6版（上），東京化学同人（2001）
3）I. Tinoco，K. Sauer，J. C. Wang，J. D. Puglisi 著，猪飼篤監訳：バイオサイエンスのための物理化学，東京化学同人（2004）
4）松本孝芳著：コロイド科学のためのレオロジー，丸善（2003）

## 付録——原子の基底状態における電子配置

| 周期 | 系列 | 元素 | 原子番号 | K 1s | L 2s | 2p | M 3s | 3p | 3d | N 4s | 4p | 4d | 4f | O 5s | 5p | 5d | 5f | P 6s | 6p | 6d | Q 7s |
|---|---|---|---|---|---|---|---|---|---|---|---|---|---|---|---|---|---|---|---|---|---|
| 第一 | | H | 1 | 1 | | | | | | | | | | | | | | | | | |
| | *2 | He | 2 | 2 | | | | | | | | | | | | | | | | | |
| 第二周期 | *3 | Li | 3 | (2) He核 | 1 | | | | | | | | | | | | | | | | |
| | *4 | Be | 4 | | 2 | | | | | | | | | | | | | | | | |
| | | B | 5 | | 2 | 1 | | | | | | | | | | | | | | | |
| | | C | 6 | | 2 | 2 | | | | | | | | | | | | | | | |
| | | N | 7 | | 2 | 3 | | | | | | | | | | | | | | | |
| | | O | 8 | | 2 | 4 | | | | | | | | | | | | | | | |
| | *1 | F | 9 | | 2 | 5 | | | | | | | | | | | | | | | |
| | *2 | Ne | 10 | | 2 | 6 | | | | | | | | | | | | | | | |
| 第三周期 | *3 | Na | 11 | (10) Ne 核 | | | 1 | | | | | | | | | | | | | | |
| | *4 | Mg | 12 | | | | 2 | | | | | | | | | | | | | | |
| | | Al | 13 | | | | 2 | 1 | | | | | | | | | | | | | |
| | | Si | 14 | | | | 2 | 2 | | | | | | | | | | | | | |
| | | P | 15 | | | | 2 | 3 | | | | | | | | | | | | | |
| | | S | 16 | | | | 2 | 4 | | | | | | | | | | | | | |
| | *1 | Cl | 17 | | | | 2 | 5 | | | | | | | | | | | | | |
| | *2 | Ar | 18 | | | | 2 | 6 | | | | | | | | | | | | | |
| 第四周期 | *3 | K | 19 | (18) Ar 核 | | | | | | 1 | | | | | | | | | | | |
| | *4 | Ca | 20 | | | | | | | 2 | | | | | | | | | | | |
| | 第一遷移系列 | Sc | 21 | | | | | | 1 | 2 | | | | | | | | | | | |
| | | Ti | 22 | | | | | | 2 | 2 | | | | | | | | | | | |
| | | V | 23 | | | | | | 3 | 2 | | | | | | | | | | | |
| | | Cr | 24 | | | | | | 5 | 1 | | | | | | | | | | | |
| | | Mn | 25 | | | | | | 5 | 2 | | | | | | | | | | | |
| | | Fe | 26 | | | | | | 6 | 2 | | | | | | | | | | | |
| | | Co | 27 | | | | | | 7 | 2 | | | | | | | | | | | |
| | | Ni | 28 | | | | | | 8 | 2 | | | | | | | | | | | |
| | | Cu | 29 | | | | | | 10 | 1 | | | | | | | | | | | |
| | | Zn | 30 | | | | | | 10 | 2 | | | | | | | | | | | |
| | | Ga | 31 | | | | | | 10 | 2 | 1 | | | | | | | | | | |
| | | Ge | 32 | | | | | | 10 | 2 | 2 | | | | | | | | | | |
| | | As | 33 | | | | | | 10 | 2 | 3 | | | | | | | | | | |
| | | Se | 34 | | | | | | 10 | 2 | 4 | | | | | | | | | | |
| | *1 | Br | 35 | | | | | | 10 | 2 | 5 | | | | | | | | | | |
| | *2 | Kr | 36 | | | | | | 10 | 2 | 6 | | | | | | | | | | |
| 第五周期 | *3 | Rb | 37 | (36) Kr 核 | | | | | | | | | | 1 | | | | | | | |
| | *4 | Sr | 38 | | | | | | | | | | | 2 | | | | | | | |
| | 第二遷移系列 | Y | 39 | | | | | | | | | 1 | | 2 | | | | | | | |
| | | Zr | 40 | | | | | | | | | 2 | | 2 | | | | | | | |
| | | Nb | 41 | | | | | | | | | 4 | | 1 | | | | | | | |
| | | Mo | 42 | | | | | | | | | 5 | | 1 | | | | | | | |
| | | Tc | 43 | | | | | | | | | 5 | | 2 | | | | | | | |
| | | Ru | 44 | | | | | | | | | 7 | | 1 | | | | | | | |
| | | Rn | 45 | | | | | | | | | 8 | | 1 | | | | | | | |
| | | Pd | 46 | | | | | | | | | 10 | | | | | | | | | |
| | | Ag | 47 | | | | | | | | | 10 | | 1 | | | | | | | |
| | | Cd | 48 | | | | | | | | | 10 | | 2 | | | | | | | |
| | | In | 49 | | | | | | | | | 10 | | 2 | 1 | | | | | | |
| | | Sn | 50 | | | | | | | | | 10 | | 2 | 2 | | | | | | |
| | | Sb | 51 | | | | | | | | | 10 | | 2 | 3 | | | | | | |
| | | Te | 52 | | | | | | | | | 10 | | 2 | 4 | | | | | | |
| | *1 | I | 53 | | | | | | | | | 10 | | 2 | 5 | | | | | | |
| | *2 | Xe | 54 | | | | | | | | | 10 | | 2 | 6 | | | | | | |

| 周期 | 系列 | 元素 | 原子番号 | K 1s, L 2s 2p, M 3s 3p 3d, N 4s 4p 4d | N 4f | O 5s 5p | O 5d | O 5f | P 6s | P 6p | P 6d | Q 7s |
|---|---|---|---|---|---|---|---|---|---|---|---|---|
| 第六周期 | *3 | Cs | 55 | | | | | | 1 | | | |
| | *4 | Ba | 56 | | | | | | 2 | | | |
| | 第三遷移系列 ランタニド系列（内部遷移元素） | La | 57 | | | | 1 | | 2 | | | |
| | | Ce | 58 | | 2 | | | | 2 | | | |
| | | Pr | 59 | | 3 | | | | 2 | | | |
| | | Nd | 60 | | 4 | | | | 2 | | | |
| | | Pm | 61 | | 5 | | | | 2 | | | |
| | | Sm | 62 | | 6 | | | | 2 | | | |
| | | Eu | 63 | | 7 | | | | 2 | | | |
| | | Gd | 64 | | 7 | | 1 | | 2 | | | |
| | | Tb | 65 | | 8 | | 1 | | 2 | | | |
| | | Ds | 66 | | 9 | | 1 | | 2 | | | |
| | | Ho | 67 | | 10 | | 1 | | 2 | | | |
| | | Er | 68 | | 11 | | 1 | | 2 | | | |
| | | Tm | 69 | | 13 | | | | 2 | | | |
| | | Yb | 70 | (46) | 14 | (8) | | | 2 | | | |
| | | Lu | 71 | Xe 核 | 14 | Xe 核 | 1 | | 2 | | | |
| | | Hf | 72 | | 14 | | 2 | | 2 | | | |
| | | Ta | 73 | | 14 | | 3 | | 2 | | | |
| | | W | 74 | | 14 | | 4 | | 2 | | | |
| | | Re | 75 | | 14 | | 5 | | 2 | | | |
| | | Os | 76 | | 14 | | 6 | | 2 | | | |
| | | Ir | 77 | | 14 | | 7 | | 2 | | | |
| | | Pt | 78 | | 14 | | 9 | | 1 | | | |
| | | Au | 79 | | 14 | | 10 | | 1 | | | |
| | | Hg | 80 | | 14 | | 10 | | 2 | | | |
| | | Tl | 81 | | 14 | | 10 | | 2 | 1 | | |
| | | Pb | 82 | | 14 | | 10 | | 2 | 2 | | |
| | | Bi | 83 | | 14 | | 10 | | 2 | 3 | | |
| | | Po | 84 | | 14 | | 10 | | 2 | 4 | | |
| | | At | 85 | | 14 | | 10 | | 2 | 5 | | |
| | *2 | Rn | 86 | | 14 | | 10 | | 2 | 6 | | |
| 第七周期 | *3 | Fr | 87 | | | | | | | | | 1 |
| | *4 | Ra | 88 | | | | | | | | | 2 |
| | 第四遷移系列 アクチニド系列（内部遷移元素） | Ac | 89 | | | | | | | | 1 | 2 |
| | | Th | 90 | | | | | | | | 2 | 2 |
| | | Pa | 91 | | | | | 2 | | | 1 | 2 |
| | | U | 92 | | | | | 3 | | | 1 | 2 |
| | | Np | 93 | | | | | 4 | | | 1 | 2 |
| | | Pu | 94 | (78) | | | | 6 | (8) | | | 2 |
| | | Am | 95 | | | | | 7 | | | | 2 |
| | | Cm | 96 | Rn 核 | | | | 7 | Rn 核 | | 1 | 2 |
| | | Bk | 97 | | | | | 9 | | | | 2 |
| | | Cf | 98 | | | | | 10 | | | | 2 |
| | | Es | 99 | | | | | 11 | | | | 2 |
| | | Fm | 100 | | | | | 12 | | | | 2 |
| | | Md | 101 | | | | | 13 | | | | 2 |
| | | No | 102 | | | | | 14 | | | | 2 |
| | | Lr | 103 | | | | | 14 | | | 1 | 2 |

*1……ハロゲン　*2……不活性ガス

*3……アルカリ金属　*4……アルカリ土類金属

# 日本語索引

## シ



## ス



## セ



## ソ



## タ

# 外国語索引

# 物理化学テキスト

編者承認
検印省略

定価（本体 4,000 円＋税）

編集　葛谷昌之（くずやまさゆき）　平成 20 年 9 月 10 日　初版発行©

発行者　廣川節男
東京都文京区本郷 3 丁目 27 番 14 号

発行所　株式会社　廣川書店
〒 113-0033　東京都文京区本郷 3 丁目 27 番 14 号
〔編集〕電話 03(3815)3656　FAX 03(5684)7030
〔販売〕電話 03(3815)3652　FAX 03(3815)3650

Hirokawa Publishing Co.
27 14, Hongō-3,　Bunkyo-ku, Tokyo